建筑是文化的载体　传统不能中断　文化需要传承

传统建筑

现代施工技术

贾华勇　王巧莉
张洪才　牛晓宇

著

MODERN
CONSTRUCTION
TECHNOLOGIES FOR
TRADITIONAL
ARCHITECTURE

中国建筑工业出版社

感言

张锦秋院士

　　建筑是文化的载体，传统不能中断，文化需要传承。随着社会经济、科技的发展，以木材为主的传统建筑材料逐步被钢筋混凝土、钢材等现代材料所替代，营造技术也随之发生变化。这种用现代建筑材料和工艺技术，按照中国传统建筑形式和风格建造出来的建筑，是中国传统建筑发展到当今时代的一种新趋势。

　　贾华勇等同志编写的《传统建筑现代施工技术》一书，是他们经过多年的工程实践，将中国古代建筑形式与现代施工技术相结合，采用新材料、新技术、新工艺、新设备，在满足使用功能的基础上，通过深入研究和不断创新所取得的成功经验和总结，其内容丰富，技艺精湛，实例翔实，是一部弘扬传统建筑文化，传承和发展传统工艺技术的书籍，具有较强的实用性、趣味性，在古建专业领域具有一定的参考价值，值得推荐。

张锦秋

2020年7月

序

由贾华勇先生领衔编写的《传统建筑现代施工技术》是一部实用性很强的专业技术书籍，它对于钢筋混凝土及钢结构的传统建筑施工有重要参考价值，为传承弘扬中华传统建筑文化作出了应有贡献。它的出版，值得祝贺。

中国传统建筑是以木结构为主体的，砖石建筑不占主导地位。这与中华民族世代繁衍的这片土地有充足的木材作为主要建筑材料有直接关系，与中国人的宇宙观、人生观也有很大关系。建造木构建筑要用大量木材，唐杜牧《阿房宫赋》关于"蜀山兀，阿房出"的描写，便是生动的说明。尤其在当今国家基本建设事业蓬勃发展的情况下，大量使用木材建造传统木构建筑已经不可持续。于是就出现了以钢筋混凝土等材料替代木材的现代传统建筑。

早在20世纪初，以钢筋混凝土（钢结构）代替木材建造中式风格的建设活动就已出现，并且创造出了许多优秀作品，比如大家都非常熟悉的北京协和医院、燕京大学、国立北平图书馆、北京辅仁大学以及南京博物馆等。新中国成立以后，又陆续建造了北京友谊宾馆、中国美术馆、北京农展馆、国家图书馆以及陕西历史博物馆、三唐工程（唐华宾馆、唐歌舞餐厅、唐代艺术博物馆）等。

近些年来，这种以钢筋混凝土或钢结构为主要建筑材料的当代传统建筑越来越多，这是中国人从骨子里热爱本民族建筑及其文化的必然产物。尤其在以习近平总书记为核心的党中央大力倡导弘扬中华优秀传统文化的大背景下，编辑出版《传统建筑现代施工技术》一书，无疑具有十分重要的意义。

贾华勇先生退休前是陕西古建园林建设集团有限公司主要负责人，曾带领他的团队建造了大量钢筋混凝土传统建筑，积累了丰富的施工经验，创造了许多新的工法，《传统建筑现代施工技术》是他们多年来施工经验及研究成果的总结。它的出版，对各地建造钢筋混凝土或钢结构传统建筑有重要借鉴作用和参考价值。

　　顺便提及：有人习惯将当今建造的传统建筑称为"仿古建筑"，我是不赞同"仿古建筑"这个提法的。其原因有二：一是因为几十年间陆续出现过一些拙劣的所谓"仿古建筑"，非但不中不西，不伦不类，而且做工极其粗糙简陋，损坏了仿古建筑的名声；二是有些崇洋非中的势力，把20世纪以来出现的传统风格建筑说成是对古代建筑毫无发展、毫无创新的机械的模仿，是一种十分"没有出息"的建筑，这是毫无道理的。由于"仿古建筑"用现代钢筋混凝土（钢结构）替代了木结构，就从根本上克服了木结构建筑因受材料限制而存在的许多缺陷，为传统建筑实现大空间、多功能提供了条件。从20世纪至今建造的许多"仿古建筑"，都实现了从空间到功能的变革，这种变革，本身就是一种创新，是中国传统建筑发展到当今的一场革命，只是在进行结构、功能、空间变革时，忠实地保留了它的外形特点——这一承载中华优秀传统建筑文化的最重要、最鲜明、最有文化内涵的部分。更何况用钢筋混凝土（钢结构）材料建造出木结构古建筑的形态，本身就需要很高的智慧和技能，把这种既有传统文化，又具现代功能的当代传统建筑说得一无是处，显然是站不住脚的。

　　至于建筑外表的"仿古"部分，我主张不仅要仿，而且要高仿，要认认真真一丝不苟地仿。这不是"拟古"，也不是"抄袭古人"，而是传承传统建筑文化的要求，否则，再过几百年，我们传承了几千年的传统建筑文化就消失殆尽了。贾华勇先生及其团队所做的钢筋混凝土仿古建筑，认真严谨，不愧为高仿之作，值得从业者学习，但是名称还是叫传统建筑更好。

　　有感而发，多说了几句。预祝该书早日付梓！

2020年6月于北京营宸斋

前言

　　以木结构为主的中国古建筑，经历了数千年的发展历程，成为世界独立的建筑体系。北宋崇宁二年（1103年）颁行的《营造法式》、清雍正十二年（1734年）颁行的工部《工程做法则例》，是对我国唐末及明清时期建筑工程规制等级、工程做法以及工料管理的总结，是当时政府部门颁行的官方文件，具有规范标准的作用，是指导宋、元、明、清及以后中国传统建筑设计建造的基本依据。

　　近百年来，随着社会经济、科技的发展，木材资源逐渐匮乏，以木材为主的传统建筑材料逐步被钢筋混凝土、钢材等现代材料所替代，营造技艺也随之发生变化。这种用现代建筑材料和施工工艺技术，按照中国古代建筑形制和风格建造出来的建筑，是中国传统建筑发展到当今时代的一种新形式，我们习惯地称之为现代传统建筑。

　　建筑是文化的载体，传统不能中断，文化需要传承。随着时代的变迁，人们对建筑的功能、空间、体量提出了许多新的要求。在以木材为主体结构的建筑不能满足功能、空间、体量变化的情况下，从20世纪中叶开始，许多有识之士便开始了如何使民族传统建筑适应当代功能、空间、体量变化的研究、探索和实践。这种采用现代钢筋混凝土材料及现代施工技艺，按照古代建筑形制和风格营造出来的现代传统建筑，不仅不失传统建筑造型优美、气势恢宏的特色，而且更能适应现代社会对建筑功能的需求，正在获得越来越多的社会认同。目前有关传统建筑设计和施工的专业书籍虽然很多，但其内容大都是以传统木结构为主，记述钢筋混凝土结构和钢结构的现代传统建筑的专业书籍几乎还是一片空白。为了弘扬中华民族传统文化，传承发展民族建筑的传统技术，我们根据多年现代传统建筑的施工经验，参照目前已经形成的相关施工工法、专利、验收标准及其他文献和资料，编写了这本《传统建筑现代施工技术》。

　　本书共分15章，主要总结用现代材料和工艺进行传统建筑施工的技术，以钢筋混凝土结构为主，还包括了钢结构、节能、三防及BIM技术应用等部分。本着现代与传统相结合的原则，我们既要遵循现行的施工验收规范和标准，也要对传统建筑的元素和基因给予充分的尊重和传承，如建筑形制、建筑细部、构件的尺度及比例关系、建筑与环境的适应和协调等，以便最大程度地展现传统建筑的神韵和风采。本书以传统建筑的形式、特点、类型、尺度等专业基础知识为开篇，各章节按简述、主要材料、主要机具、工艺流程、施工工艺、控制要点、质量要求、工程实例等分别叙述，尽可能达到系统全面，且具有较强的实用性、操作性和指导性。旨在为古建专业及从事现代传统建筑施工的有关人员提供参考和帮助。

编　者

目录

第1章

中国古代建筑简述

中国古代建筑分为官式建筑和地方民居建筑。就官式建筑而言，其建筑形式、建筑特点、建筑量度等经过几千年的发展演变，在世界上形成了自己独有的风格和特点。

1.1 中国古代建筑的形式

中国古代建筑，一般按照时代特征、房屋造型、使用功能三种情形进行分类。

1.1.1 按时代特征分类

中国古代建筑活动有实物可考的有7000年的历史。新石器时代；夏、商、周时代；秦、汉至南北朝时代；隋、唐至宋、辽、金时代和元、明、清时代。根据历史文化和建筑营造技术水平及遗存的建筑实物，通常归纳为三个历史时期的建筑，即：汉式建筑、宋式建筑、清式建筑。

1.1.1.1 汉式建筑

秦、汉、魏、两晋、南北朝这一时期建筑列为汉式建筑，通常也称秦、汉建筑，其主要特征是粗犷稳重，布局自由，造型平直，装饰简朴，如图1.1-1所示。

四川雅安高颐汉阙　　　　　　　　　　　　西安秦二世陵遗址公园展厅

图1.1-1　汉式建筑

1.1.1.2 宋式建筑

隋、唐、五代、宋、辽、金这一时期建筑列为宋式建筑，通常也称唐、宋建筑，其主要特征是恢宏大气，造型浑厚，脊檐翘曲，装饰绚丽，如图1.1-2所示。

山西五台山南禅寺（唐）　　　　　　　　　　山西晋祠圣母殿（宋）

图1.1-2　宋式建筑

1.1.1.3　清式建筑

元、明、清这一时期建筑列为清式建筑，通常也称明、清建筑，其主要特征是结构精致，造型美观，脊檐正规，装饰华丽，如图1.1-3所示。

北京天安门城楼　　　　　　　　　　　　　　陕西咸阳清渭楼

图1.1-3　清式建筑

1.1.2　按屋顶造型分类

古代建筑一般可按屋顶造型分为：庑殿式、歇山式、悬山式、硬山式及攒尖式等形式。

1.1.2.1　庑殿式建筑

庑殿式建筑有单檐、重檐。其屋顶是由前、后、左、右四个坡面和五条脊组成，宋称"五脊殿"或"四阿殿"，清称"庑殿"，如图1.1-4所示。庑殿式建筑在我国古代建筑中属等级最高的一种建筑形式，由于其建筑体大庄重、气势雄伟，在古代封建社会里是皇权和神权等最高统治的象征。因此，庑殿建筑一般只用于宫殿、坛庙的主殿、重要门楼等，其他官府、民宅等都不许施用。

山西五台山佛光寺东大殿　　　　　　　　　西安大唐芙蓉园紫云楼

图1.1-4　庑殿式建筑

1.1.2.2　歇山式建筑

歇山式建筑也是一种四坡形屋面，但在山面不同于庑殿直接从屋脊斜坡而下，而是通过垂直山面一定距离后再斜坡而下，故取名为歇山建筑。主要建筑的单檐屋顶由四个坡面、九条屋脊（一条正脊、四条垂脊、四条戗脊）组成，所以也称"九脊殿"，宋又称为"厦两头造""汉殿"等，如图1.1-5所示。

西安城墙南门（永宁门）城楼   甘肃嘉峪关关楼

图1.1-5 歇山式建筑

歇山建筑在封建社会等级制中仅次于庑殿式建筑等级，不仅造型优美活泼，而且具有姿态表现、适应性强等特点，被广泛应用到殿堂、楼阁、亭廊舫榭、园林景观等建筑中。歇山建筑又可分为尖山顶和卷棚顶两种，每种又分为单檐建筑和重檐建筑。

1.1.2.3 悬山及硬山建筑

悬山及硬山建筑都是两坡人字形屋面建筑，在封建等级社会里都属于最次等级的建筑，由于造型相对简单，适用范围较大，在一般官式建筑配殿或民居中被广泛使用。悬山及硬山建筑又分为尖山顶式和卷棚顶式两种，一般只做成单檐形式，很少做成重檐。

（1）悬山建筑的特点

屋顶两端向山墙伸出、悬挑一定距离，以遮挡雨雪，避免淋湿山墙，而且还可使两端的山墙和山尖做成透气型，以利调节室内空气，如图1.1-6所示。

北京故宫建筑   西安楼观道教文化展示区建筑

图1.1-6 悬山建筑

（2）硬山建筑的特点

屋面与两端山墙封闭相交，山面没有伸出的屋檐，屋面构架全部封闭在墙体以内，如图1.1-7所示。

北京恭王府建筑   西安大唐芙蓉园唐市商业建筑

图1.1-7 硬山建筑

1.1.2.4　攒尖顶建筑

攒尖顶建筑是一种尖顶形式的建筑，由一个尖顶及其向周围辐射成圆锥形或若干个垂脊组成，一般用于观赏性的殿堂楼阁和凉亭等，可分为单檐或重檐，如图1.1-8所示。

北京天坛祈年殿　　　　　　　　　　　　西安钟楼

图1.1-8　攒尖顶建筑

1.1.3　按使用功能分类

古代建筑按使用功能分为殿堂、楼阁、亭子、游廊、牌楼、水榭、垂花门等。殿堂、楼阁一般采用等级较高的庑殿、歇山及攒尖顶形式建筑。

1.1.3.1　殿堂

殿堂建筑一般形体高大，地位显著，多为宫廷和大型寺庙的主要建筑。殿堂位于宫室或寺庙的前部中央，坐北朝南，一般用于举行典礼、接见宾客或祭祀等活动，如图1.1-9所示。

北京故宫保和殿　　　　　　　　　　　　洛阳武则天明堂

图1.1-9　殿堂

1.1.3.2　楼阁

楼是指古建筑中二层或二层以上的房屋，阁是我国传统楼房的一种，通常四周设隔扇或栏杆回廊，供远眺、游憩、藏书或供奉之用，如图1.1-10所示。

武昌黄鹤楼   洛阳伊川五子阁

图1.1-10　楼阁

1.1.3.3　亭子

亭子是指有顶无墙的透气型小型建筑。由于园林景观中不可缺少，所以有"无亭不成园"之说。亭子被广泛用于皇家园林、公共场所、宗教寺庙等，供人们观赏、乘凉、小憩之用。有凉亭、路亭、街亭、钟鼓亭等之分。平面形式也有多角、圆形、扇形等，如图1.1-11所示。

北京颐和园重檐六角亭   西安大唐芙蓉园旗亭

图1.1-11　亭子

1.1.3.4　游廊

游廊也称长廊、回廊，是供游人遮阳挡雨的廊道篷顶式建筑，常作为建筑物之间的风景配套建筑，如建筑物之间的回廊、走廊、山廊及桥廊等，如图1.1-12所示。

北京颐和园长廊

西安大唐芙蓉园彩霞长廊

图1.1-12　游廊

1.1.3.5　牌楼（坊）

　　牌楼（坊）是一种既具有区域、景区标牌作用，又具有宣扬名人名士、彰显功勋伟绩的牌架建筑，主要用于景区、寺庙、院落的入口和街道的起点及知名街区的标识等。一般有屋顶的叫牌楼，无屋顶的叫牌坊，如图1.1-13所示。

五台山大朝台石牌坊

西安财神文化区入口牌楼

图1.1-13　牌楼（坊）

1.1.3.6　水榭

　　水榭属于亲水平台式建筑物，既可作临岸建筑，也可作引桥于水中的建筑，如图1.1-14所示。

苏州拙政园水榭

西安曲江池遗址公园藕香榭

图1.1-14　水榭

1.1.3.7　垂花门

垂花门是我国古建筑群中院落、宫殿、寺庙和园林等的分隔之门。门的两边连接围墙或游廊，因在屋檐两端吊有装饰性垂莲柱而得名，是一种带屋顶且装饰性很强的大门，如图1.1-15所示。

北京恭王府垂花门　　　　　　　　　　　　　　西安文化山庄垂花门

图1.1-15　垂花门

1.2　中国古代建筑特点及主要区别

1.2.1　中国古代建筑特点

中国古代建筑特点可以概括为：高台基、大屋顶、木构架、精装饰（油饰彩画及雕刻）。

1.2.1.1　高台基

高台基是指整体建筑物坐落在石砌或砖砌的高大承台上。该承台属于建筑物的基础部分，除了承受和传递上部荷载外，还兼有室内地坪和室外散水等功能，使建筑物的恢宏气势愈加凸显，如图1.2-1所示。

图1.2-1　故宫三大殿台基鸟瞰图
（图片来源：网络）

1.2.1.2　大屋顶

中国古建筑屋顶多采用形状各异的大斜坡屋面形式，建筑垂直高度大，屋檐外伸挑出距离宽。长长的屋脊和两端的吻兽，反曲的屋面和翘起的屋角及檐口曲线，形成"吐水疾而溜远，激日景而纳光"，彰显出中国古代建筑的民族特点和恢宏气势，如图1.2-2所示。

图1.2-2 北京故宫太和殿
（图片来源：网络）

1.2.1.3　木构架

木构架是指整个房屋由木制柱、梁、檩、枋等构件组成，是建筑物的主要受力构件。其形式有：抬梁式、穿斗式和井干式等，是古老的装配式建筑，如图1.2-3所示。

图1.2-3 木结构房屋模型图

1.2.1.4　精装饰

精装饰是指屋面及檐口采用瓦件装饰，墙、柱顶部采用斗栱或砖檐装饰，外露结构件采用油饰彩画装饰，台基须弥座及柱顶石采用束腰形状等形式，以及立面的砖雕、石雕、木雕等外装饰。这些精装饰既有美化建筑、保护木骨架，体现建筑等级和功能的作用，也蕴含着中国人的人生观、价值观和审美观，更使整个建筑显得多姿多彩，如图1.2-4所示。

西安华山国际酒店油饰彩画

西安关中民居砖雕

西安关中民居木雕

西安楼观妈祖殿石雕龙柱

图1.2-4　精装饰实例图

1.2.2　不同时期建筑的主要区别

1.2.2.1　宋、清建筑的主要区别

（1）屋面

1）唐、宋建筑屋顶坡度舒展，出檐深远，正脊及檐口呈弧线形，屋脊用瓦条垒起，瓦件尺寸较大，脊端用鸱尾（吻），如图1.2-5所示。博缝板常加悬鱼、惹草装饰。

唐太宗昭陵出土鸱尾

琉璃鸱吻

图1.2-5　唐、宋屋脊脊兽

2）明、清建筑屋顶坡度较唐、宋建筑陡峭，出檐较短；正脊及檐口成直线，有定型脊件，脊端用吻兽，屋角用蹲脊兽和套兽；博缝板常加梅花钉装饰。清代也有脊兽做成望兽的，望兽属于螭吻的变种，望兽与螭吻最大的区别在螭龙头部，螭吻是螭龙大张龙口欲将大脊吞下，而正脊望兽却是龙头朝外仰望天空。望兽多用于城门楼之上，寓意眺望远方，如图1.2-6所示。

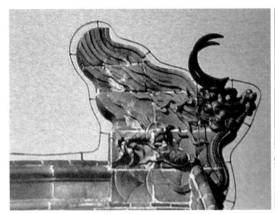

西安明城墙正脊望兽　　　　　　　　　　　　　清代琉璃螭吻

图1.2-6　明、清屋脊脊兽

（2）建筑度量模数

1）宋式建筑采用"材份等级制"，材分八等，用"材和栔"作为尺度模数单位，用材比较大。

2）清式建筑采用"斗口制"，分十一个等级，用斗栱座斗开口宽度作为模数单位。

（3）斗栱及梁、柱等构件形式

1）宋式建筑

斗栱：用材较大，具有承重作用，有偷心造、计心造，重栱、单栱做法；斗栱高占柱高约二分之一至十分之三；昂有受力作用，柱头无挑尖梁，柱头铺作与补间铺作（两柱之间）做法一致，补间斗栱数量最多两朵。

梁：柱头铺作上梁头伸出外檐部分做成铺作外形，梁有明栿、草栿之分；梁断面高宽比为3：2，并有月梁做法，加工比较复杂。

柱：柱子有生起，柱形成梭柱，柱顶呈卷杀覆盆状，有较大侧脚。

2）清式建筑

斗栱：斗栱用材小，独成体系，起过渡作用；做法较为固定且构造简单，斗栱高占柱高约五分之一至六分之一，昂一般不受力，柱头设挑尖梁，柱头科与平身科做法不同，补间斗栱数量一般设4～8攒。

梁：柱头斗栱上挑尖梁向外伸出，梁无草栿做法，无论是否露明，做法规矩；梁断面高宽比为5：4或6：5，宽度大，一般仅作直梁，加工简单。

柱：柱子采用直柱，有1%的收分和掰升，外柱细长无生起，排列整齐。

（4）举折（架）及梁架形式

1）宋式建筑

举折：屋面坡度较平缓，举折算法从上而下，如图1.2-7所示。

梁架：脊槫下用叉手、蜀柱，梁首有托脚支撑，连接较稳固，梁上使用驼峰或合㭼，做法稍

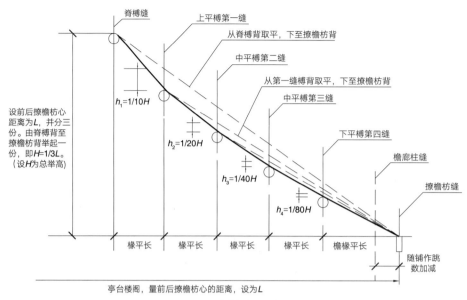

图1.2-7 宋举折之制示意图

复杂。斗栱上有的用替木承槫，梁与梁的连接点及梁槫的交接点通过斗栱连接。

2）清式建筑

举架：屋脊坡度较陡峻，算法从檐步起至脊逐步加举，如图1.2-8所示。

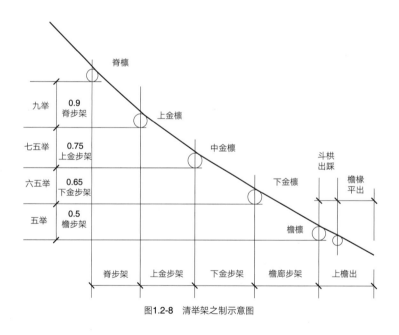

图1.2-8 清举架之制示意图

梁架：脊桁上有扶脊木，下有脊瓜柱，用垫板、枋子连系稳固；梁上用坨墩或瓜柱，角背做法简单，梁与梁、梁与桁直接结合，不通过斗栱连接，极少用襻间做法。

（5）门窗及装饰形式

1）宋式隔扇多用四抹头，常用直棂窗，也有用毯纹或方格眼，窗下多做隔板，藻井多用斗八藻井。

2）清式隔扇多用六抹头，一般窗饰用菱花形、条子活，槛窗下用槛墙，藻井多用角蝉、圆镜。

（6）油饰彩画

1）宋式油饰彩画：地仗处理较简单，柱子多做彩画，彩画制度有五彩遍装、青绿彩画和土朱刷饰三类，如图1.2-9所示。

图1.2-9　宋式五彩遍装彩画

2）清式油饰彩画：梁、柱地仗处理复杂，多用麻、布地仗，彩画用于斗栱、梁架、椽头等；高级做法有沥粉、贴金。主要有和玺彩画、旋子彩画和苏式彩画三大类，如图1.2-10所示。

图1.2-10　清式和玺彩画

（7）须弥座及柱础形式

1）宋式须弥座：花饰比较复杂，部分为两层束腰；柱础石也比较复杂，多有雕饰。如图1.2-11所示。

图1.2-11　宋式柱础石

2）清式须弥座：花饰相对简单，束腰矮，多为单层；柱础石露明为鼓镜，无多雕饰，如图1.2-12所示。

图1.2-12　清式柱础石

1.2.2.2　唐、宋建筑的主要区别

在唐代，大规模的营造活动使唐风建筑的营造技术达到了新的高峰。宋《营造法式》正是在晚唐结构体系和营造技术的基础上经朝廷筛选而钦定，实际上是唐代的营造技术规范化后冠以《营造法式》之名，因此宋《营造法式》实质上应是唐风建筑体系的一个支系，只是按照定式营造而已，所以宋式建筑和唐风建筑在大的结构体系上基本是一致的，如表1.2-1所示。

唐风建筑与宋《营造法式》用材比较　　　　　　　　　　　　　　　　　　　　　　表1.2-1

编号	建筑名称	年代	时代	唐风建筑				相当宋材等级	宋《营造法式》		
				材高×宽（cm）	高宽比	栔高（cm）/分	分		材高×宽（cm）	栔高（cm）/分	分
1	山西五台山佛光寺东大殿	857	唐	30×20.5	15：10.25	13/6.5	2	一	29.61×19.8	11.84/6	1.98
2	山西五台山南禅寺大殿	782	唐	26×17	15：10	11-12.6/6.8-7.5	1.6	三	24.7×16.5	9.9/6	1.65
3	河北正定开元寺钟楼	738	唐	15.5×17	15：10	一	1.7	三	24.7×16.5	9.9/6	1.65
4	山西芮城广仁王庙正殿	831	唐	21×13	15：9.3	8/5.7	1.4	五	21.7×14.5	8.7/6	1.45

其构造和形式上主要有以下区别：

（1）结构方式及斗栱出跳

1）唐风建筑：结构尺度和结构形式尚缺乏统一的官方规定，构架简练朴实，斗栱也由构架的结构需求来组合。斗栱的出跳在一定范围内可由艺匠自由发挥，如建筑物外檐斗栱的一跳在十九到三十分之间，二跳在十六到十九分之间，三跳在十六到三十六分之间，四跳在二十一到三十五分之间。

2）宋式建筑：无论是建筑尺度、结构方式、斗栱设置及斗栱出跳，完全按照《营造法式》的法定条例执行，如斗栱铺作内外各转一跳，为三十材分，其余各跳二十六材分。

（2）斗栱栱头

1）唐风建筑：斗栱栱头形式向下垂直面的长度为栱头的1/3～1/2，也有无垂直面的，从散斗底直接向栱底起弧，还有垂直面下部做成弧形的。栱头分瓣数量有二、三、四、五瓣之分，如图1.2-13所示。

2）宋式建筑：《营造法式》规定斗栱栱头上留6下杀9。如图1.2-14所示。

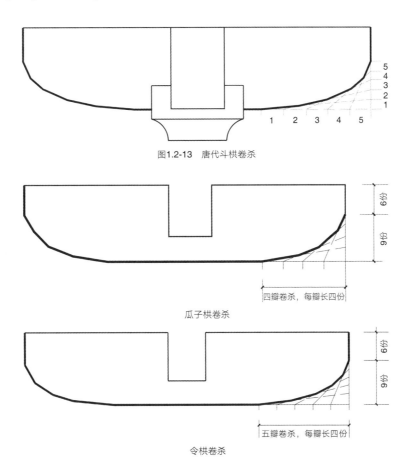

图1.2-13 唐代斗栱卷杀

四瓣卷杀，每瓣长四份

瓜子栱卷杀

五瓣卷杀，每瓣长四份

令栱卷杀
图1.2-14 宋斗栱栱头卷杀

（3）翼角布椽方式

1）唐风翼角布椽方式有三种：一是平行布椽，二是隅扇布椽，三是扇状布椽。

2）宋《营造法式》用椽之规定：在布置椽时，让左右两椽间的中线正对每间的中间；如有补间铺作的房间，让左右两椽间的中线正对耍头中心；在翼角将椽与角梁一起布置，使椽的间距疏密得当。

1.2.2.3 明、清建筑构件的主要区别

由于明代建筑介于宋代和清代之间，处于由宋向清变化的中间过程，从元代开始，既有继承宋代传统的地方，同时也蕴含着清代建筑的发展趋势，其主要区别如下：

（1）整体构造

1）明代檐柱比清代稍矮，而面阔与柱高的比值明显大于清代。明代檐柱普遍有生起，柱子均有侧脚，清代外檐柱取消了生起，改为等高；侧脚除外檐柱保留外，内檐柱均无侧脚。明代柱继承宋代采用梭柱，清代一般为直柱，也有收分的，但收分很小，一般为百分之一柱高；明代瓜柱和清代也有很大区别，明代的瓜柱卷杀方法、尺度与对应的檐、金柱柱头完全相同，清代的瓜柱不做卷杀，而且明代的瓜柱直径远大于清代。

2）明代在檩下采用襻间枋和襻间斗栱。清代在檩之下、金枋之上用一块垫板取代了襻间斗

栱，做法洗练简洁，二者有明显区别。

3）明代沿用宋《营造法式》举折之制确定屋面曲度，清代《工程做法则例》采用的是举架之法来确定屋面的曲度。明代歇山收山的尺度大于清代。

4）明代建筑步架尺寸不相等，清代建筑的步架尺寸除檐步架稍大外其余步架均相等。

5）明代建筑梁枋节点处普遍采用斗栱的做法，承袭了宋代建筑风格；清代建筑将梁、柱节点的构件简化为瓜柱或柁墩，构造简单。

（2）斗栱

1）大斗：明代斗栱大斗有3×3斗口和3×3.25斗口两种尺寸，清代大斗只有3×3斗口一种尺寸。

2）麻叶头：明代线条较简单，多为落地平雕；清代为三弯九转雕刻。

3）昂：明代斗栱昂下有假华头子；清中叶后，昂嘴下线顺直延伸至十八斗，华头子不复存在。

4）溜金斗栱：明溜金挑杆为一根直木枋，悬挑功能明显；清则以正心为界将挑杆一分为二，其内拽部分仍为斜置，外拽部分则水平叠置，悬挑功能丧失，被称为假昂，如图1.2-15所示。

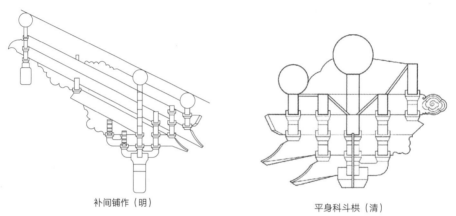

补间铺作（明）　　　　　　平身科斗栱（清）

图1.2-15　斗栱昂由斜行转变为平行

（3）细部处理

1）梁：明代的梁高宽比为2.6：2，清代的梁高宽比为6：5。在梁柱交接处，明代多采用雀替和丁头栱，清代多将梁作榫直接插在柱上。

2）枋：明代尺寸高宽比值2：1，清代的比值是6：5，明代平板枋比清代的平板枋宽。明代建筑相邻的梁柱之间采用襻间做法，清代在做法上加以简化，以垫板取代襻间斗栱，改为檩三件，如图1.2-16所示。

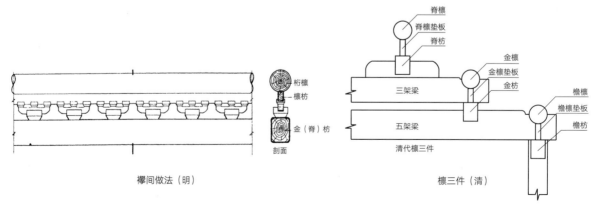

襻间做法（明）　　　　　　檩三件（清）

图1.2-16　明、清时期枋做法对比

3）翼角檐椽根数：明代翼角椽根数，根据考证有偶数，也有奇数。清代翼角椽根数在《工程做法则例》上有明确规定，**"翼角翘椽以成单为率，如逢双数，应改成单"**。

4）椽子的径寸：明代椽子的直径介于宋代和清代之间，约1.1～1.2斗口，清代为1.4～1.5斗口。

5）通椽做法：是明代建筑中的一种特殊做法，指椽子不仅跨过檐步架，而且继续向上延伸，再跨过下金步架，比一般做法加长一步架；清代由于工程做法简化，通椽做法不复存在。

6）椽椀做法：明代的椽椀做法极其讲究，将整块木板分为上下两部分，各做半个椽椀。安装时先将下半部分椽椀固定，再在其上钉椽子，最后安装上半部分椽椀，做龙凤榫，要求严丝合缝，如图1.2-17所示。清代的椽椀做法相对比较简单，如图1.2-18所示。

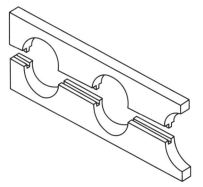 

图1.2-17　明椽椀做法示意图　　　　　　　　图1.2-18　清椽椀做法示意图

7）木构件榫卯节点：明代建筑的节点榫卯做法，大部分沿袭了宋代榫卯技术，在构造形式、形状尺度上与宋代榫卯大同小异，如图1.2-19所示。清代已经大大简化，大部分榫卯被燕尾榫和半榫等较为简单的榫卯所代替，如图1.2-20所示。

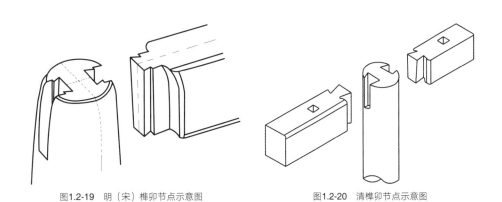

图1.2-19　明（宋）榫卯节点示意图　　　　　　图1.2-20　清榫卯节点示意图

以上是不同时期建筑部位及部分构件的对照与区别，但远不止这些，只是重点举例说明。通过这些区别的了解，使我们对各个时期的建筑能在施工中起到启示作用。

1.3 中国古代建筑度量

中国古代建筑长度度量单位主要为营造尺，也称官尺。其尺长历代不一，周代至清代尺长是在0.23～0.329m范围内。为规范建筑物的规模并便于营造，在建筑史上，还出现两种重要的度量模数。即宋代的"**材份制**"和清代的"**斗口制**"。在规划设计中"**千尺为势、百尺为形**"的"**形势**"法则，形成我国群体建筑的基本法则。

此外，与营造尺配合使用的，还有压白尺和鲁班尺等，后者主要用于家具和门窗的制作，蕴含了人们趋利避害、祈福纳祥的美好愿望。

1.3.1 建筑的几种用尺及度量

1.3.1.1 营造尺

营造尺也称曲尺、木工尺，是由历代工部依据律尺（法定度尺）制定的，用于土木、石工、车船（楫）营造等。据明末《律学新说》卷二叙述，"**曲尺即营造尺**"。在各历史时期，营造尺长度差异较大，如**表1.3-1**所示。

各个历史时期营造尺长度表   表1.3-1

朝代	尺长（m）	备注
周代	0.23	
战国	0.227～0.231	
秦	0.231	
西汉	0.23	
三国	0.241～0.242	
隋	0.273	
唐	0.28～0.318	1956年陕县唐墓出土尺长分别为0.300m和0.311m
五代	0.298～0.309	
南宋	0.274	
北宋、元代	0.308～0.329	
明代	0.318	1956年在山东省梁山县的明初沉船内的骨尺
明代	0.32	明嘉靖牙尺
清代	0.32	《中国历代度量衡考》记载

1.3.1.2 压白尺

压白尺也叫飞白尺，是由洛书引得的九宫图中，有一白、六白、八白的概念。在传统建筑营造中，依目前所知最早的文献记载，其内容为："**一白二黑三碧四绿五黄六白七赤八白九紫，星之名也，唯有白星最吉**"。所以叫压白尺。匠师们把建筑尺度与九宫的各星宫结合起来，以营造尺为度量基础，与鲁班尺配合使用，对门窗、床等器具及建筑物进行度量以确定其吉凶。

1.3.1.3 鲁班尺

鲁班尺也叫鲁般尺、门尺、门光尺、八字尺、鲁班真尺、门公尺等。

现在常用的鲁班尺有三种，第一种：根据明清传统的《鲁班营造正式》和《鲁班经》等书记载"鲁班尺乃有曲尺一尺四寸四分，其尺间有八寸，一寸准曲尺一寸八分，内有财病离义官劫害吉也，凡人造门，用依尺法"。按照以上资料分析，1鲁班尺（门光尺）=32×1.44=46.08cm，与故宫现存的鲁班尺尺长（尺长46.00cm，宽5.5cm、厚1.3cm）相一致，如图1.3-1所示。第二种是《营造法原》所述的鲁班尺，也是营造尺，即1鲁班尺=1营造尺=27.5cm。第三种是现代卷尺版的鲁班尺，它的1尺也是八寸，1尺=42.9cm。

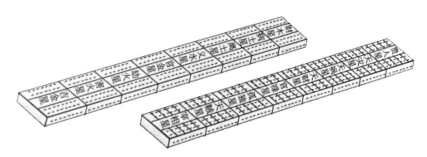

图1.3-1 藏于北京故宫博物院的鲁班尺样式示意图

1.3.2 鲁班尺与压白尺的尺法

根据《鲁班营造正式》和《鲁班经》对鲁班尺的尺法要求及梁思成先生编著的《营造算例》"门口宽度按门光尺定高宽，财病离义、官劫害吉，每个字一寸八分"的叙述，鲁班尺与压白尺不仅是用来确定门、窗、床及器物尺寸，判定吉凶的专用尺，在中国古代建筑中，也是确定建筑主要尺寸（面宽、进深、高度）的设计用尺。当确定门的吉利尺寸时，应与压白尺（营造尺）的吉利尺寸相一致为吉利；在清工部《工程做法则例》卷四十一"各项装修做法"中列出了一份门诀表，如表1.3-2所示。当确定建筑物面宽、进深、高度时，应结合建筑物的座山与天父卦、地母卦的五行属性，尺白、寸白口诀确定其吉利尺寸。

清《工程做法则例》卷四十一"门诀"   表1.3-2

财门			义顺门		
二尺七寸二分	二尺七寸五分	二尺七寸九分	二尺一寸八分	二尺二寸二分	二尺二寸五分
二尺八寸二分	二尺八寸五分	四尺一寸六分	二尺三寸	二尺三寸三分	三尺六寸二分
四尺一寸九分	四尺二寸二分	四尺二寸六分	三尺七寸三分	三尺七寸六分	五尺五寸
四尺二寸九分	五尺一寸六分	五尺一寸九分	五尺九寸	五尺一寸二分	六尺五寸
五尺五寸	五尺六寸一分	五尺六寸三分	六尺五寸一分	六尺五寸三分	六尺五寸七分
五尺六寸七分	五尺七寸	五尺七寸一分	六尺六寸一分	六尺六寸四分	七尺九寸三分
七尺四分	七尺七分	七尺一寸一分	七尺九寸六分	八尺一寸	八尺四寸
七尺一寸六分	八尺四寸七分	八尺五寸一分	八尺七寸	九尺三寸七分	九尺四寸
八尺五寸三分	八尺六寸	九尺九寸一分	九尺四寸四分	九尺四寸七分	九尺五寸
九尺九寸五分	九尺九寸八分	一丈二分	一丈八寸二分	一丈八寸四分	一丈八寸七分
一丈五分			一丈九寸五分		

官禄门			福德门		
二尺一分	二尺四分	二尺八分	二尺一分	二尺九寸	二尺九寸四分
二尺一寸一分	二尺一寸四分	二尺四寸四分	二尺九寸七分	三尺四分	三尺四寸四分
三尺四寸五分	三尺四寸八分	三尺五寸二分	四尺三寸一分	四尺四寸一分	四尺四寸五分
三尺五寸六分	三尺五寸九分	四尺八寸九分	五尺七寸七分	五尺八寸四分	五尺八寸八分
四尺九寸二分	四尺九寸五分	四尺九寸八分	五尺九寸一分	七尺二寸一分	七尺二寸四分
五尺一分	六尺三寸三分	六尺三寸六分	七尺二寸八分	七尺三寸一分	七尺三寸四分
六尺四寸	七尺七寸六分	七尺七寸九分	八尺六寸五分	八尺六寸八分	八尺七寸一分
七尺八寸三分	九尺一寸九分	九尺二寸二分	八尺七寸五分	八尺七寸八分	一丈七分
九尺二寸六分	九尺二寸九分	九尺三寸三分	一丈八分	一丈一寸二分	一丈一寸九分
九尺八寸六分	一丈六寸四分	一丈六寸七分	一丈一尺一	一丈二寸三分	
一丈七寸	一丈七寸三分	一丈七寸六分	注：经查证带方框的尺寸不是吉利尺寸		

试计算上表中财门九尺九寸一分是否为吉利尺寸时，其计算方法为：9.91÷0.18=55.05门光寸（一寸准曲尺一寸八分）。因八寸为一尺即55.05÷8=6.88门光尺，尾数余7.05门光寸，在8寸间为吉门。

1.3.3 宋材份等级制

（1）材是宋官式建筑的基本模数，以单栱或素方用料的断面尺寸为一材，其高宽比为3∶2；栔是两层斗栱之间填充断面尺寸，其断面尺寸为材的2/5，高宽比也为3∶2；份是指将材高划分为15份（材宽10份，栔高6份，栔宽4份）每一份便称之为一分。

（2）为控制建筑规模的大小，《营造法式》卷五述"凡构屋之制，皆以材为祖。材有八等，度屋之大小，因而用之"，如图1.3-2所示。

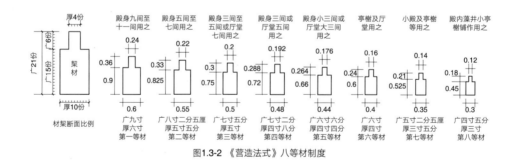

图1.3-2 《营造法式》八等材制度

由图1.3-2可知，一等材最大，用于最高级别的殿庭建筑；八等材最小，只用于较小级别建筑。广15份为一材，广6份为一栔，每份大小依八个等级规定尺寸计算，如图1.3-3及表1.3-3所示。

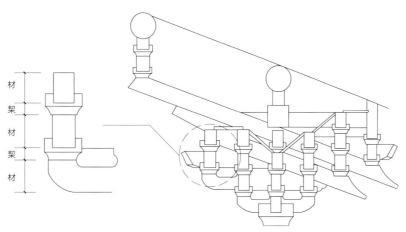

图1.3-3 "材""栔"在斗栱中的位置示意图

八等材尺寸表 表1.3-3

材等级	使用范围	"材""栔"规格		"材""栔"
		材广	栔广	每份
一等材	殿身9~11间	0.9尺	0.36尺	0.06尺
二等材	殿身5~7间	0.825尺	0.33尺	0.055尺
三等材	殿身3~5间或厅堂7间	0.75尺	0.30尺	0.05尺
四等材	殿身3~5间或厅堂5间	0.72尺	0.288尺	0.048尺
五等材	殿身小3间或厅堂大3间	0.66尺	0.264尺	0.044尺
六等材	亭榭或小厅堂	0.6尺	0.24尺	0.04尺
七等材	小殿或亭榭	0.525尺	0.21尺	0.035尺
八等材	殿内藻井小亭榭铺作	0.45尺	0.18尺	0.03尺

1.3.4 清斗口制

斗口又称为"口份"或"口数",《工程做法则例》述:"斗口有头等材,二等材,以至十一等材之分。头等材迎面按翘昂斗口宽六寸,二等材斗口宽五寸五分,自三等材以至十一等材各减五分,即得斗口尺寸"。也就是说,"斗口制"分为十一个等级,以头等材为6寸开头,以后每个等级减少0.5寸,即二等材5.5寸、三等材5寸、四等材4.5寸直至十一等材1寸,如图1.3-4及表1.3-4所示。

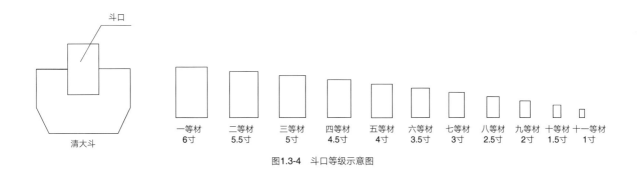

图1.3-4 斗口等级示意图

斗口制尺寸表   表1.3-4

斗口等级	营造尺	公制	斗口等级	营造尺	公制	斗口等级	营造尺	公制
一等材	6寸	19.20cm	五等材	4寸	12.80cm	九等材	2寸	6.40cm
二等材	5.5寸	17.60cm	六等材	3.5寸	11.20cm	十等材	1.5寸	4.80cm
三等材	5寸	16.00cm	七等材	3寸	9.60cm	十一等材	1寸	3.20cm
四等材	4.5寸	14.40cm	八等材	2.5寸	8.00cm			

在实例使用中，一般多为四等材以下，如城阙角楼，最大用到四、五等材；平地房屋最大不超过七、八等材；垂花门、亭类建筑多用十一等材。

1.3.5 "形势法则"

"千尺为势，百尺为形"的形势法则是古代建筑在营造中多依风水理论来度量和权衡建筑的外部空间和视觉效果的普遍做法。其远近尺度分别以"势"为350m和"形"在35m以内进行控制，也就是说，在建筑组群的总体布局时，把单体建筑远视距离控制在350m范围，把近视距离控制在35m左右，能得到最佳的景观效果。

当代研究成果和实践证明，在350m这个视距观人，是人眼最敏感的黄斑距离，可对人的轮廓和动态特征加以识别和判定。当在这个距离且视角为6度远观某一单体建筑时，是建筑外部空间形体的极限视角。在35m这个视距观人，可以看清人的面目和细部，在这一距离近观某一单体建筑的面阔、高度和进深及建筑局部的空间划分时，以百尺（35m）为限作为合理尺度能得到最好的视距效果，可见中国古代"形与势"的科学性。陕西少华山龙首阁在不同视距下的效果，如图1.3-5所示。

千尺（350m）视距效果

百尺（35m）视距效果

图1.3-5 陕西少华山龙首阁

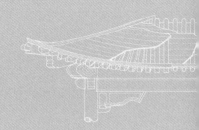

第
2
章

CHAPTER TWO

台
基

2.1 简述

台基是指高出地面的建筑物的底座，由地上和地下两部分组成，地上的露出部分叫台明，地下部分叫埋头（深）。台基不仅用以承托建筑物，起到防水避潮、稳固基础、调度空间的作用，同时用来弥补建筑不够高大雄伟的欠缺，也反映了我国封建社会严格的等级制度。早在战国中期的《礼记·礼器》中这样描述："天子之堂（台基）九尺，诸侯七尺，大夫五尺，士三尺"，清代《大清会典事例》中记载关于台基的高度规定："公侯以下三品以上，房屋台基高二尺；四品以下至庶民房屋台基高一尺"。

2.1.1 台基的基本构造

台基一般由埋头、台明、台阶（现代建筑称地基与基础）和栏杆等几部分构成，在较高等级的建筑中还设有月台，月台是台明的扩大和延伸，起到扩大建筑正面活动空间及建筑体量和气势的作用。

2.1.2 地基与基础

地基是建筑物的地下部分，它承受并传递上部建筑物的荷载。根据建筑荷载和地基承载力的要求，其地基的处理做法有换土法和密实加固法两种形式。换土法是将基础底面以下的杂土挖出，用较好的土质重新夯实回填。密实加固法主要指桩基，用桩来加固土层。

传统建筑地基与基础做法分为：夯土式、灰土式、碎砖黏土式、毛石基础、桩基础及砌筑基础等。砌筑基础一般由砖、石砌筑，构造主要由磉墩和拦土组成。磉墩是柱下的独立基础砌体，拦土是磉墩之间的基础墙砌体，如图2.1-1所示。为满足抗震要求，现多用钢筋混凝土条形基础、筏板基础等来代替砌筑基础。

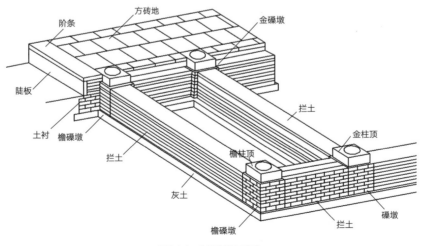

图2.1-1　台基构造示意图

2.1.3 台明

台基露出地面的部分称为台明，从形式上可分为普通台明（平台式）和须弥座两大类。

2.1.3.1 普通台明

（1）普通台明的分类

普通台明根据其包砌材料的不同分为两类，一类是砖砌台明，另一类是石砌台明。砖砌台明可用条砖或城砖砌筑，露明部分可用石材、砖搭配砌筑。石砌台明是指整个台明包括台帮全用石料铺筑。

（2）台明的构造

台明的高度大式做法为檐柱直径的1.5~2倍，小式做法为檐柱直径的1.5倍。台明宽度为通进深再加上前后的下檐出长度，台明长度为通面阔加两侧山出，如图2.1-2所示。

台基四边用砖或石包砌，内部填土，上部墁砖石，侧立面为台帮，在台帮外包砌石材或砖。

石砌台明的构造一般自下而上由土衬石、角柱石、陡板石、阶条石、柱础石等组成，其位置如图2.1-3所示。

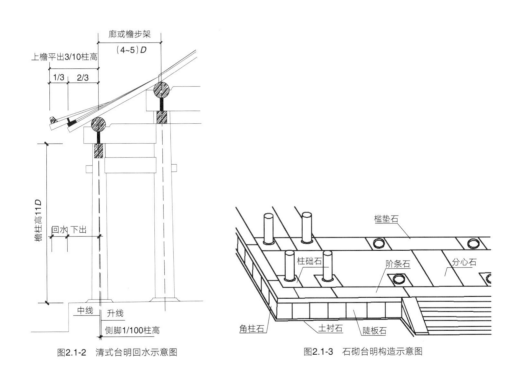

图2.1-2　清式台明回水示意图　　　　　图2.1-3　石砌台明构造示意图

2.1.3.2 须弥座

须弥座又名金刚座。"须弥"源自古印度佛教传说中的世界中心"须弥山"，印度人以须弥座用作佛像或神龛的底座，以显示佛的崇高和伟大。须弥座传入中国以后，用于中国古建筑的台基部分时，它就成了台基中最高等级的标志，主要用于高等级的宫殿、寺院、道观等重要建筑物。

（1）须弥座的类型

须弥座一般为砖砌或石制，也有用琉璃饰面的。须弥座一般为单层，特别重要的建筑有时做成两层或三层重叠的须弥座，俗称"两台须弥座"或"三台须弥座"，如故宫三大殿均为三台须弥座。

石制须弥座根据其表面雕刻的不同分为四种：

1）只在圭脚做云纹雕刻的须弥座；

2）只在束腰处雕饰的须弥座；

3）在束腰和上枋雕饰的须弥座；

4）全部表面雕饰的须弥座。

（2）须弥座的构造

须弥座是一种上下凸出，中间凹进的台基的基座，一般自下而上分为：土衬、圭脚、下枋、下枭、束腰、上枭、上枋等，如图2.1-4所示。

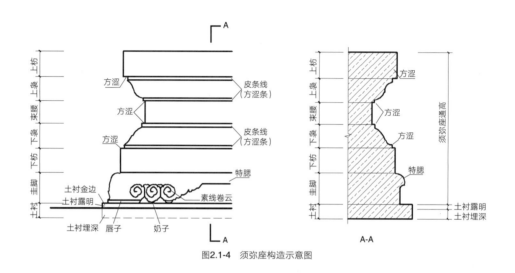

图2.1-4　须弥座构造示意图

（3）宋、清须弥座的区别

须弥座在我国唐代的高级建筑中已经开始流行，到了宋代和清代发展至顶峰。

宋式须弥座的特点是分层多（一般分9～12层），各层都较薄，主次分明，整体造型挺拔、秀气，雕刻纤细、精致。

清式须弥座的特点是分层较少（一般分6层），无明显的主体，线脚的形式推敲合理，雕饰粗放，反映了须弥座的敦实、粗壮、庄重的艺术效果。

宋、清代须弥座的区别，如图2.1-5所示。

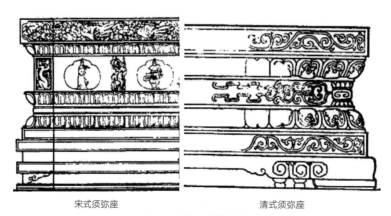

宋式须弥座　　　　　　　　清式须弥座

图2.1-5　须弥座构造示意图

2.1.4 台阶

台阶是建筑物由室外地面到台明的上下通道，古称"踏跺""踏道"或"阶角"。

2.1.4.1 台阶的分类

（1）按台阶所在的部位分类

1）正阶踏跺：台明前后檐正中及两旁的踏跺，如图2.1-6所示。

2）抄手踏跺：台明两个侧面的踏跺，如图2.1-7所示。

（2）按做法形式的不同分类（图2.1-8）

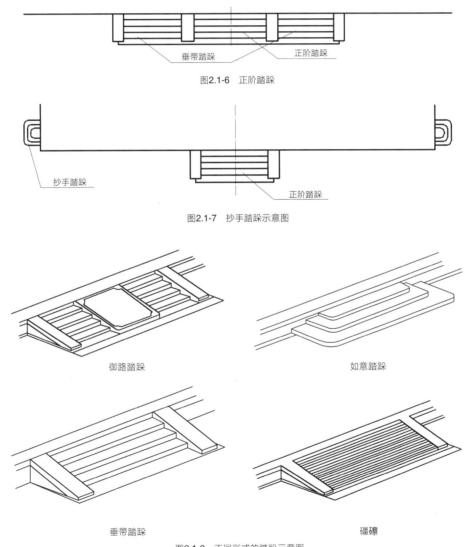

图2.1-6 正阶踏跺

图2.1-7 抄手踏跺示意图

御路踏跺　　　　　　　　　如意踏跺

垂带踏跺　　　　　　　　　礓磋

图2.1-8 不同形式的踏跺示意图

1）御路踏跺：台阶的中间设有御路的踏跺。

2）垂带踏跺：台阶的两侧设有由台明顶面至地面斜置的条石（垂带石）的踏跺。

3）如意踏跺：台阶的踏步条石沿左、中、右三个方向布置，人可沿三个方向上下的踏跺。

4）礓磋：由台明顶面至地面用砖或石砌成的锯齿形斜面的坡道。

2.1.4.2　台阶的构造

台阶主要由平头土衬、如意石、燕窝石、垂带石、象眼石、御路石、阶条石等组成，如图2.1-9所示。

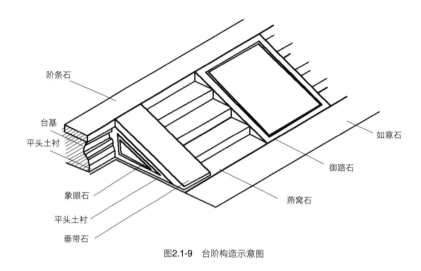

图2.1-9　台阶构造示意图

2.1.5　栏杆

栏杆，宋时称"钩阑"，是台明、月台周围以及台阶两侧的安全防护构件，它既有安全围护功能，又有分隔空间和装饰作用。

我国古代建筑中栏杆多为木质或石质材料，高等级的建筑以石栏杆为主，石质多为青石或汉白玉。石栏杆一般由地栿、望柱、栏板组成，在垂带石栏板柱的收头部位通常还设有抱鼓石。

宋式石栏杆其特点是组成构件多，构件之间榫卯连接，望柱之间距离大，寻杖细长，通透度大。在风格上表现出清秀、苗条的特点。

清式石栏杆表现在构件少，除望柱、地栿外其余都制成一体的栏板，望柱之间距离小，寻杖粗壮，通透度小，给人以庄重、稳定、强劲的感觉。

宋式与清式栏杆之差异，如图2.1-10所示。

宋式栏杆　　　　　　　　　　　清式栏杆

图2.1-10　宋、清栏杆样式对比示意图

2.2　主要材料

（1）基础：白灰、水泥、中砂、砖、石材等。

（2）台明、台阶：土衬石、陡板石、角柱石、燕窝石、垂带石、象眼石、阶条石、柱础石、料石、砖、水泥、中砂、白灰等。

（3）栏杆：地栿石、望柱、栏板、水泥、麻刀、中砂、建筑胶等。

2.3　主要机具

搅拌机、切割机、冲击钻、起重设备；手推车、橡皮锤、铁铲、瓦刀、剁斧、撬杠；经纬仪、水准仪、塔尺、钢卷尺、水平尺、皮数杆等。

2.4　工艺流程

（1）基础：传统建筑基础施工其所包括的土方开挖、地基处理（一般多为灰土换填）、磉墩及拦土的砌筑、回填土等内容均与现代建筑做法基本相同，只不过是有些术语不同而已，故此部分不再阐述。

（2）台明及台阶：施工准备→测量放线→试排摆底→砂浆搅拌→石活铺装→勾缝→成品保护。

（3）石栏杆：施工准备→测量放线→坐浆→地栿石铺装→安装望柱→安装栏板→校正→勾缝→成品保护。

2.5　施工工艺

2.5.1　石构件的加工

石栏杆在加工时，应选择无裂缝及隐残石料，以避免加工雕刻过程中断裂。地栿石石纹应为水平走向，柱子、角柱等石纹应为垂直走向。

2.5.2　台明及台阶

2.5.2.1　施工准备

（1）应提前做好石构件的进场验收工作，所有石料的品种、规格、加工质量应符合设计和规范要求；石料表面无裂纹、平整整洁、无缺棱掉角现象；剁斧石的表面斧迹应均匀一致。表面雕刻的石料其内容、风格、比例及造型应准确，线条要清晰流畅。

（2）复核地基垫层表面标高是否符合设计要求，如有高低不平，应用细石混凝土填平。

（3）石活铺装前，须进行"排版"。即根据台明的长、宽、高尺寸以及所用的石材规格大小绘制"台明石材排列图"，并将各类石构件标注清楚。

（4）正式铺装前，应先将垫层上的泥土、杂物等清除，并用清水冲洗干净。

2.5.2.2　测量放线

石活铺装前，应在其垫层上用墨线准确弹出台明或台阶最下层的砖、石构件的边线与控制线。

2.5.2.3　试排摆底

铺装前应对弹好的线进行复查，准确无误后，根据进场石料的规格、颜色进行试排、摆底。

2.5.2.4 砂浆搅拌

砂浆配合比由试验室确定，水泥计量精度控制在±2%以内，同时按规范要求做好砂浆试块。砂浆应随拌随用，严禁用隔夜砂浆。

2.5.2.5 石活铺装

（1）普通台明

1）石活铺装前，特别是花岗岩石材六个表面均应涂刷憎水剂或防渗剂，防止石构件污染。应提前砌好背里（背里是台帮四边的拦土墙），按砖砌体的糙砌砖墙要求进行控制。

2）普通台明先铺土衬石，然后安装角柱石及陡板石，最后安装阶条石。

3）铺装前，应根据图纸设计标高从基准点引出水平点，设置皮数杆，拉线进行控制。

4）土衬石铺装完后，应先铺装台明四角角柱石，后铺装陡板石。

5）陡板石与土衬石若是落槽连接，应先在土衬槽口内刷一道灰浆，再将陡板石下槽，安装时一定要轻抬轻放，防止土衬石碰撞而移位。

6）相邻的陡板石及陡板石与阶条石之间采用铁榫或榫窝连接。

7）阶条石铺装应在陡板石灰浆凝固后进行，安装时将阶条石就位并用石碴或铁片支垫平稳到位，吊起铺灰浆略比支点高一些，按位置落下阶条石，用木锤敲振阶条石使之就位，清理多余灰浆后灌顶头缝和背缝。

8）台明顶部走廊石活铺装应沿走廊的一端开始向另一端分段后退铺设。应先安装柱础石，再铺贴其他部位的板材。每个分段内先把两端柱础石的位置、标高排好，并挂通线控制其横向位置，柱础石周围板块的纵向排版应以已铺好的柱础石为依据，以免产生游缝、缝宽不均等现象。

（2）须弥座

1）须弥座施工顺序同普通台明，也是按照由下而上的顺序逐层安装。

2）土衬石施工与普通台明相同，只是厚度比普通台明土衬稍厚。

3）圭脚是须弥座的底座，厚度根据须弥座的等分尺寸乘以圭脚所占份额确定，圭脚与土衬的连接可采用"磕绊"连接，即土衬石留出台阶形，与圭脚连接。圭脚与圭脚之间采用铁件连接。

4）上、下枋和上、下枭安装时，根据本身所占份额确定其各自的厚度，连接方法同圭脚。

5）束腰是须弥座的坐中构件，它使须弥座的中腰紧缩直立，突出显眼。对比较高的束腰，一般在转角处使用角柱石，角柱石与束腰采用铁榫与榫窝连接。

6）螭首安装完后，应对其排水孔道进行疏通，并用棉毡进行封堵，以防砂浆灌入凝固后堵住排水道而失去排水功能。

（3）石台阶

1）台阶放线时应以门的中心线作为台阶放线的标准，上平按阶条石上平标高，下平按室外地坪。

2）根据上、下平之间的垂直高度，分出各层台阶的高度，确定出燕窝石的标高和位置，铺好第一步台阶。

3）铺装第二步台阶时，要轻抬稳放，不要振动下层已安好的阶石。

4）第三步台阶以上按上述方法逐层进行铺装。

5）平头土衬的标高应与台基土衬相一致，做出"金边"，然后再安装象眼石。

6）象眼石安装完后，应进行灌浆。先用稀浆充灌，后用稠浆，使灰浆充满空隙，待其凝固后再铺装垂带石。

2.5.2.6 勾缝

台明或台阶石活铺装完后，应将石缝用灰浆勾严，若石缝较大时，应在接缝处勾抹麻刀灰；若接缝较细时应勾抹油灰或石膏，灰缝应与石活勾平，不得勾成凹缝。灰缝应直顺、严实、光洁、无裂缝。

2.5.2.7 成品保护

石活铺装后应采取成品保护措施，在砂浆强度未达到设计强度前，严禁行人通行。为使石活棱角表面不受损伤，应采用木板对其棱角部位包裹，另外，在粉刷、油漆涂料工程进行前，须对石活表面进行覆盖，以保持石活表面洁净。

2.5.3 石栏杆

2.5.3.1 施工准备

（1）石栏杆构件品种、尺寸、色泽要符合设计要求，且其表面不得有裂缝、污点、石瑕、色泽不一等缺陷。应提前清除石构件表面的泥垢、水锈等杂质。

（2）应提前对构件进行预拼装并逐个编号，以便于安装。

（3）施工前，将混凝土垫层上的泥土、杂物等清除，并用清水冲洗干净。

2.5.3.2 测量放线

（1）首先复核基础垫层表面标高是否符合设计要求。

（2）安装前应根据设计图和现场实际测量尺寸绘出石栏杆的排列图，在垫层上用墨线弹出石构件的中心线、边线及控制线。

2.5.3.3 坐浆

地栿石铺设前应先摊铺强度等级不低于M10水泥砂浆，砂浆稠度要适宜，坐浆厚度要均匀。

2.5.3.4 地栿石铺设

（1）地栿石上应提前按图纸位置预留好排水孔，铺设前，应先拉通线确定地栿石的位置和标高。

（2）将地栿石摆放就位，按线将地栿石扶正、找平、垫稳。

（3）检查地栿石的位置准确后进行勾缝。

（4）最后用湿布将石面擦洗干净。

2.5.3.5 望柱安装

（1）弹出柱的中心线、边线及控制线，安装时，望柱石上的十字线应与柱中线重合。

（2）望柱安装前，应将望柱榫头和地栿石的榫窝清理干净。

（3）安装时，望柱底面的榫头要与地栿石上面榫窝对准，先在榫窝上抹一层素水泥浆，厚度10mm左右，插入望柱后若有竖向偏斜，可用铁片在灰缝边缘将其垫平，不得用敲击方法来纠正。

（4）望柱、栏板一般为榫卯连接，望柱及栏板下端应安装在地栿石的望柱槽和栏板槽内。为确保栏杆的稳定，须在地栿石或结构板上预埋钢筋，用以固定望柱和栏板。此处使用的钢筋必须做防锈处理，汉白玉石材必须使用不锈钢材质制作预埋件，其做法如图2.5-1所示。

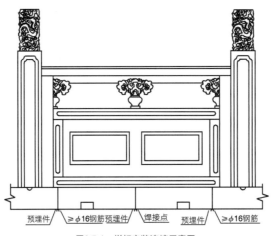

预埋件 ≥φ16钢筋预埋件 焊接点 预埋件 ≥φ16钢筋

图2.5-1 栏杆安装连接示意图

2.5.3.6 栏板安装

（1）栏板安装前，应在望柱和地栿石上弹出构件中心线及两侧边线，并校核标高。

（2）安装前将望柱和地栿上的榫槽清理干净，刷一层素水泥浆，随即进行安装，以保证栏板与望柱之间不留缝隙。

（3）栏板底面的石榫与地栿上的榫槽对准，栏板两侧的石榫与望柱侧面的榫槽对准。

2.5.3.7 校正

当栏板安装完后，应仔细校核，若有位移，应点撬复位，将构件调整至准确位置，并设置临时支撑固定。

2.5.3.8 勾缝

若栏杆石构件之间的缝隙较大，可在接缝处勾抹大理石胶或白水泥胶，若缝隙较小，则勾抹油灰或石膏。灰缝应与石构件色泽基本一致，灰缝应平整、顺直、严实、光洁。

2.5.3.9 成品保护

栏杆全部安装完后，应对其统一清洁，并做好养护工作，养护时间不少于3d。同时设置围护设施，防止发生碰撞或受力倾斜。安装就位的构件棱角处应包裹保护以防止磕碰，同时应保持石面清洁，防止灰浆或油质液体等污染石面。

2.6　控制要点

（1）台明、台阶：控制金边宽度；强化固定措施；石件组砌方法；石活灌浆方法；控制无设计要求时的踏步板数量；流水坡向。

（2）石栏杆：控制石料或成品件色差；栏杆变形缝设置；严格控制栏杆转角石材施工；望柱安装细部处理；控制勾缝顺序；栏杆临时加固措施。

2.7 质量要求

2.7.1 台明、台阶

（1）石构件表面应洁净、色泽一致，无缺棱掉角现象，石材剁斧的斧印应基本平顺、均匀、深浅一致。

（2）水泥及砂浆品种、配合比、强度等级等必须符合设计要求。

（3）灰缝的大小、灰浆饱满度必须符合设计和规范要求。

（4）石构件勾缝应勾成平缝，不得勾成凹缝，勾缝应顺直、平整、严实、干净。

（5）石活铺装的允许偏差和检验方法应符合表2.7-1的要求。

台明、台阶石材铺装的允许偏差和检验方法 表2.7-1

名称	项目	允许偏差（mm）			检验方法
		料石	半细料石	细料石	
阶条石	平整度	10	7	5	用仪器、2m直尺和楔形塞尺检查
	宽度、厚度	±5	±3	±2	尺量检查
	标高	±5	±5	±3	用水准仪和尺量检查
陡板石	垂直度	5	3	2	用有关仪器、吊线和尺量检查
	平整度	10	7	5	用2m直尺和楔形塞尺检查
柱顶石	标高	5	3	3	用水准仪和尺量检查
	中心线	±5	±3	±2	尺量检查
	平整度	±5	±3	±2	用尺量和楔形塞尺检查
	平面尺寸	±5	±3	±2	尺量检查
台阶石	平整度	10	7	3	用有关仪器、直尺和楔形塞尺检查
	基石宽	±5	±3	±2	尺量检查
	基石高	±5	±3	±2	尺量检查

2.7.2 石栏杆

（1）石栏杆构件的品种、质量、加工标准、规格尺寸应符合设计和规范要求。

（2）石栏杆构件表面的图案应符合设计要求，造型要准确，线条应清晰、流畅。

（3）地栿、望柱、栏板等节点的榫卯做法和安装应位置正确，大小合适，节点严密平整，灌浆饱满。

（4）垂直安装的栏板、望柱等构件要位置正确、顺直，且安装牢固。

（5）安装好的石栏杆外观色泽应均匀一致，无污点。

（6）石栏杆安装的允许偏差和检验方法须满足表2.7-2的要求。

石栏杆安装的允许偏差和检验方法 表2.7-2

名称	项目	允许偏差（mm）		检验方法
		粗料石	细料石	
石柱	弯曲	±3	±2	拉线和尺量检查
	平整度	±5	±4	用2m直尺和楔形塞尺检查
	扭曲	±3	±2	拉线、掉线、尺量检查
	标高	±10	±5	用水准仪和尺量检查
	垂直度	4	2	吊线和尺量检查
栏板石	轴线位移	2	2	尺量检查
	榫卯接缝	3	1	尺量检查
	垂直度	2	1	吊线和尺量检查
	相邻两块高差	2	1	用直尺和楔形塞尺检查
花纹曲线	弧度吻合	1	0.5	用样板和尺量检查

2.8 工程实例

2.8.1 黄帝陵轩辕殿

位于陕西渭北高原的黄帝陵，是中华民族先祖轩辕黄帝的陵寝。轩辕殿是黄帝陵轩辕庙的标志性建筑，是一个大型国家级祭祀建筑，该殿平面40m×40m见方，建筑风格古于汉风，全为石作，整个大殿坐落在总高6m的三层石台基上，创造了雄伟、庄严、肃穆、古朴的气势，如图2.8-1所示。

图2.8-1 轩辕殿全景

台基基础采用桩基，石材台明、阶条石台阶，古朴大气的台基，使室内外形成"天圆地方，大象无形"的建筑特点，如图2.8-2所示。

天圆地方内景　　　　　　　　　　古于汉风的柱顶石

图2.8-2　轩辕殿室内及侧面实例图

2.8.2　曲江池遗址公园

位于西安南郊的原曲江池，兴于秦汉，盛于隋唐，历时千年，是中国古代风景园林之经典，是华夏民族的文脉所在。依原址而建的曲江池遗址公园，总占地面积60hm^2，由8大景区、34个唐式风格建筑、36个景点和31hm^{2}人工湖共同构成，于2007年10月开工，2008年7月1日竣工开园，荣获2009年度"国家优质工程奖"。

阅江楼是该园区内的地标建筑，建筑面积8100m^2，地下1层，地上4层，唐式攒尖顶高台建筑，台基高于室外地面2.1m，如图2.8-3所示。

青白石栏杆，莲花柱头，使整个台基更显得雄伟壮观，如图2.8-4所示。

图2.8-3　高台建筑阅江楼实例图

图2.8-4 阅江楼台基及栏杆实例图

2.8.3 陕西建工集团有限公司办公楼

办公楼建于1953年，清式建筑形式，地下1层，地上3层，省级文物保护单位，台基面与室外高差2.4m，如图2.8-5所示。阶条石台阶，见图2.8-6。装饰混凝土栏杆，凸显传统建筑的古朴与浑厚，如图2.8-7所示。

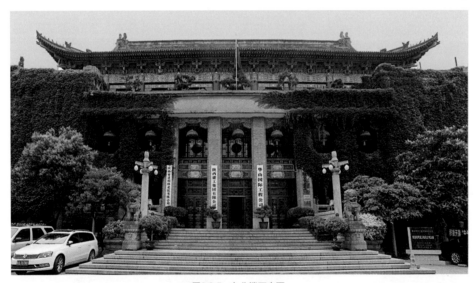

图2.8-5 办公楼正立面

图2.8-6 室外台阶

图2.8-7 室外栏杆

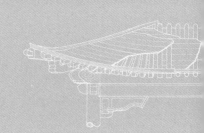

CHAPTER THREE

第
3
章

构
架

—————— 3.1　简述 ——————

3.1.1　结构形式

　　传统建筑多采用木结构，并因地理环境和生活习惯的不同而有抬梁式、穿斗式、干栏式和井干式等多种结构形式。其中抬梁式是较为普遍的一种，这种抬梁式木构架主要由柱、梁、檩、枋等构件组成。

　　抬梁式构架又称叠梁式构架，中国古建筑中最主要的木构架形式，是在柱子上放梁，梁上放短柱，短柱上放短梁，层层叠落直至屋脊，各个梁头上再架檩条以承托屋椽。其架构复杂，要求加工细致，但结实牢固，经久耐用，且内部使用空间大，能产生宏伟的气势又能做出美观的造型，如图3.1-1所示。

图3.1-1　抬梁式构架
（图片来源：《中国古建筑图解词典》）

　　穿斗式构架，其特点是柱子较细、密，每根柱子上顶一根檩条，柱与柱之间用横木串联，连成一个整体。采用穿斗式构架可以用较小的材料建造较大的房屋，而且其网状的结构也很牢固，不过因为柱、枋较多，室内不能形成连通的大空间。如图3.1-2所示。

　　干栏式构架，是先用柱子在底下做一高台，台上放梁、铺板后在其上建房子。这种结构的房子高出地面，可以避免地下湿气的侵入。木构架实际上是穿斗的形式，只不过建筑底层架空，不封闭而已，如图3.1-3所示。

　　井干式构架。其结构是用原木嵌接成框状，层层叠垒，形成墙壁，上面的屋顶也是用原木做成。这种结构较为简单，易于建造，不过也极为简陋，而且耗费木材，因其形成与古代的水井的护墙与栏杆形式相同而得名，如图3.1-4所示。

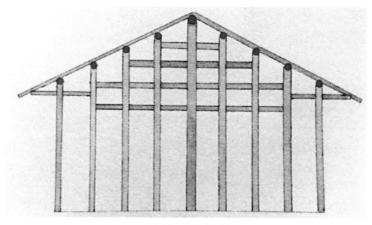

图3.1-2　穿斗式构架
（图片来源：《中国古建筑图解词典》）

图3.1-3　干栏式构架
（图片来源：《中国古建筑图解词典》）

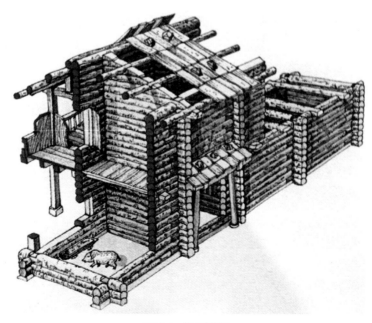

图3.1-4　井干式构架
（图片来源：《中国古建筑图解词典》）

传统建筑的木构架是上刚下柔的结构系统，这种结构系统由柱、梁、檩、枋等四种基础构件组成。不仅承载着建筑物的全部荷载，而且具有抗风抗震等多种功能。

3.1.2　柱

3.1.2.1　柱子的种类

柱子是垂直承受上部荷载的构件。它是构成建筑的最主要的构件之一，柱子的种类很多，依其位置、作用及时代的不同而有不同的称谓，现多采用明清时期的称谓，如图3.1-5、图3.1-6所示。

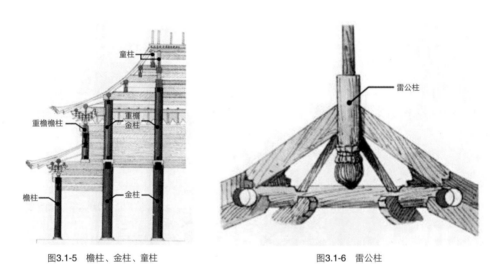

图3.1-5　檐柱、金柱、童柱　　　　　　　　　　图3.1-6　雷公柱

(图片来源：《中国古建筑图解词典》)

檐柱：位于建筑物最外围的柱子。

金柱：位于檐柱以内的柱子（位于纵中线的柱子除外）。金柱依位置不同又有外围金柱和里围金柱之分。相邻檐柱的是外围金柱，如无里围金柱时，则简称"金柱"，在小式建筑中又名"老檐柱"，外围金柱以内的金柱称为"里围金柱"。

重檐金柱：金柱上端继续向上延伸，高于上层檐，称为"重檐金柱"。重檐金柱见于重檐建筑当中。

中柱：位于建筑物纵中线上的柱子，称为中柱，中柱直接支顶脊檩，将进深方向梁架分为两段。

山柱：位于建筑物两山的中柱称为山柱，常见于硬山和悬山建筑的山面。

童柱：也称瓜柱。下脚落在梁背上（如桃尖梁、桃尖顺梁、趴梁等承重梁），上端承载梁枋等木构件的柱子，称为童柱。

雷公柱：用于庑殿建筑正脊两端，支承挑出的脊桁的柱子，称为雷公柱。多角形攒尖建筑中，攒尖部分用由额支撑的柱子也称为雷公柱。雷公柱下脚落在太平梁上，多角亭雷公柱也有悬空做法。如图3.1-6所示。

角柱：位于建筑转角部位，承载来自不同角度的梁枋等大木构件的柱子，均称为角柱。诸如：檐角柱、金角柱、重檐金角柱、角童柱等。由于角柱要同来自不同方向的构件相交，柱上榫卯构造比正身柱子复杂一些。

3.1.2.2 形状及其演变

根据柱子的截面形状，常见的有圆柱、方柱、六角柱、八角柱等。根据材质不同分为木柱、石柱、砖柱；根据形式来看分为雕龙柱、油漆柱、素面无饰柱等。此外，柱子在使用时有单独直立的，也有两柱紧贴而立的。

柱子在各个时期既有延续与继承，也有发展和变化。如方柱在秦代时开始出现，而汉代时则又增加了八角形柱、束竹式柱、人像柱等。唐代中期以后则极少再使用方柱，宋代时大多为圆柱和八角柱，到明清时期，建筑则以圆柱为主，在近代的传统建筑中已基本演化成圆柱。还有很多柱子，作用与位置均相同，但在不同时期有不同称呼，如瓜柱，在宋代时称为"蜀柱""侏儒柱"，明代以后才称为"瓜柱"。

3.1.2.3 柱子的收分

中国古代建筑中，将柱类构件或部位的上端部做成缓和的曲线或折线形式，使得构件或部位的外观显得丰满柔和，这种根部粗，顶部细的做法，宋称为"卷杀"也称作"杀梭柱"。《营造法式》卷五述"**凡杀梭柱之法：随柱之长，分为三份，上一份又分为三份，如栱卷刹，渐收至上径比栌枓底四周各出四分；又量柱头四分，紧杀如覆盆样，令柱径与栌枓底相副，其柱身下一分，杀令径围与中一分同**"。意思是说，将柱长分为三大段，对其上面高三分之一再分为三小段，像做栱弧一样进行收分，每小段各向内收一分，使柱顶直径比栌枓底四周各宽出四分。另将柱头棱角按四分弧半径，削做成圆弧形，使柱头与栌枓底圆滑连接，如图3.1-7所示。明清建筑称收分或"收溜"，一般为柱子高度的百分之一，大式建筑柱子的收分《营造算例》规定为柱高度的千分之七。秦汉建筑一般无"卷杀"或"收分"。

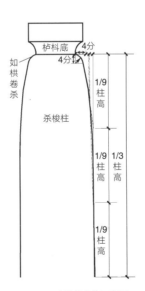

图3.1-7 宋梭柱收分示意图

在古代建筑的大木构造中，通常所说的柱径指柱子的根部直径。而以柱径为单位的廊步架的尺寸亦不含侧脚"掰"出的部分。

每种柱子所处的位置不同，其名称也有所差异，规格尺寸亦有所不同，表3.1-1中列出了清式建筑中几种常见柱子的加工尺寸。

清式常见柱子规格尺寸表

表3.1-1

名称	柱高（小式/大式）	柱径（小/大）	收分（小/大）	侧脚（小/大）	备注
檐柱	明间面阔的0.7～0.8倍；70斗口	明间面阔0.07倍；6斗口	0.01倍柱高；0.007倍柱高	0.01倍柱高；0.007倍柱高	
金柱	檐柱高+檐步举高（0.5檐步距）	檐柱径（或6斗口）+2寸（由外向里每进深一根累加2寸）；小式建筑柱径加1寸（或0.07倍明间宽+1寸）	0.01倍柱高；0.007倍柱高	—	
重檐金柱	檐柱高+童柱高	同金柱	0.01倍柱高；0.007倍柱高	—	
中柱	檐柱高+各步举高（按实计）同小式	檐柱径+1～2寸；7斗口	0.01倍柱高；0.007倍柱高	—	
山柱	同中柱	同中柱	—	0.01倍柱高；0.007倍柱高	
童柱	檐童步距×0.5＋上层檐（额枋高+围脊枋高+围脊板高0.5×承椽枋高）	同檐柱	—	—	
瓜柱	按脊步举高	按承托梁径或稍窄	—	—	

3.1.3 梁

梁是古代建筑上架的最重要的承重构件，它承担着上架构件及屋面的全部荷载，是上架木构件中最重要的部分，它是木结构建筑中承受屋顶重量的主要构件。按照不同的位置、作用和形状有不同的名称和构造。主要有：五架梁、七架梁等，如图3.1-8所示。抱头梁、角梁、挑尖梁、太平梁、月梁等如图3.1-9所示。

3.1.4 檩

檩是古建大木最基本的构件之一，桁和檩名称不同，但功能一致，带斗栱的大式建筑中檩称为"桁"，无斗栱的大式建筑或小式建筑则称之为檩。宋代称桁檩为"槫"。它是架设在梁架间、山墙间或梁架与山墙间的条状圆形构件，用以安装圆椽。

檩子根据所在位置不同，分别称为檐檩、金檩（上金、中金、下金）、脊檩。大式带斗栱建筑向外挑出的檐檩称为挑檐桁，位于柱子中轴线上的檐檩称为正心桁。其余则分别为金桁、脊桁。建筑物转角部分两个方向的檩子按90°或其他角度搭置一起，称为搭交檩（或搭交桁），悬山稍间向两山面挑出的檩称为稍檩。

3.1.5 枋

古建筑木结构中枋辅助稳定柱与梁的构件。枋类构件很多，有用于下架联系稳定檐柱头和金柱头的檐枋（额枋）、金枋以及随梁枋和穿插枋；有用在上架稳定梁架的中金枋、上金枋、脊枋；有用于转角部分用于稳定角柱的箍头枋。还有其他特殊功能的天花枋、间枋、承椽枋、围脊枋、花台枋、关门枋、棋枋、麻叶穿插枋等。这些枋类构件虽不算是主要的承重构件，但在辅助主

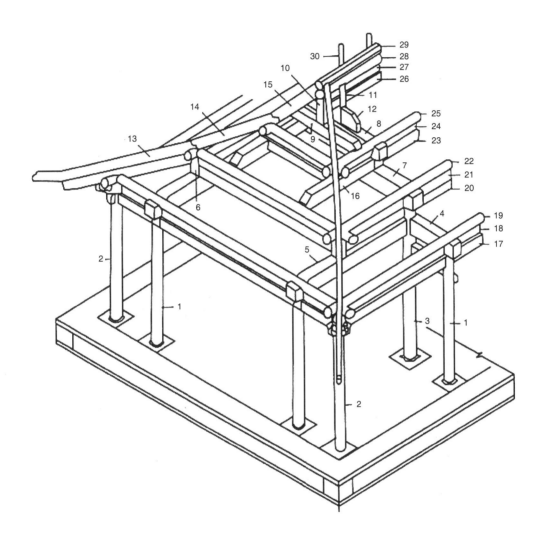

图3.1-8 庑殿式梁架构件组合示意图

1—檐柱；2—角檐柱；3—金柱；4—抱头梁；5—顺梁；6—交金瓜柱；7—交金瓜柱；8—三架梁；9—太平梁；10—雷公柱；11—脊瓜柱；12—角背；13—角梁；14—由戗；15—脊由戗；16—扒梁；17—檐枋；18—檐垫板；19—檐檩；20—下金枋；21—下金垫板；21—下金檩；23—上金枋；24—上金垫板；25—上金檩；26—脊枋；27—脊垫板；28—脊檩；29—扶脊木；30—脊桩

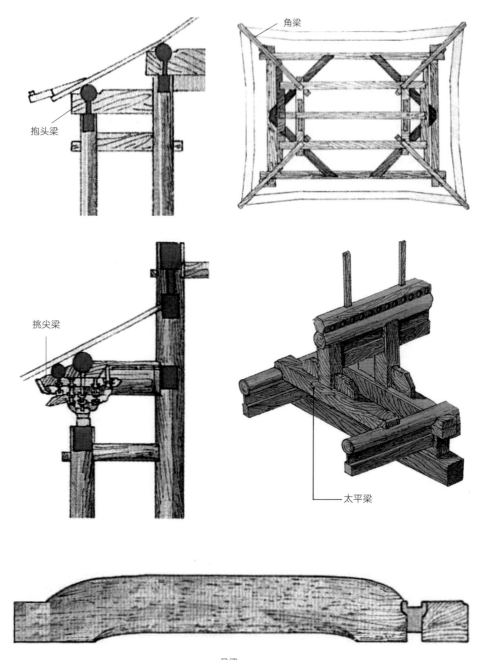

月梁

图3.1-9　不同形式的梁架

（图片来源：《中国古建筑图解词典》）

要梁架，组成整体梁架中有至关重要的作用。

（1）额枋：用于建筑物檐柱柱头间的横向联系构件称为额枋。在一栋房屋中，整体构架是由横向木枋将其各个排架连接起来的，以加强木构架的整体稳定性。根据其使用的位置不同，分为大、小额枋，单额枋。清式称为阑额、由额。

（2）脊枋：与脊檩平行，位于脊檩或脊垫板下，脊枋两端与脊瓜柱相连，其作用主要是加强两榀梁之间的连接，并加强檩条的承载能力。

（3）箍头枋：用于梢间或山面转角处，做箍头榫与角柱相交的檐枋或额枋称为箍头枋。

（4）穿插枋：清制建筑木构件的称呼。位于檐柱与金柱之间，在抱头梁之下，并与之平行，是为了加强檐柱与金柱之间的连接，穿插枋与檐柱、金柱之间的榫卯连接采用"大进小出"的做法，小出部分可以做成三岔头或麻叶头形状。

（5）天花枋：承接井口天花的骨干构件之一，它与天花梁一起构成室内天花的主要承重构架。

（6）间枋：楼房中用于柱间面宽方向，联系柱与柱并与承重梁交圈的构件称为间枋。

（7）平板枋：大式带斗栱建筑中，置于外檐额枋之上，承接斗栱的扁枋称为平板枋。

（8）花台枋：落金造溜金斗栱后尾的花台斗栱，要落在一个枋子上，这个枋子叫花台枋。

（9）麻叶穿插枋：用于垂花门麻叶抱头梁之下，拉结前后檐柱，并挑出于前檐柱之外，悬挑垂柱之枋，称为麻叶穿插枋。

3.2　主要材料

钢筋、水泥、砂子、定型钢模板、定型木模板、PVC管、钢套筒、镀锌薄钢板、扁钢、覆膜木质胶合板、槽钢、方木、脱模剂等。

3.3　主要机具

钢筋加工机械、灰盘、铁抹子、木抹子、钉锤、手锯、木工凿、振动器、方尺、墨斗、经纬仪、水准仪、卷尺、水平尺、靠尺、卡尺等。

3.4　工艺流程

定位放线→施工放样→钢筋制作与安装→模板选型与加工→混凝土浇筑→混凝土养护

3.5　施工工艺

3.5.1　定位放线

由于传统建筑构造复杂，有些楼板面不便于架设经纬仪，根据场地实际情况，可以采用激光铅垂仪进行竖向十字控制点的传递。建筑中柱顶节点处梁枋集中，相互重叠遮挡，用圆柱轴线直接测放顶部短柱轴线比较困难，短柱轴线可以将结构板面上纵横主轴线外放0.5～1m，用吊线坠引测至梁、枋处做好标记。

3.5.2 施工放样

混凝土柱由于上部尺寸比较复杂，施工难度较大，必须对柱头模板进行收分放样。柱头模板收分放样一般采用CAD、BIM技术按1：1或者1：0.5的比例放样。

对于梁、枋、檩，应按照设计图纸按照1：1进行放样，特别是对于某些具有异形结构尺寸的梁、枋，应采用CAD放样控制技术进行分析和研究，保证放样准确。

3.5.3 钢筋施工

3.5.3.1 柱钢筋
（1）柱主筋

混凝土柱在施工时，应在柱脚焊接十字定位筋后立柱子主筋，柱子主筋在柱顶收分处向内部进行连续弯折，弯折的角度根据收分的角度确定，收分处主筋与檩以下柱主筋进行焊接连接或机械连接。圆柱与梁、枋节点处由于钢筋较密，在梁、枋处预埋铁件，用以连接梁、枋内钢筋，钢筋与预埋件之间采用焊接连接。柱顶与檩连接处柱钢筋应锚固在檩内，其锚固长度应符合现行国家标准要求。

（2）柱箍筋

圆柱箍筋一般采用螺旋箍筋，半圆半方的异形柱箍筋可采用圆箍套方箍的方式布置，螺旋箍进行施工时将箍筋缠绕至主筋上并焊牢或采用22号铅丝将其和主筋绑扎牢固。

由于螺旋箍缠绕方向与柱子受45°剪切破坏时的方向一致，所以为保证柱子整体刚度及抗扭刚度，按每隔1m增设加劲箍并在主筋和箍筋之间增加附加点焊。

3.5.3.2 梁、檩、枋钢筋施工

（1）混凝土梁、枋、檩所采用的钢筋按照设计要求进行制作和安装，其规格、形状、尺寸、数量、间距、接头位置、锚固长度除必须符合设计要求外，尚应符合现行国家标准的规定。

（2）梁、枋、檩底模板安装完成后可进行钢筋施工。

（3）钢筋连接主筋采用机械连接、焊接等连接方式，绑扎顺序为：先绑扎主梁、屋面斜梁钢筋，再绑扎次梁、檩、枋钢筋。

（4）主筋安装时先穿主梁的下部纵向钢筋及弯起钢筋，并套好箍筋放主次梁的架立筋，将主筋与箍筋绑扎牢固，主次梁同时进行。绑扎梁上部纵向筋的箍筋，宜用套扣法绑扎。

（5）钢筋绑扎完成后在梁下均应安放垫块，保证构件混凝土保护层厚度，受力筋为双排时，可用短钢筋垫在两层钢筋之间，钢筋排距应符合设计要求。

3.5.4 模板施工

3.5.4.1 模板选型

柱模板制作一般分正身段、柱头段、斗栱段、柱顶段四个节点，其中柱顶模板、收分模板的制作是关键，一般柱身段的模板配置同一般的现代建筑柱模板配置。柱顶模板、柱头收分模板是控制的难点。梁、檩、枋模板通常选用平板模板和弧形模板。

模板形式一般为以下3种:

(1)工厂化加工的定型钢模板、定型木模板。

(2)现场加工内衬铁皮组拼的木模板。

(3)预制成型组合木模板。

3.5.4.2 圆柱模板

宋式建筑混凝土柱模板分为圆柱正身段模板、收分段模板、斗栱段模板和圆柱顶段模板,如图3.5-1所示。

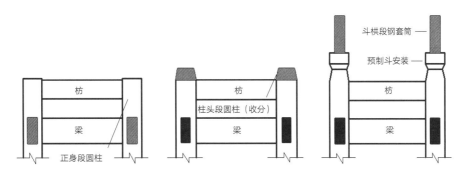

图3.5-1 圆柱正身段、收分段、斗栱段模板示意图

(1)圆柱正身段模板

圆柱正身段模板一般采用定型钢模板、高强塑料模板及定型圆形木模板,如图3.5-2所示。圆柱模板进场后为避免混淆误用,一般用醒目字体对模板编号,安装时对号入座。钢模板安装前根据测放出的纵横主轴线、圆柱十字轴线并结合模板的实际情况,在已施工好的结构板面上弹放模板矩形控制线,每侧超出圆柱模板外边缘200mm。

定制圆形木模板施工时,将两块定制的半圆形木模板拼在一起,柱脚模板紧靠十字定位筋,用40mm×3mm扁钢柱箍将柱身箍紧,扁钢顶端螺栓拧紧,扁钢每500mm间距设置一道。

模板接缝处应严密,上下两段模板接缝处加设一道铁箍。模板固定完毕后,采用经纬仪检查柱子垂直度。

(2)圆柱收分处(柱头段)模板

圆柱收分处模板可采用三角形木条拼接制作。将木板挖去半圆来制作凹形柱箍,在其内侧钉40mm宽、40mm厚的一边带弧形的三角木条作为竖肋,将三角木条挤压拼凑形成圆弧模,并在

图3.5-2 圆柱定型钢模板及高强塑料模板实例图
(图片来源:网络)

三角木条上钉一层0.75mm厚的镀锌铁皮板，两块相同的圆弧模即组成一套圆柱模板，如图3.5-3
所示。直径较大或高度较高的收分柱子，宜适当加密内三角木，增加木模的刚度或厚度。卷杀处
木模具加固采用钢管箍加固，顺柱高方向按400mm一道设置，两块模板对接处采用螺栓紧固，用
木楔将空隙处塞满，并用铁丝将模板全部缠紧加固。直径较大的柱子还可在模板中间穿对拉螺杆。
圆柱收分柱头段可采用钢制或玻璃钢等定制模板，如图3.5-4所示。

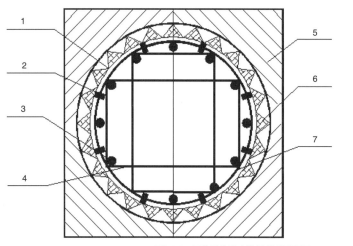

1—镀锌铁皮；
2—垫块；
3—柱主筋；
4—箍筋；
5—凹形木板；
6—三角木条；
7—螺旋箍筋

图3.5-3　圆柱收分段木模板截面示意图

玻璃钢模具

图3.5-4　玻璃钢圆柱柱头段模具制作实例图

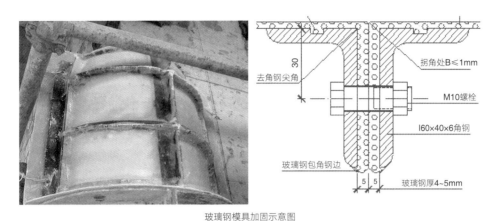

玻璃钢模具加固示意图

图3.5-4　玻璃钢圆柱柱头段模具制作实例图（续）

（3）圆柱斗栱段模板

圆柱收分上口至檐檩这段高度需要承接大量的预制斗栱，采用8mm厚钢套筒进行焊接施工。圆柱钢套筒根据斗栱处柱模尺寸加工制作，有圆筒形的，也有半圆形的（图3.5-5）。钢套筒内部焊接锚固钢筋，并锚入柱子内钢筋里。钢套筒前期作为混凝土圆柱的模板，后期焊接预制斗栱的预埋件，将预制斗栱焊接在钢套筒上。钢套筒在安装固定时应复核其标高及中轴线位置，其外径比设计圆柱外直径略小10～15mm。在浇筑混凝土前钢套筒外表面还应用胶带包裹严密，避免在混凝土浇筑时污染表面。在斗栱等预制构件全部安装焊接完毕后，将钢套筒刷两道防腐油漆，其他同梁柱饰面颜色。

图3.5-5　圆柱特制钢套筒模具实例图

（4）圆柱柱顶段模板

圆柱柱顶构造较为复杂，柱上端梁、枋较多，梁柱节点由于钢筋较密，与斗栱、檩梁的相应衔接复杂，此处也可采用PVC管进行施工。根据柱子高度、直径选好PVC管料并用锯割开PVC管分成两半，两块相同的圆模组成一套圆柱模板。模板接缝处2根等边角钢∠40mm×4mm固定，角钢上钻ϕ12圆孔，间距300mm，用卡具将角钢扣紧。柱身用3mm厚20mm宽钢板带箍紧，保证柱不变形。模板接缝处采用胶带密封防止露浆。

3.5.4.3 矩形（方形）柱模板施工

矩形和方形柱模板可采用覆膜木质胶合板制作。当模板制作完后，将模板运至安装位置，按照放线尺寸拼接在一起，模板底紧靠十字定位筋，模板外采用60mm×80mm方木作为龙骨，间距50mm。柱中采用ϕ12对拉螺杆固定，对拉螺杆沿柱高度方向设置。

3.5.4.4 异形柱模板施工

半圆半方形异形柱模板可按照图3.5-6进行安装加固。

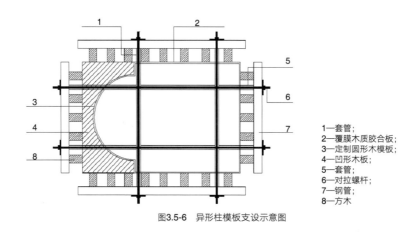

1—套管；
2—覆膜木质胶合板；
3—定制圆形木模板；
4—凹形木板；
5—套管；
6—对拉螺杆；
7—钢管；
8—方木

图3.5-6 异形柱模板支设示意图

3.5.4.5 梁模板施工

梁主要分为矩形（方形）梁和异形梁两大类，矩形梁模板施工和普通钢筋混凝土梁模板施工方法无异，即根据梁尺寸大小制作好木质模板，然后定位放线并安装，在模板外侧钉上方木，用ϕ48钢管加固，当梁高度较大时，在梁内加对拉螺杆，对拉螺杆沿梁长度方向布置，间距疏密得当。

角梁、月梁等异形梁可按照下列方法进行模板施工：

（1）首先进行1：1实物放样。在平整的地面上放上覆膜木质胶合板，根据设计尺寸在胶合板上分别弹出梁底板和侧板的模板边线，然后根据放出的模板边线制作出梁底模和侧模。

（2）当梁头或梁身有特殊造型时，将预制好的造型胎体安装在梁底板或侧板上，并在制作完毕的模板上刷脱模剂。

（3）在脚手架上搭设梁支撑横杆，调节横杆确定梁的高度，高度调节完毕以后铺设梁底模板，在底模两侧安装扣件将其固定，防止底模移位，最后安装梁侧模板，模板接缝处应密封严密。

（4）梁模板底部和侧面采用方木做龙骨，梁侧模板采用ϕ48钢管固定，防止模板变形，梁顶部采用卡具固定牢靠。

3.5.4.6 檩、枋模板施工

檩、枋模板可采用木质组合模板（图3.5-7）。枋和垫板可采用覆膜木质胶合板，檩可采用定制圆形覆膜木质胶合板。模板制作时，应计算确定枋、檩及垫板的高度和长度尺寸裁取模板，将枋、垫板、檩模板组合在一起。垫板侧模外加方木内衬，模板和内衬用铁钉钉牢。檩模板外侧加木楔将模板固定，用铁钉钉牢防止移位。檩上留80～100mm宽混凝土浇筑口。模板制作好以后按编号分类堆放。

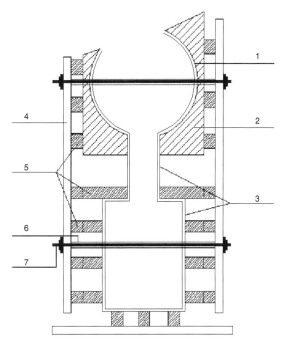

1—定制圆形木模板；
2—凹形木板；
3—覆膜木质胶合板；
4—钢管；
5—方木；
6—套管；
7—对拉螺杆

图3.5-7　枋、檩组合木模板支设示意图

檩、枋模板安装时，可采用60mm×80mm方木作为龙骨，采用φ48钢管在龙骨外侧将其固定。当檩、枋模板高度大于700mm时，在檩和枋中部用对拉螺杆加固。

3.5.5　混凝土施工

3.5.5.1　混凝土浇筑

柱子浇筑混凝土前先要在柱模内灌注与混凝土相同强度等级的砂浆或细石混凝土，防止柱子烂根。由于大部分建筑空间大，柱子较高，当柱高超过2.5m时，应用串桶或在模板侧面开门子洞安装斜溜槽分层浇筑。混凝土浇筑完成后将门子洞模板封闭严实并加固牢靠。

梁、檩、枋内钢筋密集，构件内空间较小，混凝土宜选用骨料粒径较小的高强混凝土浇筑，混凝土在浇筑振动时宜使用小型插入式振动器振动，振动时振动器不得触动钢筋和预埋钢套筒。柱收分处浇捣时要振动适中，振动时间不宜过长，特别是振动棒不能接触模板内壁，保证混凝土柱模形状不改变。

3.5.5.2　混凝土养护

成型混凝土要注意成品保护及养护工作，外表应光滑平整，满足清水混凝土要求。拆模后在柱子表面包裹塑料薄膜，防止混凝土水分流失。同时加强对混凝土浇水养护，常温时养护时间不得少于7d，以防止混凝土表面产生干缩裂缝。

3.5.5.3　季节性施工

暑期施工，水泥、外加剂、掺合料等均应入库存放，模板避免烈日直晒或雨淋。雨期应做好防雨、防潮等措施。

冬期施工应提前编制好冬期施工方案，方案应符合现行行业标准《建筑工程冬期施工规程》JGJ/T 104的要求。混凝土浇筑前，应将模板和钢筋上的冰雪清除干净。混凝土浇筑完毕后要在模板外和混凝土表面铺设棉被保温。模板拆除后要用薄膜将圆柱表面包裹严密，采用临时防护栏杆予以隔离。大风天气应制定相关措施避免突然降温引起混凝土表面出现裂缝。

3.6 控制要点

柱子收分处钢筋保护层厚度；柱子收分处模板的制作；柱收分处模板加固措施；构件定位；预埋钢套筒位置及锚固钢筋长度；柱、梁、枋、檩加固时对拉螺栓间距；柱底防烂根措施；成品保护。

3.7 质量要求

3.7.1 主控项目

（1）模板及其支架用材料的技术指标应符合国家现行有关标准的规定。进场时应抽样检验模板和支架材料的外观、规格和尺寸。

（2）钢筋进场时，应按照国家现行相关标准的规定抽取试件作力学性能和重量偏差检验，检验结果必须符合有关标准的规定。

（3）钢筋采用机械连接或焊接连接时，钢筋机械连接头、焊接部位的力学性能、弯曲性能应符合国家现行有关标准的规定。

（4）钢筋采用机械连接时，螺纹接头应检验拧紧力矩值，挤压连接应量测压痕直径，检验结果应符合现行行业标准《钢筋机械连接技术规程》JGJ 107的相关规定。

（5）弯钩的朝向应正确，绑扎接头应符合施工规范的规定，搭接长度不小于规定值。

（6）箍筋的间距数量应符合设计要求。有抗震要求时，弯钩角度为135°，弯钩平直长度为10d。

（7）混凝土所用水泥、沙、石、外加剂必须符合施工规范及有关标准的规定，有出厂合格证、检验和复试报告。

（8）混凝土的强度等级必须符合设计要求。

3.7.2 一般项目

（1）对跨度不小于4m的现浇钢筋混凝土梁、枋、檩，其模板按设计要求起拱；当设计无具体要求时，起拱高度宜为跨宽的1/1000～3/1000。

（2）模板的接缝应严密；模板内不应有杂物、积水或冰雪等，混凝土浇筑施工前，应对模板进行清理，但模板内不应有积水。

（3）模板与混凝土的接触面应清理干净并涂刷隔离剂，隔离剂不得影响结构性能及装饰施工，不得污染钢筋、预埋件和混凝土接茬处；不得造成环境污染。

（4）模板宜选用变形小、坚固、防水性好的模板，保证达到清水混凝土效果。

（5）钢筋应平直、无损伤、表面清洁。带有裂纹、油污、颗粒状或片状老锈，经除锈后仍留有麻点的钢筋,严禁按原规格使用。

(6)钢筋加工的形状、尺寸应符合设计、规范要求,钢筋安装位置偏差应符合规范规定。

(7)混凝土应振捣密实,不得有蜂窝、孔洞、露筋、缝隙、夹渣等缺陷。

(8)混凝土配合比应符合设计要求,拌和均匀,宜采用机械拌和。

(9)混凝土在浇筑完毕后应对混凝土加以覆盖并保湿养护。

(10)混凝土的外观质量有一般缺陷时,应进行修补处理。

(11)对于钢筋交错部位,绑扎扣缺扣、松扣的数量不超过绑扎扣总数的10%,且不应集中。

(12)现浇混凝土结构的位置和尺寸偏差及检验方法应符合表3.7-1的规定。

现浇混凝土结构构件位置和尺寸偏差及检验方法 表3.7-1

项目		允许偏差（mm）	检验方法
轴线位置		8	尺量
标高	层高	±10	水准仪或拉线、尺量
	全高	±30	水准仪或拉线、尺量
截面尺寸	柱、梁、枋、檩	+10,−5	尺量
柱、梁、枋、檩垂直度	层高≤6m	10	经纬仪或吊线、尺量
	层高＞6m	12	经纬仪或吊线、尺量
表面平整度		8	2m靠尺或塞尺测量
预埋件中心位置	预埋板	10	尺量

3.8 工程实例

3.8.1 周原国际考古研究基地

周原国际考古研究基地是根据周原召陈遗址的重大考古发现,依原建筑遗址平面进行异地复原的项目,是目前我国唯一一处严格以考古资料和有关文献为依据而进行的具有复原性、研究性设计建造且早于汉代形式的建筑,也称周代建筑。

该项目总建筑面积10500m^2,复原建筑根据遗址考古成果的F3、F5、F8建筑柱网平面,采用钢筋混凝土结构,推理并仿照庑殿及攒尖顶形式,结合周代青铜器形式及有关考古发现和资料,将其屋面、门窗、墙面、地面等细部构造以传统做法展现,是一个典型的采用传统建筑形式和现代建筑材料相结合而建造的现代传统建筑。该项目于2015年3月开工,2017年10月竣工开馆,2019年被评为国家优质工程奖。如图3.8-1所示。

主殿为攒尖顶形式,环形屋面梁,椽子布置呈放射形伞状,中间都柱直通屋顶,见图3.8-2。东西配殿为庑殿形式,顺水梁,纵向布置钢制椽,见图3.8-3。

图3.8-1　总体实例图

图3.8-2　主殿内梁、柱、椽构架实例图

图3.8-3　配殿内梁、柱、椽构架实例图

3.8.2 南宫山核心景区工程（大雄宝殿、大光明殿）

　　南宫山核心景区工程位于陕西岚皋县城东南，其景区内南宫观建于北宋靖康二年（1127年），有诗为证，"平利西北有名山，中峰金顶顶上天，左右秀峰成笔架，靖康二年有宫观"。

　　新建的大雄宝殿、大光明殿为唐风建筑形式，海拔2100m，依山悬空而建，嵌岩桩承台独立钢筋混凝土基础，钢筋混凝土框架结构，建筑层数5层，建筑高度40.27m，总建筑面积3011.4m²。建筑设计外形依不同高度由南向北呈退台形式，是一座集传统建筑形式与现代建造施工技术相结合、节能环保与自然环境相融合的多层公共建筑，2018年5月建成开放，2019年荣获国家优质工程奖。如图3.8-4。

　　该工程梁架结构中有92根梭柱，按照宋《营造法式》梭柱之法进行模板放样及制作，以致混凝土的成型，达到了预期效果，如图3.8-5所示。

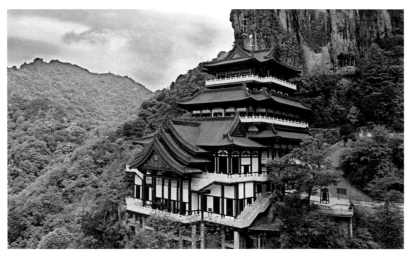

图3.8-4　光明殿全景实例

圆柱收分制安实例图

圆柱收分放样实例图

图3.8-5　混凝土梭柱施工实例图

拆模后的圆柱收分段混凝土实例图　　　　　圆柱收分段混凝土油饰效果实例图

图3.8-5　混凝土梭柱施工实例图（续）

CHAPTER FOUR

第4章

斗栱

———— 4.1 简述 ————

在我国古代建筑中，斗栱是具有显著特征和特色的一种构件，由斗、栱、昂、翘、升及附属构件等组成。具有加大挑檐长度、传递上部荷载、增加抗震能力、丰富檐口造型、提升装饰效果、保护墙体免受雨水侵蚀等作用。

4.1.1 斗栱分类

（1）斗栱按位置分为外檐斗栱和内檐斗栱。外檐斗栱主要包含柱头科斗栱（宋制称柱头铺作）、平身科斗栱（宋制称补间铺作）、角科斗栱（宋制称转角铺作）如图4.1-1所示；溜金斗栱和平座斗栱。内檐斗栱主要包含内檐品字科斗栱、襻间斗栱、隔架科斗栱、藻井斗栱等。

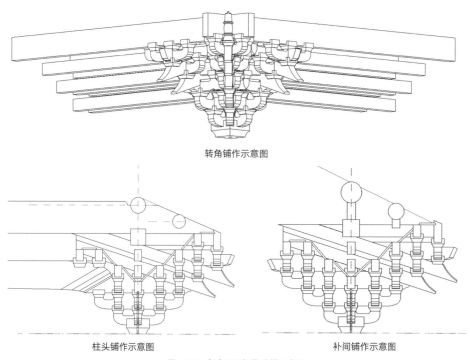

转角铺作示意图

柱头铺作示意图　　　　　　　　　　　　　　补间铺作示意图

图4.1-1　宋式不同部位斗栱示意图

（2）斗栱按是否出跳（踩）分为出跳（踩）斗栱和不出跳（踩）斗栱。出跳（踩）斗栱：指由柱中向内外挑出的斗栱。其特点是每垒叠一层就向进深方向两边各挑出一个距离。宋称此距离为"跳"。主要有一跳四铺作（单昂三踩斗栱）、两跳五铺作（单翘单昂五踩斗栱）、三跳六铺作（单翘重昂七踩斗栱）、四跳七铺作（重翘重昂九踩斗栱）等，牌楼斗栱。不出跳（踩）斗栱：指不向内外出跳的斗栱。主要有一斗三升、一斗二升交麻叶、单栱单翘交麻叶、重栱单翘交麻叶等。

（3）斗栱按材料分类：传统建筑斗栱主要有木斗栱、石斗栱、砖斗栱、琉璃斗栱等；现代传统建筑斗栱主要有木斗栱、普通混凝土斗栱、轻骨料混凝土斗栱、GRC斗栱、金属斗栱等。斗栱组成构件如图4.1-2所示。

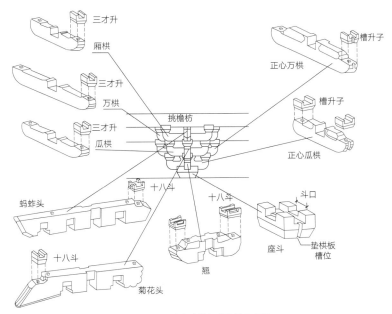

图4.1-2 清式斗栱组成构件示意图

4.1.2 斗栱的主要构件

（1）斗是基础构件。因形似量谷米用的"斗"而得名。宋制铺作称其为"栌枓"（图4.1-3）；清制斗科称其为"大斗"（图4.1-4）。现代通称"坐斗"。

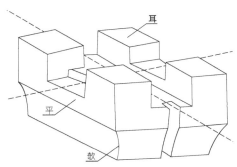

图4.1-3 宋"栌枓"示意图

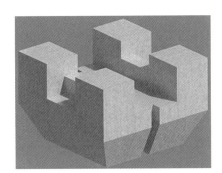

图4.1-4 清"大斗"实例图

宋制斗按材份等级制确定尺寸大小。按照斗高分为耳、平、欹（即槽帮子、帮底厚度、底座高）三部分。转角铺作与补间铺作斗的大小略有不同。

清制大斗按斗口制确定尺寸大小。按照斗高分为耳、腰、底三部分。角科、柱头科、平身科三个部位的斗大小尺寸略有不同。

（2）栱：是嵌入座斗之上且平行于建筑面阔方向（宋制华栱除外）的承托构件，因其形似一把弯弓而得名，其中间开凿槽口，以供与垂直构件十字嵌交。两个栱头是安装升的位置，可在其上叠加一层栱件。栱是一个悬挑构件，它的构件由中心层层垒叠，并逐层向外扩展，按其不同部位、不同朝代名称也各不相同。宋《营造法式》中栱分为泥道栱、瓜栱、令栱、华栱、慢栱；清《工程做法则例》中其栱的长短分为：瓜栱、厢栱、万栱三类（图4.1-5）。

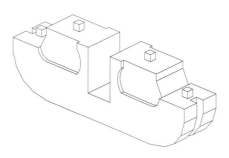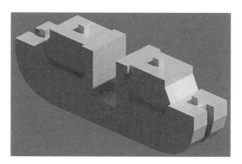

"正心瓜栱"示意及实例图

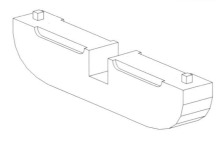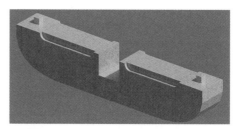

"厢栱"示意及实例图

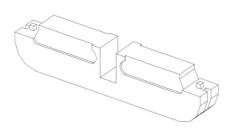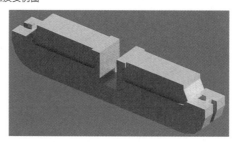

"正心万栱"示意及实例图

图4.1-5 （清）斗栱分件示意及实例图

（3）翘：是与栱垂直相交的纵向构件。宋制称为华栱，清制称为翘，其形式与栱相同。翘中间刻有盖口卡槽，翘盖在栱之上，相互搭交。

为增加悬挑的长度，可在其上的升上再垒叠一层较长的昂或翘。翘的端头转角部位卷杀做法同瓜栱（按四瓣分位）（图4.1-6）。

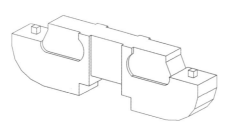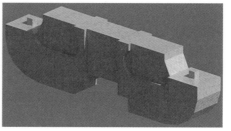

图4.1-6 （清）"头翘"示意及实例图

（4）昂：是斗栱中一种后高前低的悬挑构件。平行垒叠在翘的升上，并与正心瓜栱垂直搭交的第三层构件。昂的后尾由于位置、构造和作用的不同，其形式也有所不同，如有菊花头、雀替木、六分头等，有些昂尾还带有万栱或瓜栱，如图4.1-7所示。

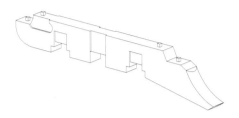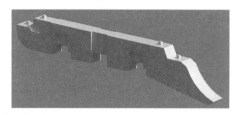

图4.1-7 （清）"头昂"示意及实例图

（5）升：是比坐斗小的斗形件，是承接上层栱件的基座，其底面与下层栱件的两端栱脚面相连接，一般只有一个方向刻有开口，承托一面的栱或枋。

宋制升按其位置分为：齐心科、交互科、散科；

清制升按其位置分为：槽升子、十八斗、三才升，如图4.1-8所示。

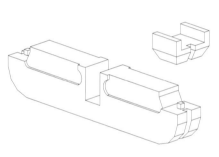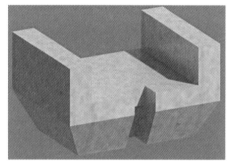

"槽升子"位置示意图及实例图

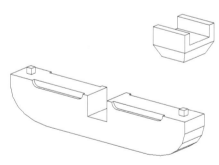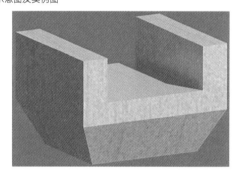

"三才升"位置示意及实例图

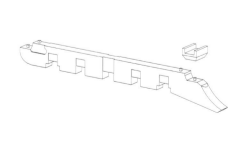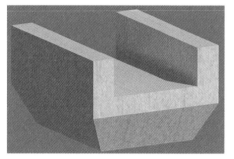

"十八斗"位置示意及实例图

图4.1-8 （清）斗栱"升"类构件示意及实例图

（6）附属构件

1）耍头：它是安放在昂头或华栱上的构件，宋称为"爵头"，清称为"蚂蚱头"，也有做成"麻叶头"形式。位于与正心桁、挑檐桁垂直或呈一定角度相交的方向，见图4.1-9。

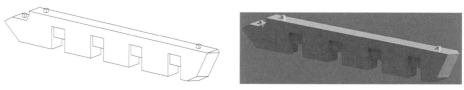

图4.1-9 "蚂蚱头"示意及实例图

2）撑头木：宋制称为衬枋头。它是斗栱中最后一个填补空隙的构件。位于平身科斗栱前后中线耍头上方，挑檐檩（桁）以下，里外拽枋之间。撑头木上方安装檩椀。角科斗栱通常与由昂连做。撑头木后尾做麻叶头样式，如图4.1-10所示。

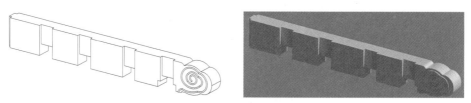

图4.1-10 "撑头木"示意及实例图

3）垫栱板：又称"风栱板"、"斗槽板"，宋制称"栱眼壁板"。它是填补每攒斗栱之间空隙的遮挡板，使斗栱连成一个整体。主要作用是分隔室内外，同时也有隔热保温及防止鸟类钻入筑巢的作用，如图4.1-11所示。

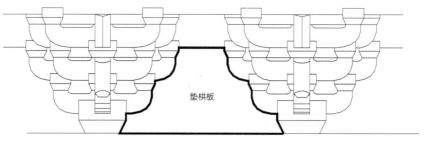

图4.1-11 "垫栱板"示意图

4.2 主要材料

（1）混凝土斗栱：普通混凝土、钢筋、木工板、镜面板等。

（2）轻质材料斗栱：陶粒（粒径5~20mm，密度不小于800kg/m³）、陶砂、GRC及金属板材；

（3）辅助材料：玻璃纤维丝、外加剂及掺合料。

4.3 主要机具

墨斗、方尺、线坠、钢卷尺、水准仪、全站仪、激光水平仪、红外线测量仪等；小型吊装设备、千斤顶、压缩机、微型振动器、振动平台等。

4.4 工艺流程

4.4.1 混凝土斗栱制作

4.4.1.1 普通混凝土斗栱

施工准备→构件放样→模具制作→模具安装→钢筋及预埋件制作安装→混凝土浇筑及养护→模具拆除→局部修整、打磨→分规格堆放→成品保护。

4.4.1.2 轻质混凝土斗栱

施工准备→构件放样及制作→模板制作加工制作预埋铁件→组装模板及涂刷脱模剂→安装钢筋和预埋铁件→轻质混凝土浇筑及养护→模具拆除→分规格堆放→成品保护。

4.4.2 混凝土斗栱安装

4.4.2.1 整体分层安装（斗栱随主体逐层安装）

（1）分件预制斗栱安装

施工准备→弹线→抄平整平→拉通线→铺细灰→安装角科斗栱→局部调整→安装柱头科斗栱→局部调整→安装平身科斗栱→检查验收

（2）整攒斗栱分层预制安装

施工准备→抄平、放线→拉通线→安装角科大斗→局部调整→安装柱头科大斗→局部调整→安装平身科大斗→局部调整→依次安装各层预制构件→局部调整→检查验收

4.4.2.2 轻质斗栱的后置式安装（主体已完工）

施工准备→清理安装部位→弹设控制线→安装角科斗栱→构件依次点焊固定→局部及整体检查、校正→安装柱头科斗栱→构件依次点焊固定→局部及整体检查、校正→安装平身科斗栱→构件依次点焊固定→局部及整体检查、校正→对称整体满焊固定→焊缝处理及构件表面修补→涂刷防锈漆→检查验收

4.5 混凝土斗栱施工工艺

4.5.1 普通混凝土斗栱施工工艺

4.5.1.1 施工准备

施工前利用BIM技术对斗栱建筑造型建模，直观表现其构件尺寸、位置关系，起翘、出翘等。

按照角科、平身科、柱头科进行分类编号。对不同部位的构件进行拆分,对构件的模板、钢筋、预埋件及预留孔洞、构件结合部位、景观照明等进行明确深化。

4.5.1.2 预制模板放样

(1)分件预制模板放样:先对整攒斗栱的分件数量、分件的尺寸及斗口的大小进行确认。放样时根据构件的实际情况,可选择构件的侧边放样、底部放样和顶部放样。应在平整、干净的面层进行构件的放样,在模板中心做十字线,随后根据构件的尺寸、形状进行放样。坐斗在放样时根据混凝土柱顶的宽度适当进行尺寸的调整,一般坐斗的底边比柱顶边缘多出20mm,相应的正心栱件及翘也应相应进行调整,以免整体比例失调。坐斗及正心位置的构件的中心部位预留直径10~20mm的孔洞,用于斗栱安装时加固钢筋的植入。

(2)整攒分层预制模板放样:整层预制前,先将斗栱各层平面上的构件叠放位置、尺寸、间距进行核实,随后再进行放样,每一层以正心栱件为中心进行放样制作,根据构件的不同,分为底部放样和顶部放样两种。坐斗及正心位置的整层构件的中心部位预留直径10~20mm的孔洞,用于斗栱安装时加固钢筋的植入。

4.5.1.3 模具制作(清式斗栱)

模板材料的选择应根据构件的制作数量和模具的周转次数确定。如选择木质模板进行模具制作则应选择优质板材,所用板材要求遇水变形小、利于制模,一般选用松木、镜面板等材料。选好木材后应进行相应的表面处理,确保预制构件脱模完整。

(1)分件预制斗栱模具制作:根据构件的放样尺寸进行模板的加工,大斗的施工均需预留出垫栱板槽口;栱上的栱眼采用隐刻的方法体现,先将栱眼的大小、形状放样至木工板上,裁出栱眼样式,将其钉在栱模具内槽相对应的栱眼位置;昂嘴造型弧度顺畅、模具方正。根据放样的不同有侧支模、正支模和反支模三种形式,比如昂构件在制作时由于昂嘴的关系可以采用侧支模和反支模的形式进行;栱、翘类构件可根据现场实际情况自由选择其中一种制作;斗、升类构件采用正支模较为方便。支模完成后,需要使用卡具或方木对模具进行加固防止跑模。如图4.5-1所示。

(2)整攒分层预制模具制作

将预制的斗栱按照踩数、角科、柱头科、平身科进行分类,斗栱模板分层预制,第一层:坐斗、正心瓜栱和翘;第二层:正心万栱、单材瓜栱、昂;第三层:单材万栱、厢栱。升类构件可单独预制也可与整体构件预制在一起。斗栱按三层制作模板,用5mm、7mm厚镜面板、木龙骨制成所需形状的模板,按层数编号。图4.5-2所示为以清式五踩平身科斗栱为例建立的模型。

(3)栱头卷杀制作方法:卷杀制作时根据朝代的不同选择,不同朝代的卷杀制作应按照以下放样尺寸进行。卷杀连接成品为折线,于升类构件的连接处预留钢筋。

1)宋式栱头卷杀制作方法

栱头之上留6分,下杀9分;其中令栱的9分均分为5份,其余栱件的9分均分为4份;

令栱的长为20分,均分为5份;华栱、瓜子栱长为16分,均分为4份;泥道栱长为14分,均分为4份;慢栱长为12分,均分为4份。如图4.5-3所示。

2)清式栱头卷杀制作方法

栱头之上为"上留0.4斗口,下杀1斗口"。瓜栱、翘将1斗口均分为四等份;万栱将1斗口均分为三等份;厢栱将1斗口均分为五等份。

坐斗的预制模具（正支模）

正心瓜栱的预制模具（正支模）

昂的预制模具（反支模）

翘的预制模具（正支模）

升类构件的预制模具（正支模）

图4.5-1　斗栱分件支模示意图

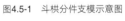

整层预制——正心瓜栱与翘（反支模）

整层预制——正心万栱、单材瓜栱、昂（反支模）

整层预制——单材万栱、厢栱、耍头（反支模）

图4.5-2　斗栱整层支模示意图

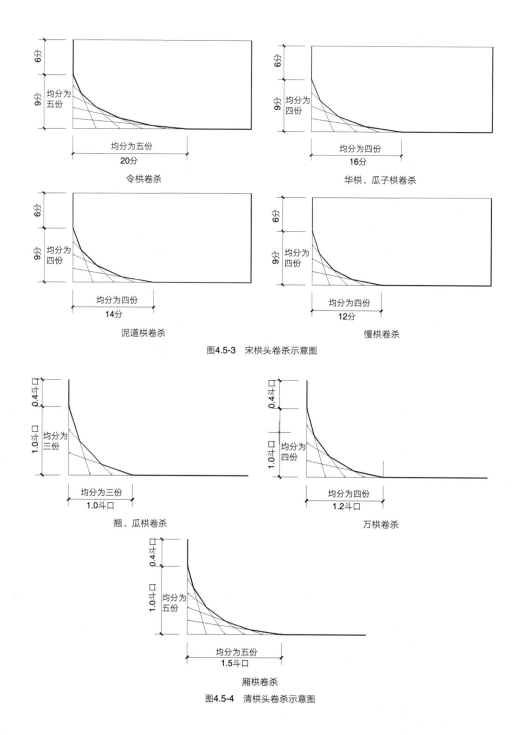

图4.5-3 宋栱头卷杀示意图

图4.5-4 清栱头卷杀示意图

"瓜四、万三、厢五"即瓜栱、翘长为1.2斗口，分为4等份；万栱长1斗口，分为三等份；厢栱长1.5斗口，分为五等份。如图4.5-4所示。

4.5.1.4 模具安装

（1）木模具的检查：为了保证预制构件的误差在允许的范围内，需要对已完成模板的尺寸、预留部位、预埋件的位置等进行检查。安装前应检查模板的清洁度，若模板上有杂物，则需对模板进行清污。

（2）木模具的安装：将加工好的构件严格按照底模板的控制线进行有效拼装，固定后检查槽口、企口、拼口处密封性、完好性，以使混凝土浇筑过程中不出现漏浆现象。

（3）涂脱模剂：组装模具前涂好模板脱模剂，保证模具内侧模板涂刷均匀，同时也要控制脱模剂不宜过多，以免影响混凝土的凝固。

（4）模具加固：用木卡木楔加固好模具，确保预制构件方正不变形。检查卡具是否紧固，确保模具在振捣时不会移动，避免错台、变形、漏浆等现象。

4.5.1.5　钢筋及预埋件制安

（1）钢筋的下料必须考虑混凝土保护层、钢筋弯曲、弯钩等规定。

（2）斗底和斗耳处需内置连接钢筋，钢筋之间进行绑扎。分件斗栱的钢筋宜在外部绑扎好之后放入加工好的模具内，并进行支撑及保护层厚度的预留。

（3）当钢筋末端需作弯钩时，其圆弧弯曲直径不应小于钢筋直径的2.5倍，平直部分长度不应小于钢筋直径的3倍。用于轻骨料混凝土结构时，其弯曲直径不应小于钢筋直径的3.5倍。

（4）将钢筋按照不同的构件及部位进行绑扎，预埋件根据其位置进行设置，误差不得大于2mm。预埋件的安装应满足规范要求，在混凝土浇筑中及浇筑后凝固过程中，不得晃动或使预埋件振移。安装完成后的预埋件应进行相应的防护措施。

4.5.1.6　混凝土浇筑及养护

（1）混凝土的拌制：一般混凝土为加工厂及现场拌制，混凝土投料顺序一般是先倒骨料，再倒水泥，后倒细砂，最后加水。掺合料在倒水泥时一并加入，外加剂与水同时加入。可适当加入玻璃丝纤维，提高混凝土拉结性，防止成品表面出现裂缝。

（2）混凝土浇筑、振捣

1）浇筑混凝土构件时，用微型振动棒先将下半部及边角、异形部位振捣密实，将钢筋检查复位，再将上部浇筑到位，局部人工振捣用抹子收好。棱角部位确保混凝土的均匀和密实性。混凝土振捣时间宜短不宜长，并用抹子把浮在表面的石子压入混凝土内。

2）浇筑混凝土时，应注意检查模板是否变形、移位；固定工具是否松动、脱落；发现漏浆等现象应及时处理。

3）振捣混凝土：混凝土振捣优先选用振动台。振捣密实的标志是：混凝土表面泛浆且混凝土不再下沉为止。振捣密实后采用抹子对预制块顶面进行初次抹平，根据混凝土凝结情况，在混凝土初凝前采用抹子对预制块顶面进行二次收光，保证预制块顶面光滑平整。

（3）混凝土养护：混凝土浇筑完8h以内，应对混凝土预制构件整体包裹或覆盖、浇水养护。如条件允许，也可选择蒸汽养护或水中养护，养护时间不得少于7d。

4.5.1.7　模具的拆除

混凝土强度达到50%及以上即可进行拆模。拆模过程中应确保不出现啃边、掉角及磕碰现象。拆除的模板湿润后，用竹刀刮除粘结的混凝土，清水涮洗后再利用。

4.5.1.8　局部修整及打磨

严格控制构件的出模质量，应保证构件表面及棱角不受损伤，如局部有小的损伤不影响结构等受力问题可进行局部维修后使用。对有毛边或不平整之处可进行打磨处理，保证外观质量。

4.5.1.9　分规格堆放

根据斗栱构件所处的不同位置、不同规格进行分类码放并标识清晰，构件的叠放高度不得超过1.5m，整层预制的构件、昂类构件叠放不能超过5层，叠放构件的受力中心应在同一位置，叠放构件之间需要铺设棉垫并采取加固措施，防止塌落。叠放构件时应轻拿轻放，对边角及易脱落部位进行保护，防止对构件造成二次损坏。

4.5.1.10　成品保护

构件成型后，按设计要求实测实量，使每个构件都符合质量要求，构件应尽量放置在预制场周围，搬动构件时，应轻拿轻放，防止构件缺棱掉角。应经常对构件进行检查，如发现缺棱掉角应及时修复。

4.5.2　轻质混凝土斗栱制作

4.5.2.1　施工准备

轻质混凝土斗栱施工准备同混凝土斗栱准备一致。

4.5.2.2　构件放样

（1）承重式轻质混凝土斗栱同混凝土斗栱放样一致。

（2）非承重式轻质混凝土斗栱：这类斗栱不受力，外挂（贴）建筑的外檐，在制作时只需预制露出外檐的部分。纵向部分的尾部需要与主体焊接，构件的焊接部分需要放出预埋件（钢筋）的位置。其他构件的放样方法同分件预制斗栱的放样。

4.5.2.3　模具制作

翘在制作时只需完整构件的一半，在制作模具时将构件按照完整构件模具制作，浇筑时在中心位置放置泡沫板，将其隔断为两个构件。需要预埋件（钢筋）的位置提前预留孔洞。升类构件单独预制。

4.5.2.4　模具加固

同普通混凝土斗栱模具加固。

4.5.2.5　钢筋及预埋件制安

同普通混凝土斗栱钢筋及预埋件加固。

4.5.2.6　混凝土浇筑及养护

（1）当使用轻骨料混凝土且厚度小于或等于200mm时，宜采用表面振动成型；当厚度大于200mm时，宜先用插入式振捣器振捣密实后，再表面振捣；用插入式振捣器时，插入间距不应大于振动作用半径的一倍。振捣延续时间应以拌合物捣实和避免轻骨料上浮为原则。振捣时间应根据拌合物稠度和振捣部位确定，宜为10～30s。若颗粒上浮面积较大，可采用表面振动器复振，使砂浆返上，再作抹面。在振捣过程中如出现轻骨料上浮而砂浆下沉，产生分层离析现象时宜采用拍板、刮板、辊子或振动抹子等工具，及时将浮在表层的粗细骨料颗粒压入混凝土内。

（2）先将集料、水泥、水和外加剂等按重量计量。骨料的计量允许偏差应为±3%，水泥、水和外加剂计量允许偏差应为±2%。采用陶粒轻骨料时，陶粒预先进行水闷处理，搅拌前要测定陶粒的含水率，调整配合比用水量。机械搅拌时，先加1/2的用水量，再加入粗细骨料和水泥，搅拌约1min，加剩余的水量，继续搅拌不少于2min。采用人工搅拌时，先将水泥、砂、陶粒拌和，翻拌不少于3次；拌和均匀后加水继续翻拌不少于3次，以达到混凝土性能要求。

（3）运输时应保持其匀质性，做到不分层、不离析、不漏浆。运到浇筑地点时，应进行现场坍落度试验，坍落度一般控制在50～70mm。

（4）养护同普通混凝土斗栱。

4.5.2.7 模具拆除

同普通混凝土斗栱模具拆除。

4.5.2.8 分规格堆放

同普通混凝土斗栱的分规格堆放。

4.5.2.9 成品保护

成品构件的棱角进行包裹保护；构件应堆放在干燥封闭的环境中；预埋件及预留钢筋进行覆盖保护，必要时提前涂刷防锈漆。

4.5.3 斗栱安装

受力斗栱采取随主体结构逐层施工、同步安装的方法。利用激光水平仪、全站仪、红外线测量仪建立三维控制网，提前确定主体结构上预埋铁件位置。

4.5.3.1 施工准备

利用激光水平仪、全站仪、红外线测量仪建立三维控制网，在主体结构上定位斗栱的位置。安装前斗栱在现场应进行预拼装。

4.5.3.2 分件斗栱安装

（1）在平板枋斗栱中心位置植入拉结钢筋，安装大斗。斗底十字线须与平板枋上十字线对正对齐。

（2）在大斗上安装正心瓜栱和翘，拉结钢筋穿过正心瓜栱和翘的中心，并用混凝土将植筋部位进行填补。拉通线矫正位置。

（3）在栱、翘两端分别植入钢筋，安装槽升子、十八斗，并用混凝土将植筋部位进行填补。拉通线矫正位置。

（4）安装正心万栱、槽升子、里外拽单材瓜栱、三材升。连接部位均需植入拉结钢筋，正心位置的构件需要使用斗部位的拉结钢筋整体连接，挂线安装头昂，其上装十八斗。

（5）向上逐层按山面压檐面做法交圈安装斗栱，各层相同构件应出进、高低一致。同时安装正心枋、内外拽枋、斜斗板、盖斗板、井口枋、挑檐枋、檩椀等各构件。

（6）中心位置的钢筋深入其上的檩、枋构件中进行拉结。

（7）最后砌筑斗栱之间的垫栱板，砌筑时植筋，使其与斗栱进行拉结。

4.5.3.3 整攒斗栱分层安装

（1）整攒斗栱从角柱向面阔及进深方向顺序分层安装。

（2）安装前对坐斗枋进行预检抄平。要求坐斗枋水平方正，接茬顺直无错台，与枋紧密结合。

（3）植定位钢筋：坐斗枋上弹中线，根据设计尺寸定出斗栱十字线。凿眼植筋，所画十字线纵向延长至平板枋迎面。

（4）拉线安装：安装时先在柱头位置逐层安装柱头斗栱，每层构件安装并检验后固定，同时在构件内、外棱挂线作为其他攒斗栱安装调整平直的依据。

（5）坐斗安装于坐斗枋之上，大斗底棱十字线与坐斗枋十字线吻合；拉通线尺量检查各相邻坐斗的高度是否一致，斗栱外棱是否一致。

（6）安装横向构件需要拉通线安装，通线要求必须与建筑物的横轴保持水平，横向构件的外棱贴于通线，要求"似挨似不挨"，不得"抗"线。

（7）安装纵、斜向构件需要拉通线安装，通过控制各攒斗栱纵向构件的出进尺度；纵向构件安装时必须保证与横向构件的"割方"；斜向构件安装时必须保证与横向构件的夹角尺度；必须保证"拽架"尺寸的准确。

（8）安装斗栱横、纵、斜向构件的同时安装各层斗、升。

（9）斗栱分层安装完成后，需要将各构件之间的缝隙以及与垫栱板之间的缝隙用素水泥浆灌实，不得留有缝隙。

（10）垫栱板的施工：斗栱安装完毕，对垫栱板位置进行现场测量放样，加工模板。在垫栱板位置支好模板，并进行加固，用ϕ6钢筋绑扎，钢筋网片两端与斗栱连接，然后采用分层抹灰的做法进行。或在斗栱之间用砌块或砖填充至正心栱件位置，随后绑扎钢丝网片并与斗栱连接，随后抹灰作业并轧光。

4.5.4　轻质斗栱的后置式安装

轻质装饰性斗栱一般在主体完成之后安装。

4.5.4.1　施工准备

（1）斗栱安装时斗栱安装架体要细致策划，充分利用原结构架体。架体顶面宜低于构件安装底标高50~100mm，便于安装。

（2）在安装前复核主体结构预埋件位置，并清理刷漆。

（3）根据斗栱的重量、位置等选择适宜的起吊设备及辅助设备。

4.5.4.2　弹设控制线

在主体结构上弹出构件安装水平线，逐个确定斗栱中心线。

4.5.4.3　安装顺序

先安装建筑角科斗栱，后沿进深和面阔两个方向依次安装；自上而下逐层安装；同层斗栱先安装内侧斗栱，后安装外侧斗栱。

4.5.4.4　吊装就位

对预制完成的斗栱进行软包装，吊装就位后临时点焊；千斤顶微调精确定位；对斗栱的各个构件进行复核、校正。

4.5.4.5　焊接固定

校正无误后焊接固定，两边对称焊接，防止焊接变形。

4.5.4.6　焊缝的处理及构件表面修补

（1）焊接完成后将焊缝区的熔渣和飞溅物清理干净，及时涂刷防锈漆。

（2）如构件表面出现破损、缺棱掉角等现象时应及时进行修补。

4.6　控制要点

（1）斗栱预制：斗栱的BIM单元拆分；卷杀弧度控制；隐刻栱眼设置；模板的加工和固定；混凝土的养护。

（2）斗栱安装：吊装设备选型；控制线定位；千斤顶微调固定。

4.7 质量要求

（1）斗栱的混凝土强度符合质量要求。

（2）斗栱制作尺寸准确、方正直顺、表面平整光洁、无缺棱掉角。

（3）斗栱安装位置准确，固定牢靠。

（4）斗、栱、升等构件制作及安装允许偏差应符合表4.7-1、表4.7-2的要求。

斗、栱、升等混凝土预制构件制作允许偏差及检验方法 　　　　　　　　　　　　　　　　　表4.7-1

序号	项目	允许偏差（mm）		检验方法
1	斗、栱、升、昂、翘、耍头	平直度	±2	贴尺及尺量检查
2	斗、升	几何尺寸	0，+2	尺量检查
3	栱、昂、翘、耍头	长	±2	尺量检查
		高	0，-1	
		宽	0，-2	
		开口处	0，+2	

斗、栱、升等混凝土预制构件安装允许偏差及检验方法 　　　　　　　　　　　　　　　　　表4.7-2

项目		允许偏差（mm）	检验方法
斗、栱、升、昂、翘、耍头	轴线位移	2	经纬仪、吊线尺量
	底标高	0，-2	水准仪、拉线尺量
	水平度	2	水准仪、水平仪
	垂直度	2	吊线尺量
	上、下构件叠合缝隙	1	楔形塞尺检查

4.8 工程实例

4.8.1 斗栱后置安装施工

位于西安大雁塔东南角的大唐芙蓉园，是一座以大唐文化为内涵，以古典皇家园林格局为载体，借用曲江之水，演绎盛世名园，服务于当今社会的大型文化主题公园。该项目占地998亩，总建筑面积88000m²，2003年6月开工，2005年4月竣工开园，荣获2006年度国家优质工程奖，其中紫云楼是园中标志性建筑，如图4.8-1所示。

根据项目整体要求，斗、栱、升、椽等构件均在工厂定型加工。为减轻构件自重，设计采用C30纤维陶粒轻骨料混凝土，使构件自重减轻35%左右，且70%斗、栱构件采用后置（焊接）安装施工，其构件安装顺序做法如图4.8-2所示。

所谓后置安装，即当建筑主体完成拆模后，再从檐口下逐一安装（后置焊接）斗、栱、升、耍头等构件。这种施工工序，既缩短了施工工期，又保证了构件位置的准确性，还提高了檐口的观感质量，其安装后效果如图4.8-3所示。

图4.8-1 紫云楼

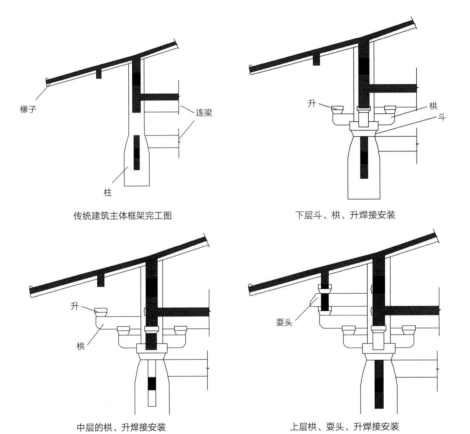

传统建筑主体框架完工图

下层斗、栱、升焊接安装

中层的栱、升焊接安装

上层栱、耍头、升焊接安装

图4.8-2 斗栱安装顺序示意图

图4.8-3 圆柱特制钢套筒与斗栱后置安装连接实例图

4.8.2　斗栱整体分层预制及安装施工

2009年建设的西安楼观财神文化区，总建筑面积660000m²，清式建筑风格，区内116个亭、台、楼、阁、榭等组成的建筑群体，是以财神文化为核心内容的中国目前最大规模的财神文化建设项目，如图4.8-4所示。

图4.8-4　西安楼观财神文化区

该项目斗栱构件采用钢筋混凝土整体分层预制、逐层插入安装的施工作法，如图4.8-5所示。

整体模具实例图　　　　　　　　　　　　　混凝土浇筑实例图

图4.8-5　整体分层预制斗栱构件成型及安装成果实例图

构件预拼装实例图

平身科、柱头科安装实例图　　　　　　　　　角科安装实例图

斗栱彩画完成后实例图

图4.8-5　整体分层预制斗栱构件成型及安装成果实例图（续）

4.8.3 轻质混凝土预制斗栱与钢结构连接施工

陕西建工集团有限公司东楼项目，主体为钢结构构架，斗栱为轻质陶粒钢筋混凝土预制，在钢结构构架上采用后置安装做法，如图4.8-6所示。

图4.8-6 钢构架实例图

所有斗栱预制均预埋连接铁件，安装时在安装位置搭设平台，平台下安放千斤顶并支撑牢固，待斗、栱等构件预拼好后，再用千斤顶顶入其安装位置并焊接牢固，如图4.8-7所示。

预制坐斗实例图　　　　　　　　　预制栱实例图

角科安装实例图

图4.8-7 轻质钢筋混凝土斗栱与钢结构连接施工实例图

柱头科、平身科安装实例图

斗栱彩画后实例图

图4.8-7 轻质钢筋混凝土斗栱与钢结构连接施工实例图（续）

第 5 章

翼角及椽子

5.1　简述

　　翼角是中国传统建筑庑殿、歇山、攒尖、盝顶等屋顶转角部分的总称。由角梁（上层为仔角梁，下层为老角梁）、翼角椽、翘飞椽以及此处的大小连檐，望板等相关构件及衬头木（撑头木）组成。翼角的作用，除了利于排水，易于采光等建筑功能外，它的形状很像鸟类飞翔的翅膀，形成了一种近乎自然美的曲线，给人带来轻松飘逸的艺术享受，如图5.1-1所示。

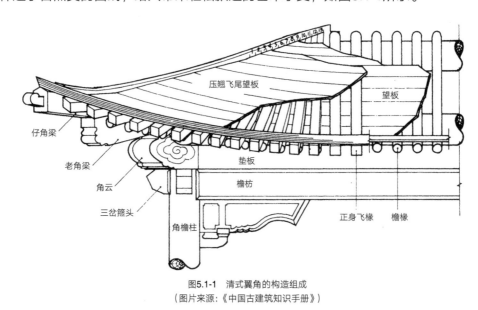

图5.1-1　清式翼角的构造组成
（图片来源：《中国古建筑知识手册》）

5.1.1　翼角的起翘和出翘

　　翼角的起翘与出翘，伴随着传统建筑的不断发展，经历了一个从无到有，由平缓到陡峭的逐步演变的过程。隋唐以前，屋面转角很少起翘与出翘，且出翘出现的年代早于起翘。至宋代，屋面转角才完成了由平面直线到三维空间曲线的转变。

　　宋《营造法式》卷五"造椽之制"中规定："**若一间生四寸，三间生五寸，五间生七寸，五间以上约度随宜加减**"。即：翼角椽出翘尺寸是按开间多少而定，起翘的尺寸按角梁自然伸展的位置（檐头）确定。

　　清式的出翘在《工程做法则例》中确定仔角梁长度按"**凡仔角梁的出廊并出檐各尺寸，用方五斜七加举定长……再加翼角斜出椽径三份。**"起翘的高度没有明确规定。在实际操作中，经古代工匠们的长期实践摸索，总结出"冲三翘四"的做法。"冲三"是指水平投影的仔角梁端头，上表面与两侧连檐板相交处要比正身飞椽头长出三倍椽径；"翘四"是指仔角梁端头上表面与两侧连檐板下端相交处，比正身飞椽头上表面高出四倍椽经。

5.1.2　翼角椽的起翘点

　　宋式建筑翼角的起翘点在《营造法式》卷五"造檐之制"中述"其檐自次角柱补间铺作中心，椽头将生出向外，渐至角梁"。是指次角柱与角柱之间的补间铺作中心为起翘点。每根椽头逐渐向外伸出，至角梁端点，如图5.1-2所示。

清式翼角的起翘点在《工程做法则例》中没有明确规定，但在平面图中，一般是以转角处两个方向的下金檩中心线交点位置与飞椽檐口位置的交点为起翘点，如图5.1-3所示。

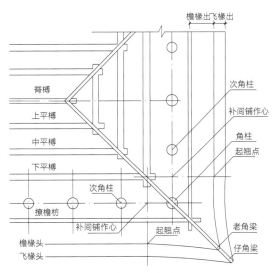

图5.1-2　宋式翼角起翘点示意图

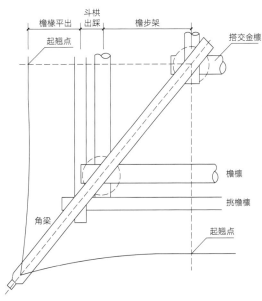

图5.1-3　清式翼角起翘点示意图

5.1.3　角梁

早期的传统建筑屋面转角处角梁和椽子并无区分。至汉代，斜置的角梁才开始出现。按清官式做法，角梁分上下两层，下层为老角梁，上层为仔角梁，里转角处为窝脚梁，其后尾与搭交金桁相交，前端与搭交檐桁（或搭交正心桁及搭交挑檐桁）相交。

5.1.3.1　角梁截面尺寸规定

（1）宋《营造法式》卷五述"造角梁之制，大角梁其广二十八份至加材一倍，厚十八份至二十份，头下斜杀长三分之二。子角梁广十八份至二十份，厚减大角梁三份，杀头四份，上折深七份"，即大角梁截面高为28～30份，梁截面宽18～20份，截面宽按大角梁扣减3份，如图5.1-4所示。

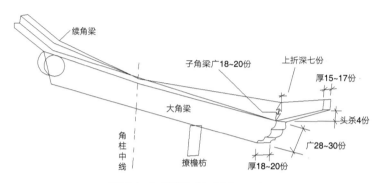

图5.1-4　宋《营造法式》大角梁、子角梁

（2）清《工程做法则例》规定，有斗栱建筑，角梁高按4.5斗口，厚按3斗口；无斗栱建筑，角梁高按3倍椽径，厚按2倍椽径。

角梁的做法可分为扣金、插金、压金三种类型。扣金是指角梁的上下两层分别扣压在金檩（桁）上；压金是指老角梁后尾压在金檩（桁）上；插金则指角梁的上下两层的后尾分别做榫，插入转角金柱的做法，插金做法亦称刀把做法。

老角梁梁头做霸王拳，后尾若为扣金做法一般做三岔头，若为插金透榫做法，则做成麻叶头或方头。

仔角梁梁头一般做套兽榫（安装套兽之用），如图5.1-5所示。

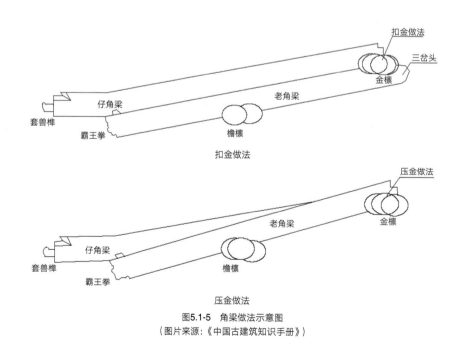

图5.1-5　角梁做法示意图
（图片来源:《中国古建筑知识手册》）

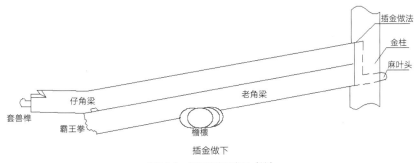

图5.1-5 角梁做法示意图（续）
（图片来源：《中国古建筑知识手册》）

窝角梁是指屋面里转角部位的角梁，亦称"里角梁"。窝角梁在平面上处于与两侧檐椽齐成45°交角的位置。前端扣于交角挑檐檩，后尾扣交于交角金檩。同外转角角梁一样，窝角梁亦分为上下两层，上为仔角梁，下为老角梁。其头饰和尾饰亦大致相同。与外转角角梁不同的是，窝角梁没有冲出和翘起，平面上与两侧檐口交圈，立面上老角梁与檐椽相平，仔角梁与飞椽上皮相平，如图5.1-6所示。

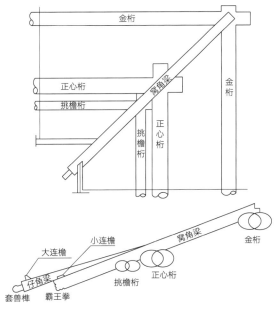

图5.1-6 窝角梁做法示意图

5.1.4 椽子

椽子位于檩（桁）之上，上托望板，是屋面木基层的主要构件之一。

椽子的称谓常随时代和地域而变化。"**秦名为屋椽，周谓之榱，齐鲁谓之桷**"，"**榱、橑、桷、栋，椽也。**"又《春秋左传》："**圜曰椽**"。还依其所处的不同位置分为脑椽、花架椽、檐椽等。在古建筑中，多半沿承清时的称谓。并且常把翼角椽之外的椽子统称作标准椽，以区别翼角椽长度变化的形态。翼角处椽子的排列也曾经历了由平行到扇形，翘飞头由矩形到菱形的演变过程。

椽子有圆形、方形、半圆形等。椽子之间的距离称作"椽档"或"椽豁"，椽档大小一般同椽径或大于椽径。

清式翼角椽子的规格：

椽子的直径（方椽的边长）为1.5斗口，小式建筑及无斗栱建筑则为三分之一檐柱径。其长度确定方法如下：

（1）脑椽、花架椽

$$L=（步架中至中距离）×举斜系数$$

（2）檐椽

带斗栱：$L =\left(\dfrac{2}{3}檐平出+斗栱出踩+檐（廊）步\right)×举斜系数$

不带斗栱：$L =\left(\dfrac{2}{3}檐平出+檐（廊）步\right)×举斜系数$

或 $L =\sqrt{1.25×（檐步+檐椽出）^2}$

其中檐椽出为椽头至椽檩（桁）中心的水平投影长度。

（3）飞椽

$$L =\left(\dfrac{1}{3}檐平出（头）+\dfrac{1}{3}檐平出×2.5\sim3倍（尾）\right)×举斜系数$$

（4）翼角椽

长同檐椽，另外加荒（两椽径），放样或计算定长。

翼角椽的均值为：

$$L =\sqrt{1.25×（檐步+檐椽出）^2}+\sqrt{出翘^2+起翘^2}×\dfrac{1+n}{2n}\ (n为椽子根数)$$

（5）翘飞椽

$$L =（飞椽头长+3倍椽径）+2.5\sim3倍头长$$

（注：上述长度均不包括搭掌长度及锯口长度）

翼角椽和翘飞椽的长度是一组变量，其与出翘、起翘、檐步长及衬头木相关。翼角处椽长可通过数学建模的方法由计算求出。首先建立空间直角坐标系，求出翼角处椽头所形成的空间曲线（圆弧）的半径。据此推导出该曲线的函数方程式或将翼角椽视作一空间向量，然后由椽头椽尾两点的空间坐标计算出椽长。这样不仅可以加快施工进度和提高施工精度，而且为计算机应用奠定基础。

详见附录一（A，B）。

5.1.5 其他相关构件

（1）望板：位于椽之上，厚十分之三椽径，横望板做柳叶缝，顺望板钉引条压缝。

（2）衬头木：亦称"枕头木""生头木""戗山木"，位于翼角椽下。因翼角椽随角梁而翘起，便出现了翼角处檐檩（桁）及挑檐檩（桁）上部悬空的现象。衬头木起填空支撑椽子的作用，如图5.1-7所示。

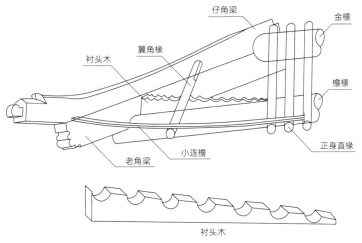

图5.1-7 衬头木的做法示意图
（图片来源:《中国古建筑知识手册》）

　　檐檩（桁）之上的枕头木，其长同步架，高为两椽径。挑檐檩（桁）之上的衬头木，其长为步架加斗栱出踩，高为两椽径再加斗栱出踩长的十分之一。衬头木一般不预作椽椀，随钉随凿。

　　衬头木的高度亦可由计算得出，详见附录二。

　　（3）大连檐：固定连接飞椽及翘飞端头的木条，梯形截面，高1.5斗口，宽1.8斗口，长为面宽加翼角飞檐长。宋《营造法式》称大连檐为"飞魁"，清称"里口木"。翼角处大连檐安装时，需将连檐锯开，用水浸泡，变软后分层安装，俗称"摞连檐"。

　　（4）小连檐：固定连接檐椽及翼角椽端头的木条，扁形截面，宽1斗口，厚同望板。此外，还有闸挡板，隔椽板等，如图5.1-8所示。

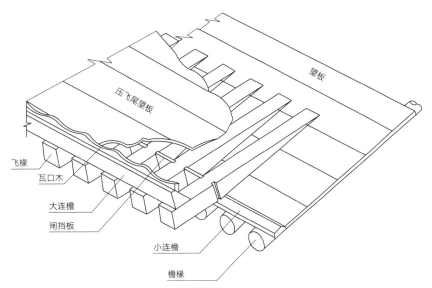

图5.1-8 清式屋面檐口组成构件示意图
（图片来源:《中国古建筑知识手册》）

5.2 主要材料

普通硅酸盐水泥，河砂，石子（或其他轻质骨料），混凝土添加剂，脱模剂，钢板，镜面板，圆钉，焊条，槽钢，钢管，扣件，方木等。

5.3 主要机具

钉锤，振捣器，钢钎，钢筋加工机械，吊车，电焊机，电锯，焊钳，经纬仪，水准仪，卷尺，水平尺，方尺，线锤，靠尺，卡尺，铁丝，线绳，铅笔等。

5.4 工艺流程

现场翼角放样→确定椽子根数→搭设操作平台→椽子预制→角梁模板制安→角梁钢筋制安→椽子安装→望板及其他附属构件制安→钢筋绑扎→混凝土浇筑及养护。

5.5 施工工艺

5.5.1 翼角施工放样

翼角施工是传统建筑施工的难点之一。放样是翼角施工的首要工序。在长期的施工实践中，人们探索出多种翼角作图和放样方法。

5.5.1.1 等分比例法

这是现场翼角施工放样较常见的一种方法。先将翘角水平距等分若干，再按出（起）翘值的比例，求出翼角曲线平立面投影的各点位置。

（1）在地面上放出翼角部位的平面投影，标出角梁、金檩（桁）、檐檩（桁）挑檐檩（桁）、起翘点、翼角顶点等如图5.5-1所示。

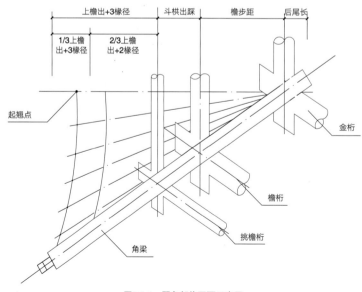

图5.5-1 翼角部位平面示意图

（2）将翘角水平距长度等分。若为四等分，则按照出（起）翘长度的1/16、4/16、8/16计算出中间三点的位置。连接起点、终点及中间三点所形成的圆弧即为翼角曲线在平（立）面上的投影。然后，在现场用软管管材（PVC管）沿计算出的5个控制点弯曲摆放，沿软管边线画出出翘曲线。起翘做法与出翘做法相同，施工时制作两个翼角定型套板用于起翘、出翘施工。最后将平面、立面的两条曲线拼糅一起，即为翼角空间曲线，再据此放出翼角施工大样，如图5.5-2所示。

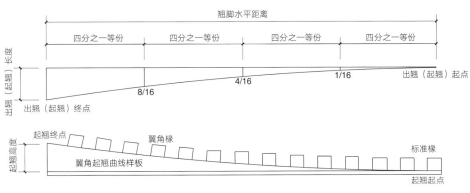

图5.5-2 等分比例法（起翘、出翘）示意图

为了保证翼角曲线弧度的流畅，亦可将翘角水平距分成更多等分，如六等分或八等分。其中间各点的高度计算及推导原理详见附录三。

5.5.1.2 半径等弧法

（1）自始翘点A作与直线檐口的垂直线OA；

（2）从翼角顶点的平面投影位置B作与直线檐口的平行线与OA相交于O；

（3）分OB为任意等分并自各等分点作垂直线；

（4）取OB延长线上任意一点为圆心，以翼角冲出值OA为半径作四分之一圆弧；

（5）圆弧分为与OB线上相同等分；

（6）自各等分点作水平线与OB线上各相应垂线相交；

（7）连接各相交点，使之成一圆滑曲线即可。

如图5.5-3所示。

5.5.1.3 倍径等弦法

自始翘点A与翼角顶点投影点B分别作檐口方向的垂直线和平行线，相交于O及O'，延长OB及AO'，并在任意位置上作垂直线交两线于DE，延长线DE并在其上截取CE=DE，以E为圆心，CD为半径作弧，交AO'及OB延长线于C及D，连接CD，分OB及CD为相同等分，自CD线各等分

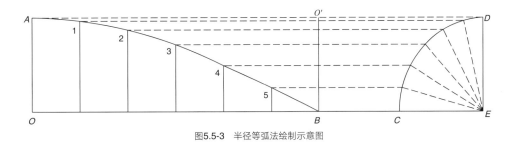

图5.5-3 半径等弧法绘制示意图

点上作垂线交于CD弧上，自弧上各点作平行线与OB各等分点的垂线相交于1、2、3、4、5各点，连接A、1、2、3、4、5、B各点成一圆滑曲线即可，如图5.5-4所示。

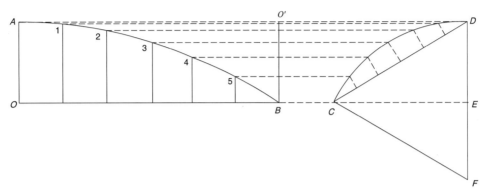

图5.5-4　倍径等弦法绘制示意图

5.5.1.4　相似延长法

此法与前述倍径等弦法基本相同，其不同之处在于以F为圆心，FD为半径作弧交于CD两点后，不是等分CD连线，而是等分CE线后再按前述作图法作出翼角曲线，如图5.5-5所示。

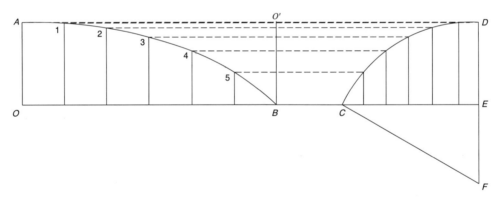

图5.5-5　相似延长法绘制示意图

5.5.1.5　垂直平分法

连接始翘点A与翼角顶点投影点B，作AB的垂直平分线，并于自始翘点A作正身椽平行线，两线相交于O。以O为圆心，作AB圆弧即可，如图5.5-6。

5.5.1.6　抛物线作图法

以翼角的端点为圆点建立空间直角坐标系，在平面X、O、Y内，设翼角平面投影曲线为二次抛物线，将起翘点A（a，c）代入$Y^2=2pX$即可求出参数p之值。

其中：a为翘角水平距；c为出翘值。

然后，将a等分若干a/n、2a/n···(n-1)a/n，a作为横坐标x_1、x_2···x_n，代入方程$Y^2=2pX$，即可求出相应的纵坐标y_1、y_2···y_n之值。连接（x_1，y_1）（x_2，y_2）（x_n，y）各点，可得翼角平面投影曲线。立面投影曲线亦可按此法求出，只需将抛物线端点坐标由（a，c）换成（a，b）即可。其中，b为起翘值。如图5.5-7所示。

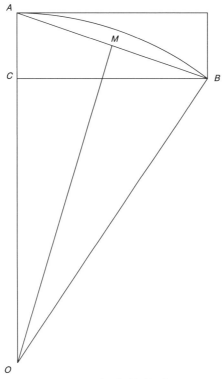

图5.5-6　垂直平分法绘制示意图

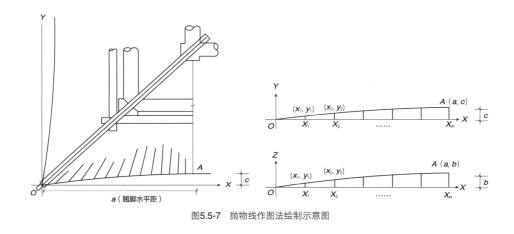

图5.5-7　抛物线作图法绘制示意图

5.5.1.7　坐标法

坐标法是翼角作图较常采用的一种方法。以始翘点 *A* 为原点，用坐标网格在平面图和立面图上分别绘出冲出和翘起曲线的坐标位置，坐标网格的大小由设计人根据精度要求选定。有时，也采用在曲线的主要部位标出立面标高和平面上与直线檐口段距离的方法，如图5.5-8所示。

5.5.1.8　一次作图法

由于翼角曲线是一根既在水平面上有冲出而又同时在垂直面上有翘起的三度空间曲线，因此，无论采用前述的哪一种作图及放样方法都存在下述缺点：

（1）必须分别绘制（或计算）曲线的平面和立面投影图，不仅过程较为繁琐，而且难于想象

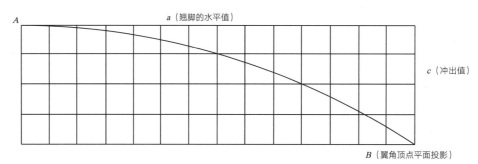

图5.5-8　坐标法绘制示意图

和表达其空间具体形象。

（2）施工放样时，需制作用于出翘、起翘的两种定型套板，最后将两条曲线拼糅一起。或者，先作出曲线平面图的样板，再用一块薄板按样板弯成一个曲面，在此曲面上找出各对应点在垂直方向的标高，并将各标高点连接成一条圆滑曲线，沿此曲线锯开薄板，其断面即为翼角曲线的样板。

下面的"一次作图法"，可以克服上述不足，完成翼角空间曲线的一次作图和放样。其步骤如下：

（1）由翘角水平距、起翘、出翘值求出翼角圆弧的半径R。

$$R = \frac{1}{2} \times \frac{a^2 + b^2 + c^2}{\sqrt{b^2 + c^2}}$$

其中：a——翘角水平距；

　　　b——起翘值；

　　　c——出翘值。

（2）求出翼角弧度之长

由图5.5-9可知，在三角形AOK中

$$\sin\theta = \frac{AK}{AO} \qquad (AO=R)$$

$$\theta = \sin^{-1} \frac{1}{2} \times \frac{\sqrt{a^2 + b^2 + c^2}}{R}$$

曲线AF（丈杆）之长设为L

则　$L = \frac{2R\pi}{180^0} \sin^{-1} \frac{1}{2} \times \frac{\sqrt{a^2 + b^2 + c^2}}{R}$

即翼角丈杆之长，其中：

$AB = a$

$AE = \sqrt{b^2 + c^2}$

$AF = \sqrt{a^2 + b^2 + c^2}$

可参见附录一（A）。

翼角施工放样步骤如下：

（3）取一块木板，将其锯成长方形$ABEF$，如图5.5-9所示，使$AB=a$（翘角水平距），$AE=\sqrt{b^2+c^2}$

（4）作AF之垂直平分线交AE之延长线于O，

（5）以O为圆心，R为半径，得圆弧AF.

（6）将木板按弧线沿直线AF对称锯成二块。

（7）锯二块三角木，使$\tan\alpha=\dfrac{b（起翘值）}{c（出翘值）}$ 对称固定在翼角两侧，如图5.5-10所示。

（8）调整标高，使F（A）为翼角顶点，A（F）为起翘点，使之符合图纸要求，即得翼角弧度施工大样。

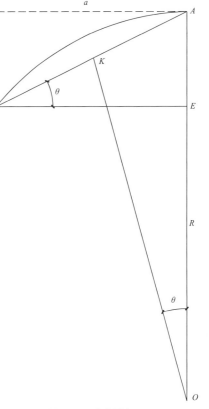

图5.5-9　一次作图法

5.5.2　椽子的根数确定

5.5.2.1　标准椽

椽子的根数与建筑物的规模及屋面形式有关，标准椽的计算如下：

椽子根数：$n=$通面宽÷（椽径+椽档）×（檩根数-1）

对于悬山建筑。由于梢间檩木出梢，屋面向两侧延伸。计算时需增加出梢椽（亦称边椽）。两边通常各为四根椽，即"四椽四档"法则。因此悬山建筑椽子的根数为按上述公式计算再加八根。

庑殿建筑的屋面除了前后两个坡面，还有两个山面。山面椽子的数量是由坡面宽及建筑的进深决定的。此处椽子需另外计算。

歇山建筑可看作悬山和庑殿的结合体。椽子数量分别计算即可（飞椽的数量同檐椽）。

5.5.2.2　翼角椽

除标准椽外，对于歇山、庑殿等有翼角的建筑其翼角处的椽子的数量和上檐出及步（廊）架有关，若带斗栱，则翼角椽（翘飞根数同）的根数$n=$（步架+出踩+檐平出）÷（椽径+椽档）；若无斗栱，则翼角椽根数$n=$（步架+檐平出）÷（椽径+椽档）。

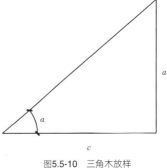

图5.5-10　三角木放样

关于n的取值按计算结果四舍五入取整数，为偶数时通常再加一根。

5.5.3　搭设操作平台

根据工程现场特点进行脚手架的设计，既要配合主体结构的施工，又要考虑檐口、翼角部位的安全可靠性。安装檐口所用脚手架，立杆一般按纵向间距90cm，横向间距为出檐加50cm（一个人的行走宽度），椽下内立杆高度应根据椽子底标高确定，外围高度为檐口标高加1.8m（密目网高）。立杆与横杆交接处设置双扣件。角梁下的架体支撑根据角梁荷载计算来确定，转角处加剪刀撑连接。

5.5.4 椽子预制

5.5.4.1 模板制作安装

（1）标准椽模具制作时，椽头挡板及两侧模必须装钉方正、牢固。椽尾挡板开口便于钢筋通过，且以不漏浆为宜；椽尾挡板须设置一定斜度。

（2）翼角椽模板长短不一，靠近老角梁处最长，依次逐渐递减。且椽头大、椽尾小，成楔形状，需按此前放样进行计算。翼角椽模板要相对制作，以保证翼角部位不同方向的同一位置翼角椽尺寸一致。

（3）模具制作时，在椽子顶部留置企口用于望板的铺设，椽子和望板组成屋面现浇板的底模。椽子顶部企口采用方木条成型控制，方木条要保证牢固、平整及顺直，在檐椽、飞椽头部要留置4cm，不用设置企口。

（4）模具两侧采用槽钢加固，紧固后拉对角线长度检查，防止出现菱形，不得使模板跑位。

（5）模板均应涂刷脱模剂，宜优先选用水质脱模剂，涂刷时要薄而均匀。

5.5.4.2 钢筋的制作安装

（1）主筋及箍筋必须按图纸设计要求预留锚固长度。长度大于2m的椽子由于在安装时起吊重量较大，在椽子中部容易折损，所以应在此部位配几根构造钢筋。吊装时必须保证挂筋朝上，两端两个点起吊。

（2）对直径大于ϕ8以上的椽挂筋预制时加工弯钩；对直径小于ϕ8及其以下的椽挂筋，预制时可不加工弯钩。待安装椽子后与屋面板筋结合后在现场制作弯钩。宜在上部板双向网筋十字搭界处弯钩，有利于椽板的整体结合，如图5.5-11所示。

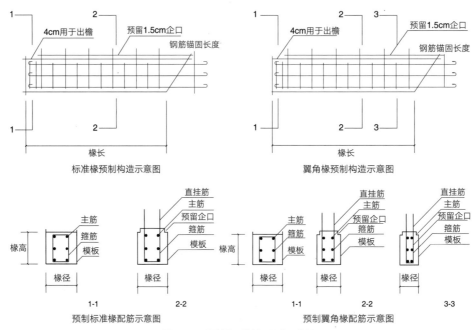

图5.5-11 预制椽子模板及配筋示意图

（3）翼角椽尾尺寸较窄，钢筋安装位置要正确，保证保护层的厚度。

5.5.4.3 混凝土浇筑

（1）翼角椽椽头大、椽尾小，椽尾径约为60～80mm，可采用微型振动棒或钢钎进行振捣。

（2）若采用陶粒混凝土，其材料质量和施工配合比要严格控制。搅拌时间应控制在3～5分钟，以保证有良好的和易性。

（3）混凝土浇筑完后用塑料薄膜（冬期施工加盖毛毡）覆盖养护，定期浇水润湿，其养护时间比一般构件养护较长，特别是在夏季施工中更应注意，避免混凝土裂缝。

5.5.5 角梁模板制作安装

（1）根据设计图纸及现场施工放样，确定构件的规格及长度。翼角梁一般和主体结构同时施工，其上下层（仔角梁和老角梁）为整体。模板可根据檩（桁）的位置分段制作。

（2）前端霸王拳要制作专门的异形模板。套兽榫处一般预留钢筋，用作安装套兽。为保证混凝土清水效果，应选用钢模板和异形钢模板。传统建筑老角梁梁头霸王拳做法，如图5.5-12所示。

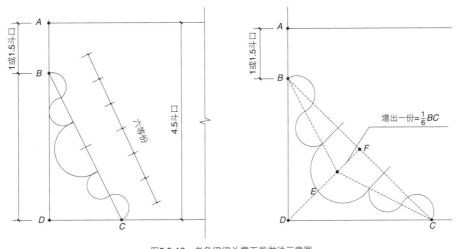

图5.5-12 老角梁梁头霸王拳做法示意图

（3）模板制作要严格控制下料、组装尺寸，确保模板接缝严密，模板制作后要按型号、部位标记清楚，分类堆放。

（4）翼角梁模板采用吊装法安装。吊装前要放出梁模轴线、梁前端和后尾的控制线，确保翼角梁位置及尺寸准确。

5.5.6 角梁钢筋制作安装

（1）角梁后部视截面高度加增腰筋，以避免混凝土裂缝。

（2）角梁为连续悬臂梁，其悬挑部分（檐平出部分）截面尺寸为变数，箍筋的数量大小需提前放样计算得出。

5.5.7 椽子的安装

5.5.7.1 原则要求

椽子安装要满足"一平，一线，一垂直"的要求。

"一平"是指同一标高的椽子，如标准椽及翼角左右两侧对应的椽子必须做到标高一致，可根据楼层结构标高，专人负责向上传递，误差不超过2mm。

"一线"是指同类椽子挑出长度必须一致。檐口拉通长钢丝，保持端面与钢丝相一致。

"一垂直"是指每根椽子（翼角椽除外）侧面必须垂直。

5.5.7.2 标准椽安装

标准椽安装亦称挂椽，挂椽顺序为脑椽、花架椽、檐椽，为了保证三椽直顺，可用专用方尺检查。

为了保证椽子的出檐准确，在底板设置通长挡板，以限制椽头位置并防止下滑。所有椽头紧顶挡板，出檐整齐一致。三椽安装时整体伸入檩梁内。

三椽锚固钢筋从檩梁侧面锚入，与檩梁箍筋、主筋进行点焊连接，上部预留挂筋锚入屋面板内。椽尾一般采用$\phi 8$通长钢筋进行焊接定位连接，如图5.5-13所示。

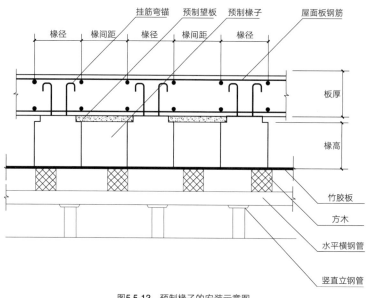

图5.5-13 预制椽子的安装示意图

5.5.7.3 翼角椽安装

（1）按翼角施工放样来制作翼角弧度曲面板，并在曲面板上弹出翼角椽的椽头位置。

（2）按照设计图中的起翘点、翼角顶点、翼角曲线所在平面与水平面的夹角安装固定翼角曲线板。衬头木的高度及弧度要满足要求。

（3）制作专用钢筋支架或大头楔木块用以安装翼角椽及翘飞椽。

（4）椽子安装过程中反复调整，确保每一根椽子出翘、起翘，椽头及椽尾空当大小准确。

（5）椽子安装完成后，将椽子、曲线板、楔头木等用钢筋、钢管或方木与原架体固定，确保稳定。

（6）屋面混凝土浇筑前，椽尾预留钢筋要卯入檩（桁）内，上部预留钢筋要插入屋面板内并与其他钢筋焊牢或绑扎固定。

（7）檩（桁）梁侧板处不规则椽档口采用发泡聚氨酯或泡沫密封，确保混凝土不溢漏。

5.5.8 望板及其他附属构件制作安装

望板多采用水泥纤维压力板或水泥砂浆板。在预制椽子上口设置企口用于望板的铺设，以保证屋面板及椽子的结合及混凝土板保护层的厚度。标准椽部位的望板，可以在安装前根据图纸计算并在现场进行切割、安装。翼角椽部位的望板，最好在现场实测、实量，这样安装精度较高。其粘结材料用1：2水泥砂浆，安装望板时要保证板面平整、接头严密，安装后缝隙要用砂浆填补。闸挡板及小连檐也可用水泥纤维压力板施工。正椽安装完成后，可进行大连檐的模板支设与钢筋绑扎，其混凝土和屋面板一道施工，如图5.5-14所示。

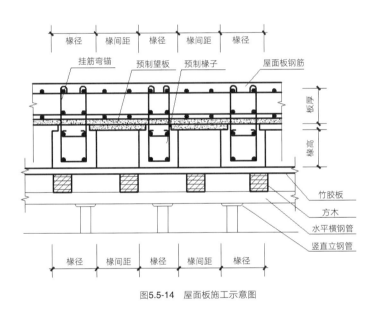

图5.5-14 屋面板施工示意图

5.5.9 校验及验收

当所有的椽子及望板安装完毕后，开始屋面钢筋的绑扎。在绑扎之前要进行椽子及望板的校核，以免在钢筋绑扎完成后无法再调整椽子及望板位置。当模板及钢筋工程完毕后再次进行检查验收，檐口模板应拉通线进行校核，标准椽的每段也应拉通线进行校核，以确保在绑扎屋面、梁钢筋以前结构的尺寸、位置准确。

5.5.10 混凝土浇筑

（1）翼角梁混凝土要分层浇筑，确保混凝土的均匀和密实性，混凝土振捣时间宜短不宜长，无法用振动棒振捣的椽子，一般采用微型振动棒或钢钎人工振捣。

（2）若采用陶粒混凝土，其材料质量和施工配合比要严格控制。陶粒混凝土比普通混凝土更容易离析，搅拌时间应控制在3～5min，以保证良好的和易性。

（3）翼角椽头大、椽尾小，椽径60～80mm，要加强此部位的振捣、养护，避免此处出现裂缝。

5.6 控制要点

翼角放样；椽子数量；异形模板的模板安装与加固；斜屋面浇筑防流坠控制。

5.7 质量要求

5.7.1 主控项目

（1）严格检查预制构件的外观质量和观感要求，如有缺陷应及时处理。
（2）应在明显部位标明生产单位、构件型号、生产日期和质量验收标志。
（3）对于各种构件，尤其是翼角椽按所在位置认真编号，分类堆放好。
（4）构件叠堆下应垫方木，叠放整齐，且不得超过5层。
（5）预制构件叠堆应轻吊、轻放，保证棱角完整。

5.7.2 一般项目（表5.7-1～表5.7-4）

角梁允许偏差及检验方法 表5.7-1

项目	允许偏差（mm）	检验方法
长度	+8，-3	拉线、尺量检查
宽度、高（厚）度	±3	尺量检查
轴线位移	±5	经纬仪或拉线检查
梁垂直度	±3	线锤或仪器检查

钢筋安装绑扎允许偏差及检验方法 表5.7-2

名称	检查项目	允许偏差（mm）	检验方法
钢筋	下料尺寸	±3	尺量检查
	制作尺寸	±3	尺量检查
	绑扎间距	±8	尺量检查
	保护层	2	钢尺检测

椽子预制允许偏差及检验方法   表5.7-3

项目	允许偏差（mm）	检验方法
长度	+10，−5	钢尺检查
宽度、高（厚）度	±5	钢尺量一端及中部，取其中较大值
侧向弯曲	$L/750$且≤10	拉线、钢尺量最大侧向弯曲处
	$L/1000$且≤10	
主筋保护层厚度	+5，−3	钢尺或保护层厚度测定仪量测
翘曲	$L/1000$	水平尺在两端量测

预制椽子安装允许偏差及检验方法   表5.7-4

名称	检查项目	允许偏差（mm）	检验方法
椽子	椽距尺寸	±3	钢尺检测
	相邻椽高差	±3	拉5m线量
	椽口平整、顺直度	5	拉通线尺量
	椽口挑出长度	5	钢尺检测
	翼角椽距对称度	5	钢尺检测
望板	相邻板下表面平整度	2	钢尺检测
	拼缝宽度	2	钢尺检测

5.8 工程实例

5.8.1 陕西历史博物馆

位于西安市南郊的陕西历史博物馆，是我国"七五"计划重点工程项目，也是西安地标建筑。1987年7月开工，1991年6月竣工开馆，总建筑面积60966m²，是一个采用现代材料和工艺技术与传统建筑形制相结合的唐风建筑，也是陕西最早获得鲁班奖的工程之一，见图5.8-1。

屋面椽子采用预制形式，最后安装在屋面并与混凝土屋面板钢筋连接进行整体浇筑而成，形成密肋式梁板，如图5.8-2所示。

该项目屋面总面积16000m²，其中168处翼角和15000多根预制椽子组成的3000多米长的屋面檐口，像一个个展翅飞翔的鸟翼，充分彰显了唐风建筑的恢宏与大气，如图5.8-3所示。

图5.8-1　全景图

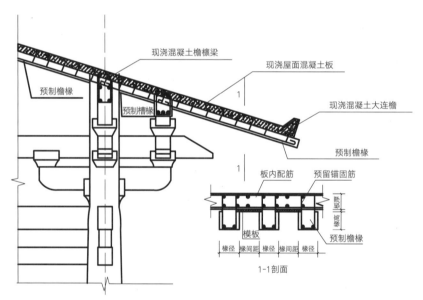

图5.8-2　屋面板及预制椽子构造示意图

屋面翼角实例图

主馆

图5.8-3　博物馆屋面翼角及椽子实例图

5.8.2　西安楼观财神文化区翼角及椽子制作与安装

5.8.2.1　等分比例放样

　　屋面翼角是古建筑的重要部位，在传统建筑施工中，角梁的模板制作，预制椽子的长度及椽尾的收分，都要通过放样确定后，再进行模板、钢筋的制作，以及构件的预制与安装，如西安财神文化区就采用了"等分比例法"的放样方法，见图5.8-4。

5.8.2.2　椽子长度的确定

　　设定檐椽及飞椽长度，以及椽径和椽档的宽度和翼角起翘尺寸，通过"等分比例法"放样得出各翼角椽子的长度及椽尾的宽度，如图5.8-5所示。

5.8.2.3　翼角椽子的制作与安装

（1）模具制作安装

　　模具制作，首先根据设计图纸及现场放样，确定出每根椽子的长度、规格形状，如椽头的撇向大小，"铰尾子"的撇向大小，翘飞的头尾长度及撇扭度，楔尾的宽窄厚薄等，然后选用木模板

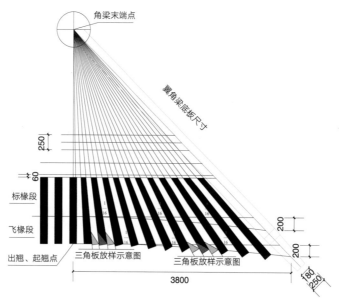

图5.8-4 等分比例放样示意图

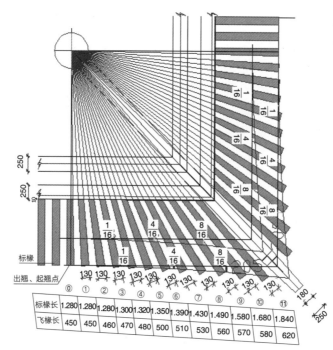

图5.8-5 椽子长度的确定示意图

或钢制材料加工定型模板。

椽子模具安装时，在椽子顶部留置15mm（宽）×10mm（高）的企口木条，拆模后用于望板的铺设，椽子和望板组成屋面现浇板的底模，如图5.8-6所示。

（2）搭设操作平台

椽下内立杆高度为椽子下平，外立杆高度为檐口标高加1.8m（密目网高）。立杆与横杆交接处设置双扣件、设置剪刀撑，增加整体强度，如图5.8-7所示。

图5.8-6　椽子顶部预留企口示意图

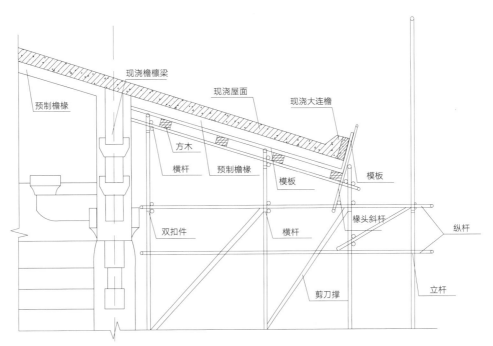

图5.8-7　檐口脚手架搭设示意图

（3）翼角椽安装

在工程中制作预制翼角椽起翘曲线板，也可制作起翘定位专用钢筋支架，施工时将起翘曲线板固定于支架端头上，见图5.8-8。同时用大头楔在椽子底部垫升椽子，使椽子下平紧顶起翘曲线板，即完成起翘，达到弧度的控制，最后用翼角定型套板检查起翘、出翘。

（4）望板安装

望板多采用15mm厚水泥纤维压力板或石质板材，安放在预制椽子上部企口处，并作为混凝土屋面椽间板的底模，见图5.8-9。

西安楼观财神文化区财神大殿采用该施工工艺，取得了较好的效果，如图5.8-10所示。

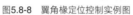

图5.8-8　翼角椽定位控制实例图　　　　　　　　　　图5.8-9　望板安装实例图

图5.8-10　西安楼观财神文化区财神大殿檐口及翼角实例图

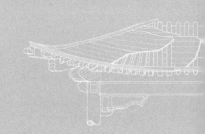

第 6 章

CHAPTER SIX

屋面

—————— **6.1 简述** ——————

屋面又称屋顶，它是中国古建筑的冠冕。古建屋面不仅具有防水、保温的功能，而且还可对建筑起到装饰美化的作用。为了满足功能和审美的要求，曾经历了一个长期发展演变的过程。屋顶样式由最初的圆形到后来的斜坡形及梯形，至汉代，庑殿、歇山、悬山、攒尖等形式已经成型。屋面的屋脊按照所处位置的不同可分为正脊、垂脊、戗脊、围脊、博脊等多种样式。屋面铺材亦由最初的茅草逐步发展为陶瓦、琉璃瓦及其他建筑材料。

6.1.1 瓦件

（1）琉璃瓦：是用黄色高岭土烧制成胚胎，在瓦坯上施涂铝硅酸化合物，经高温烧制而成的高级釉面瓦材。由筒瓦、板瓦、勾头瓦、滴水瓦、星星瓦等组成，不带釉的琉璃瓦称为"削割瓦"。纯色琉璃瓦只能用于皇家、亲王世子、官僚贵族、庙宇等建筑中；琉璃剪边多用于城楼或庙宇；琉璃聚锦做法多用于园林建筑和地方建筑。

（2）黑瓦：由黏土烧制而成，又称灰瓦、青瓦、布瓦，表面为青灰色或布纹。品种包括筒瓦、板瓦、勾头、滴水。主要用于宫殿、庙宇、王府等大式建筑，小式建筑如影壁、小型门楼、廊子、垂花门等也较常使用。

（3）金瓦：主要有有三种。第一种为金色铜瓦，常见于皇家园林中；第二种是铜胎镏金瓦，常见于皇家园林或藏传佛教建筑；第三种是在铜瓦的表面包"金叶子"，见于藏传佛教建筑中。

（4）石板瓦：天然石板瓦也称页岩瓦、青石板瓦，是将天然板石做屋顶盖瓦的通俗称法。适用于盛产石料的地区，具有很强的地方特色。

6.1.2 铺瓦形式

（1）筒瓦屋面：筒瓦屋面是用弧形片状的板瓦做底瓦，半圆形的筒瓦做盖瓦的瓦面做法。整个屋面由板瓦沟和筒瓦垄沟垄相间铺筑而成。筒瓦屋面使用的瓦材有琉璃瓦和黑瓦两种，如图6.1-1所示。

（2）合瓦屋面：其特点是盖瓦和底瓦均用板瓦，底盖瓦按一反一正顺序排列。合瓦在北方又叫作"阴阳瓦"。在南方叫作"蝴蝶瓦"。合瓦屋面主要见于小式建筑和部分民宅，如图6.1-2所示。

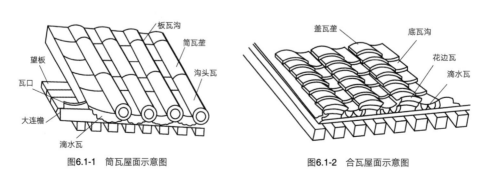

图6.1-1 筒瓦屋面示意图　　　　图6.1-2 合瓦屋面示意图

（图片来源：《中国仿古建筑构造精解》）

（3）干槎瓦屋面：干槎瓦屋面的特点是没有盖瓦，瓦垄之间也不用灰梗遮挡，瓦垄与瓦垄用板瓦巧妙地编排在一起。干槎瓦屋面也不做复杂的正脊和垂脊。这种屋面体量轻、省材料，不易生草且防水性能好，是部分地区的一种很有风格的民间做法，如图6.1-3所示。

（4）仰瓦灰梗屋面：这种屋面类似筒瓦屋面，但是不做盖瓦垄，而在两垄底瓦垄之间用灰堆抹成形似筒瓦垄，宽约4cm的灰梗。仰瓦灰梗屋面不做复杂的正脊，也不做垂脊，用于不讲究的民居，如图6.1-4所示。

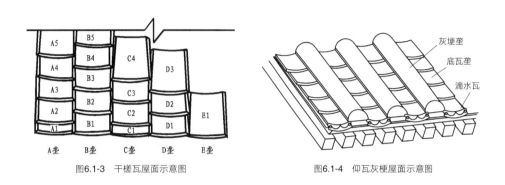

图6.1-3　干槎瓦屋面示意图　　　　　　　　图6.1-4　仰瓦灰梗屋面示意图

（5）石板瓦屋面：俗称石板房，其做法就是用小块规格的薄石片排列有序地铺在屋面上。石板房属于地方做法，具有较强的田园风格。

6.1.3　屋脊

6.1.3.1　正脊
正脊是坡屋面最顶端沿房屋正面方向的屋脊，它是所有屋脊中规模最大的屋脊。正脊是由长条形脊身和两端脊头所组成的。

宋式正脊，如图6.1-5所示。

清制正脊根据屋面等级大小及用瓦类型的不同，分为带吻正脊、筒瓦过垄脊、小青瓦过垄脊、鞍子脊、清水脊、扁担脊、皮条脊等，如图6.1-6所示。

6.1.3.2　垂脊
垂脊主要有两种形式：

（1）庑殿、攒尖建筑垂脊位于屋顶正面和山面交接处，是从正脊吻、宝顶沿屋顶坡面而下的屋脊。

（2）歇山、悬山、硬山屋面垂脊位于博缝板内侧，垂直于正脊，是从正脊吻兽沿屋顶坡面而下的屋脊。

明清建筑垂脊以垂兽前端为界，分为兽前部分与兽后部分，如图6.1-7所示。

宋制垂脊高度低于正脊两层。垂兽规格依据正脊的大小各有所不同。

清制垂脊因琉璃瓦和布瓦而有所不同。常用的种类有：琉璃垂脊、黑活布瓦垂脊、铃铛排山脊、披水脊、披水稍垄。

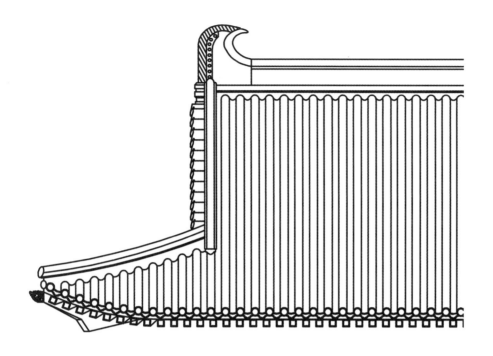

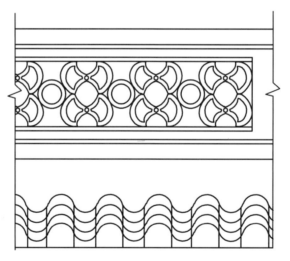

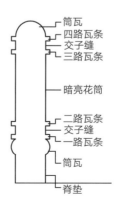

筒瓦
四路瓦条
交子缝
三路瓦条

暗亮花筒

二路瓦条
交子缝
一路瓦条

筒瓦

脊垫

图6.1-5　宋式正脊

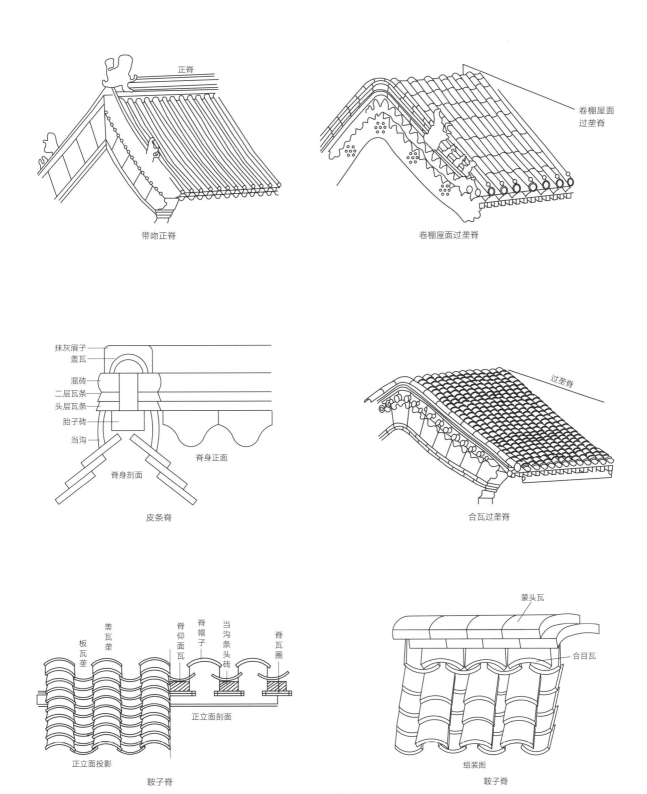

图6.1-6　清式正脊示意图
（图片来源：《中国仿古建筑构造精解》）

图6.1-7　垂脊兽前走兽示意图
（图片来源：《中国仿古建筑构造精解》）

6.1.3.3　戗（角）脊

它是歇山建筑屋顶四角的斜脊，与垂脊呈45°相交。角脊是指重檐建筑中下层檐屋面四角处的斜脊，其构造与戗脊相同。布瓦屋面的戗（角）脊也分为带陡板和不带陡板。带陡板戗（角）脊以戗兽为界，分为兽前段和兽后段。

6.1.3.4　围脊

它是重檐建筑中上下两层交界处，下层屋面的上端压顶结构，该脊是在围脊板或围脊枋之外的一种半边脊，分为带陡板脊和无陡板脊。四角与合角吻或合角兽相连。合角吻是重檐围脊转角处封护角柱外皮，防止雨水侵入的装饰性构件，在等级较高的建筑中使用，而等级较低的建筑中使用合角兽这些构件的规格都按筒瓦的样数来定，如图6.1-8所示。

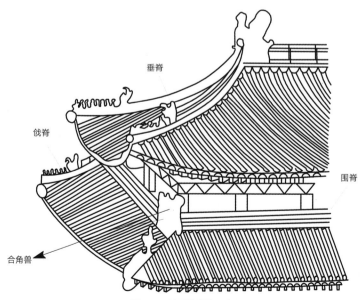

图6.1-8　清重檐脊饰示意图
（图片来源：《中国仿古建筑构造精解》）

6.1.3.5 博脊

它是指歇山建筑中两端山面山花板下屋面上端的压顶构件，是山花板底与山面坡屋面交界处的屋脊，它也是山花板之外的半边脊。清式博脊由挂尖和脊身组成，分为琉璃做法和黑活做法，如图6.1-9所示。

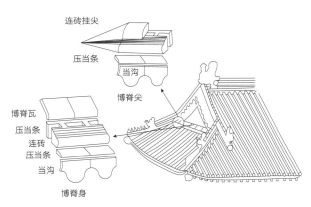

图6.1-9　博脊构造示意图

（图片来源：《中国仿古建筑构造精解》）

6.1.4　屋面的凹曲

屋面凹曲是传统建筑的一个重要特征。关于它的生成机制，人们有着不同的推测，如天幕说、杉枝下垂说、屋顶自然下沉说以及功能说。一般认为，这种下凹屋面的出现是基于屋面功能的需要。即有利于排水、吸纳阳光、增加屋面结构的稳定性及屋面的曲线美。也有人提出，这种下凹屋面可以解决屋面瓦的下滑溜坡，并可防止望板及屋面瓦的隆起。

对于下凹屋面的生成年代，现今约有三种不同的观点。一种观点认为这种下凹屋面早在先秦就出现了，其主要的依据为：被历代哲匠奉为经典，反映我国先秦科技成就的《考工记》曾凿凿有谓："轮人为盖，上欲尊而下宇卑……上尊而宇卑，则吐水疾而霤远"。于是便认为，这是古人对凹曲屋面利于排水功能特征的言简意赅的说明。古人在长期的实践中，由车轮旋转得到启发，凹曲屋面由此产生。也有人认为，这种上陡下缓的下凹屋面西汉时已初步形成。东汉初文人班固所著的《两都赋》中，关于西汉都城长安的宫殿有"上反宇以盖载，激日景而纳光"的描述。汉王延寿《鲁灵光殿赋》中亦有关于屋面"反宇"的记载。但多数学者认为，这种斜坡屋顶的下凹屋面约产生于公元5世纪末，即我国南北朝的中后期。因为我们所见到的考古材料、实物，包括出土的明器、画像、现存的石阙以及北朝的石窟、壁画石刻等，在此之前的建筑无一例外都是平坡屋顶直檐口。直到北魏迁都洛阳，在稍后开凿的龙门古阳洞石窟中，始见下凹屋面之形，另外，日本现存反映中国南北朝末期建筑式样的五座飞鸟建筑都是凹曲屋面，亦可作为佐证。基于这种观点，现在所重建的秦汉古建筑以及所有秦汉及两晋风格的传统建筑无一例外都是斜平坡屋顶，直檐口。

一种新的建筑样式，欲要冲破传统的束缚，往往需要漫长的时间。我们知道，穿斗式和柱梁式是中国传统建筑的主要构架形式。这种构架体系早在先秦时期即开始形成。至汉，便已发展成熟并广为流行。穿斗式以柱承檩，柱间以枋连接；柱梁式以柱承梁，梁上叠梁（蜀柱），梁上承檩，二者皆可用增减柱（蜀柱）高，使屋顶形成折线，为下凹屋面的形成提供基础和可能。经历数百年的孕育，这种"反宇"屋面终于在南北朝中后期开始出现，距今已有1500年的历史。至隋唐，已成为普遍做法。屋面下凹，始称"庸峭"。宋称"举折"，清称"举架"。一般说来，这种下凹的曲线屋面最初比较平缓、舒展，至宋及清，逐渐向着比较陡峻方向演变。唐代殿宇建筑举高约为跨距的1/5；宋式为1/4～1/3，清则为1/3。

有人认为，这种下凹屋面所形成的曲线，其理想或最佳形态应是现代数学中"最速降线"或"旋轮线"的一部分。关于"举折"、"举架"的具体做法，屋面曲线参数的确定及其方程式的建立，详见附录四。

6.2 主要材料

瓦件、吻、脊兽、走兽、麻丝、保温材料、防水涂料、防水卷、钢筋、防滑木条。

6.3 主要机具

钳子、刮板、卷尺、瓦刀、平尺、刮杠、泥抹子、灰桶、筛子、线绳。

6.4 工艺流程

6.4.1 施工总流程

清理基层→保温层施工→防水层施工→防滑层施工→宽瓦①→屋脊施工。

6.4.2 宽瓦施工流程

（1）筒瓦屋面：审瓦→分中、号垄→排瓦当→宽边垄→拴线→冲垄→宽檐头勾滴瓦→宽底瓦→宽盖瓦→捉节夹垄（裹垄）→翼角宽瓦→（刷浆提色）→清垄擦灰。

（2）合瓦屋面：分中、号垄→边垄→拴线→冲垄→檐头瓦→宽底瓦→宽盖瓦→夹腮→屋脊施工→清垄→刷浆。

（3）干槎瓦屋面：分中、号垄→拴线→宽檐头→宽底瓦→砌筑屋脊→捏嘴→堵燕窝。

（4）仰瓦灰梗屋面：分中、号垄→宽边垄→拴线→冲垄→宽檐头瓦→宽底瓦→做灰梗垄→屋脊施工→清垄。

6.4.3 屋脊施工流程

6.4.3.1 正脊

带吻正脊：稳老桩子瓦→砌当沟墙→砌圭脚→砌面筋条→砌天地盘→砌两层瓦条→砌头层混

---

① 宽瓦：宽，wa（四声），动词，又称砌瓦，是指建筑物顶部筒、板瓦件的砌筑安装。

砖→安装正吻（兽）→砌陡板→砌二层混砖→扣脊帽子托眉子（扣脊筒瓦）→托瓦条→打点修理→拽当沟→刷浆。

6.4.3.2　垂脊

带垂兽脊：攒角→宽边垄（铃铛排山脊）→宽排山沟滴（铃铛排山脊）→稳老桩子瓦→稳圭脚→砌胎子砖→下瓦条→稳盘子→下兽前混砖→安垂兽→下兽后第二层瓦条→下兽后头层混砖→砌兽后陡板→下兽后二层混砖→兽后安扣脊筒瓦→安小跑兽→托眉子→托瓦条→打点修理→拽当沟→刷浆。

6.4.3.3　披水梢垄

宽边垄→下披水砖檐→宽梢垄→打点修理→刷浆。

6.4.3.4　戗脊（岔脊）

攒角→稳老桩子瓦→稳圭脚→砌胎子砖→下瓦条→稳盘子→下兽前混砖→安戗（岔）兽→下兽后第二层瓦条→下兽后头层混砖→砌兽后陡板→下兽后二层混砖→兽后安扣脊筒瓦→安小跑兽→托眉子→托瓦条→打点修理→拽当沟→刷浆。

6.4.3.5　围脊

确认围脊位置→稳老桩子瓦→砌金刚墙、当沟墙→下两层瓦条→下头层混砖→安装合角兽（吻）→砌陡板→下二层混砖→做眉子或扣脊筒瓦抹泛水→托瓦条→拽当沟→刷浆。

6.4.3.6　博脊

稳老桩子瓦→砌当沟墙→下两层瓦条→下混砖→做眉子或扣脊筒瓦抹泛水→托瓦条→拽当沟→刷浆→博脊的端头处理。

6.5　施工工艺

6.5.1　基层清理

将檐口、落水口、排气道内的杂物及混凝土基层表面清理干净并保持干燥。

6.5.2　保温层施工

（1）用墨斗弹出保温层边线，保温层应铺贴到位，收口严密。

（2）保温板应沿坡屋面从下向上铺贴，排布合理，粘贴牢固。

（3）坡屋面转折处应将保温板分割成小块粘贴。

6.5.3　防水层施工

（1）阴阳角、变形缝、管道根部提前进行局部增强处理。涂膜防水应采用多遍涂刷，宽度为周边不小于150mm，厚度不小于设计厚度的1.2倍；卷材防水采用同类的卷材每边宽150mm，不得少于两层。

（2）在距离檐口300mm处横向铺贴防水卷材，再以屋脊为中心，顺两坡纵向铺贴，卷材搭接长边不小于80mm，短边不小于100mm。

（3）在檐口处加铺导水卷材，解决大连檐处渗水、滴水现象，具体做法为：将其铺贴在檐口底瓦上，并将其压入屋面防水卷材之下，将防水卷材下部与底瓦顺坡贴平。

（4）验收完成后应立即施工保护层，否则应采用覆盖等保护措施。

6.5.4 防滑层施工

（1）防滑筋后置：防水层施工完成后，在防水层上弹线定位，在定位交叉点上用冲击钻打孔，孔径为植筋钢筋直径+2mm，进入混凝土板面深度不小于板厚的2/3且不小于6cm，打孔若遇屋面结构板钢筋应适当左右调整，保证与檐口平行成排。植筋根部采用防水涂膜涂刷不少于两遍，成膜厚度不小于2mm，涂刷半径不小于50mm，钢筋上涂刷高度不低于50mm。防水加强处理完成后应进行淋水试验，合格后施工防水保护层。

（2）防滑条施工：保护层施工养护3d以后即可开始防滑条施工，沿水平方向每道防滑筋上下25mm各弹一道墨线；水平方向每道防滑筋上部绑扎直径不得小于ϕ6.5的钢筋，距离保护层表面15mm；采用M7.5以上水泥砂浆在两道墨线粉之间粉刷下宽50mm，上宽25mm，高25mm的直角梯形，直角边在上（即直角边在远离檐口靠近屋脊一边），保湿养护7d。

（3）在宪瓦砂浆铺摊前，采用直径不小于ϕ6.5，间距不大于500mm，绑扎双向钢筋网片。垂直于正脊的钢筋在正脊处连通不断开，歇山及盝顶等屋面（或部位）应与屋脊上预留脊瓦锚固钢筋可靠连接。脊瓦锚固钢筋直径不小于ϕ16，间距不大于500mm。

6.5.5 屋面瓦层施工

6.5.5.1 瓦件规格及选样原则
（1）琉璃瓦件规格及选样原则见表6.5-1。

琉璃瓦件规格及选样原则   表6.5-1

瓦名		二样	三样	四样	五样	六样	七样	八样	九样
筒瓦 （cm）	长	40.00	36.80	35.20	33.60	30.40	28.80	27.20	25.60
	口宽	20.80	19.20	17.60	16.00	14.40	12.80	11.20	9.60
	高	10.40	9.60	8.80	8.00	7.20	6.40	5.60	4.80
板瓦 （cm）	长	43.20	40.00	38.40	36.80	33.60	32.00	30.40	28.80
	口宽	35.20	32.00	30.40	27.20	25.60	22.40	20.80	19.20
	高	7.04	6.72	6.08	5.44	4.80	4.16	3.20	2.88
沟头 （cm）	长	43.20	40.00	36.80	35.20	32.00	30.40	28.80	27.20
	口宽	20.80	19.20	17.60	16.00	14.40	12.80	11.20	9.60
	高	10.40	9.60	8.80	8.00	7.20	6.40	5.60	4.80
滴子 （cm）	长	43.20	41.60	40.00	38.40	35.20	32.00	30.40	28.80
	口宽	35.20	32.00	30.40	27.20	25.60	22.40	20.80	19.20
	高	17.60	16.00	14.40	12.80	11.20	9.60	8.00	6.40

琉璃瓦的样数一般以筒瓦宽度按照以下原则确定：

1）筒瓦宽度，可按椽径大小来选定样数，如椽径为12cm，可按照筒瓦宽12.8cm，选定为七样；若椽径为14cm，可选定筒瓦宽14.4cm，确定六样。

2）重檐建筑，要求下檐比上檐减少一样，如上檐定为六样，则下檐应为七样。

3）庑殿建筑，可按其檐口高度而定，当檐口高在4.2m以下者，采用八样，在4.2m以上者采用七样。

（2）黑瓦瓦件规格及选样原则见表6.5-2。

黑瓦瓦件规格及选样原则 表6.5-2

名称		现行常见尺寸（cm）			清代官窑尺寸（cm）	
		长	宽	瓦头宽	长	宽
筒瓦	头号筒瓦	30.5	16			
	1号筒瓦	21	13	10	35.2	14.4
	2号筒瓦	19	11	8	30.4	12.16
	3号筒瓦	17	9	6	24	10.24
	10号筒瓦	9	7	5	14.4	8
板瓦	头号板瓦	22.5	22.5	/	/	/
	1号板瓦	20	20	18	28.8	25.6
	2号板瓦	18	18	16	25.6	22.4
	3号板瓦	16	16	14	22.4	19.2
	10号板瓦	11	11	9	13.76	12.16

布瓦规格选定，根据筒瓦的宽度确定，规定如下：

1）一般房屋按筒瓦宽度和椽径大小选用号数。如椽径为11cm时，可选用2号瓦（筒瓦宽为12.16cm）。如椽径为13cm时，可选用1号瓦（筒瓦宽度14.4cm）。

2）采用合瓦屋面，按椽径大小确定号数：椽径6cm以下的按3号瓦，10cm以下的按2号瓦，10cm以上的按1号瓦。

3）小型门楼按檐高确定：檐高在3.8m以下者按3号瓦；3.8m以上者按2号瓦。

6.5.5.2 筒瓦（琉璃瓦、黑瓦）

（1）审瓦：瓦件和脊件在运至屋面前应审瓦，有裂缝、砂眼、残损、变形严重的瓦件和脊件不得使用。核对各种瓦件和脊件的种类、数量，逐块"审瓦"。黑活筒瓦屋面在宽瓦之前除了"审瓦"之外，还应进行沾瓦即用生石灰浆浸沾底瓦的后端（关中地区为小头，不露明的一端），沾浆的部分占瓦长的2/3。

（2）分中、号垄：在檐头找出整个房屋的横向中点并做出标记，屋顶中间一趟底瓦中心线应与之重合。然后从两山博缝外往里返两个瓦口的宽度并做出标记。将各垄盖瓦的中点平移到屋檐扎肩灰背上，并做出标记，如图6.5-1所示。

（3）排瓦当：根据屋面赶排瓦口的尺寸将瓦口截成几段，然后适当拉伸或缩小使屋面能赶排

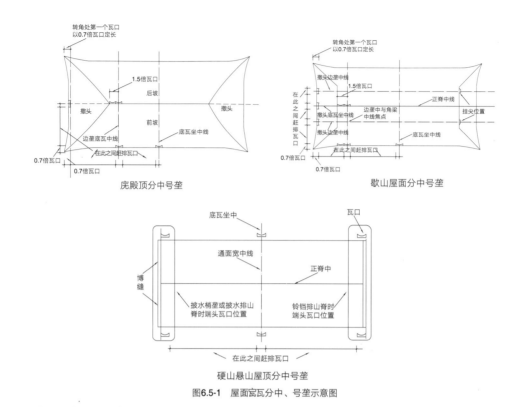

庑殿顶分中号垄

歇山屋面分中号垄

硬山悬山屋顶分中号垄

图6.5-1　屋面宜瓦分中、号垄示意图

出"好活"。

（4）宜边垄：在每坡两端边陇位置拴线、铺灰，各宜两趟底瓦一趟盖瓦。边垄底瓦底皮应与博缝上皮同高。最外端的底瓦边垄只有一块割角滴子瓦和一块板瓦（以上瓦排山勾滴）。盖瓦边垄使用蹬脚瓦，两端边垄平行，囊度一致，边垄囊势要随屋脊顶囊。在实际施工中，边垄与排山勾滴一起宜，然后调垂脊，调完垂脊后再宜瓦。卷棚式建筑做过垄脊的，脊部的底瓦要用折腰瓦（一块正折腰，两块续折腰），盖瓦用一块正罗锅瓦或一块正罗锅瓦及两块续罗锅瓦。

（5）拴线：以两端边垄盖瓦垄"熊背"为标准，在正脊、中腰和檐头扯3道横线，作为整个屋顶瓦垄高度标准。脊上的那条线叫"齐头线"，中腰的叫"楞线"，檐头的叫"檐线"。如果坡长屋大，可扯三道楞线。宜瓦时不得碰线，瓦垄不得顶线。

（6）冲垄：在大面积开始宜瓦之前，先宜瓦上几垄瓦作为屋面瓦的高低标准，这些瓦垄都必须以拴好的上下齐头线和腰线为标准。首先宜边垄，边垄"冲"好后，按照边垄的曲线在屋面的中间将三趟底瓦和二趟盖瓦宜好。冲好垄之后要将上下齐头线和腰线用灰浆压在盖瓦垄上。

（7）宜檐头勾滴瓦：宜檐头勾头和滴水瓦要拴两道线，一道线拴在滴水尖的位置，滴水的高低和出檐均以此线为标准。第二道线即冲垄前拴好的"檐口线"勾头瓦的高低和出檐均以此为标准。滴水瓦摆放好以后，在滴水瓦的蛐蜒当处放一块遮心瓦，其上放灰扣放勾头瓦，勾头瓦要紧靠着滴子，高低、出进要跟线。

（8）宜底瓦

1）开线：先在齐头线、楞线和檐线上各拴一根短铅丝（叫作"吊鱼"），"吊鱼"的长度根据线到边垄底瓦翅的距离定，然后"开线"：按照排好的瓦当和脊上好垄的标记把线的一端固定在脊上。其高低以脊部齐头线为标准。另一端拴一块瓦，吊在房檐下。这条宜瓦用线叫作"瓦刀线"（一般用帘绳或"三股绳"）。瓦刀线的高低应以"吊鱼"的底棱为准，如瓦刀线的囊与边垄的囊不一致时，可在瓦刀线的适当位置绑上几个钉子来进行调整。底瓦的瓦刀线应拴在瓦的左侧（盖瓦时拴在右侧）。

2）宽瓦：拴好瓦刀线后，铺灰亦称作"坐浆"。厚度一般为40mm。底瓦应窄头朝下（关中地区窄头朝上），从下往上依次摆放。底瓦的搭接密度应能做到"三搭头"，又叫"压六露四"，即每三块瓦中，第一块与第三块能做到首尾搭头，或者说，每块瓦要保证有6/10的长度被上一块瓦压住。本着"稀瓦檐头密瓦脊"的原则，檐头的三块瓦一般只要"压五露五"即可，脊根的三块瓦常可达到"压七露三"（或"四搭头"）。

3）背瓦翅：摆好底瓦以后，要将底瓦两侧的灰（泥）顺瓦翅用瓦刀抹齐，不足之处要用灰（泥）补齐，"背瓦翅"一定要将灰（泥）"背"足、拍实。

4）扎缝："背"完瓦翅后，要将底瓦垄之间的缝隙处（称作"蚰蜒当"）用灰浆塞严塞实，这一过程叫作"扎缝"，扎缝灰应能盖住两边底瓦垄的瓦翅。屋面坡陡的，可使用"星星瓦"，即瓦上有一孔洞，使用时板瓦上的孔要用钉子钉入灰背中。筒瓦上的孔钉入钉子后还要加盖钉帽。在混凝土板上所做的琉璃屋面，或檐头部分的琉璃瓦宜勾瓦脸。

（9）宽盖瓦：按楞线到边垄盖瓦瓦翅的距离调好"吊鱼"的长短，然后以吊鱼为高低标准"开线"。瓦刀线两端以排好的盖瓦垄为准。盖瓦的瓦刀线应拴在瓦垄的右侧（瓦底应拴在左侧），故此侧称为"细肋"。盖瓦灰应比底瓦灰稍硬，盖瓦不要紧挨底瓦，它们之间的距离叫"睁眼"。睁眼的尺寸不小于筒瓦高的1/3。盖瓦要熊头朝上，从下往上依次安放，上面的筒瓦应压住下面筒瓦的熊头，熊头上要挂素灰即抹"熊头灰"（又叫"节子灰"）。熊头灰应根据琉璃瓦的颜色掺色（黄色琉璃瓦掺红土粉，其他掺青灰）。熊头灰一定要抹足挤严。盖瓦垄的高低、直顺都要以瓦刀线为准，每块盖瓦的瓦翅都应贴近瓦刀线。如果瓦的规格不十分一致，应特别注意不必每块都"跟线"，否则会出现一侧齐、一侧不齐的情况。工匠称此要领为"大瓦跟线，小瓦跟中"。

（10）捉节夹垄：将摆好的瓦垄清扫干净，用砂浆勾抹筒瓦相接处，此工序为"捉节"。然后用夹垄灰（掺色）将睁眼抹平，这叫"夹垄"。夹垄应分粗细两步进行。上口与瓦翅外棱平，下脚与上口垂直，用瓦刀抹光轧实后，将瓦面清理干净，此项工序也可在挑顶工程结束之后进行，如图6.5-2所示。

（11）裹垄：施工前将瓦垄清扫干净，并反复浇水使其充分湿润；用裹垄灰分糙、细两次抹，打底要用泼浆灰，抹面要用煮浆灰。先在两肋夹垄，夹垄时应注意下脚不要大，然后在上面抹裹垄灰，最后用浆刷子沾青浆刷垄并用瓦刀赶轧出亮。垄要直顺，下脚要干净，灰要"轧干"不得"等干"，至少要做到"三浆三轧"。赶光轧亮时不宜用铁擼子，否则会对灰垄质量产生不好的影响（图6.5-3）。

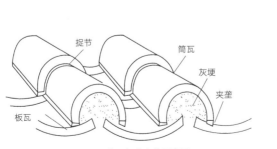

图6.5-2 筒瓦捉节夹垄示意图

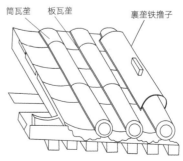

图6.5-3 裹垄示意图

（图片来源：《中国仿古建筑构造精解》）

黑活筒瓦有三种做法。第一种做法与琉璃瓦相同，即捉节夹垄做法。第二种做法为裹垄做法。第三种做法是半捉半裹做法，介于第一种做法和第二种做法之间，仅将不齐的地方用灰补齐即可，整齐的部位仍用捉节夹垄做法。

（12）翼角宽瓦：翼角宽瓦应从翼角端开始，叫作"攒角"。

1）将套兽装灰套在角梁上并用钉子钉牢，然后在其上立放"遮朽瓦"，遮朽瓦背后应紧挨连檐并装灰堵严。如仔角梁头做成三岔头形式的，不用套兽。琉璃屋面大多都用套兽。黑活屋面是小式做法的多做三岔头形式。

2）在遮朽瓦上铺应宽两块割角滴子瓦。

3）在两块滴子瓦之上放一块遮心瓦，然后铺灰宽螳螂勾头瓦。螳螂勾头与正脊的翼角瓦平面夹角应为45°。"攒角"完了以后，开始翼角瓦。先从螳螂勾头上口正中，至前后坡边垄交点上口，拴一道线。这条线叫"楂子线"，它既是两坡翼角瓦相交点的连线，也是翼角瓦用的瓦刀线的高低标准。如庑殿式建筑为推山做法时，这条线应随之向前（后）坡方向弯曲，叫作"傍囊楂子线"。找傍囊的方法是，用若干个铁钎钉在灰背上别住线绳，使傍囊与木架傍囊一致。也可用铅丝代替，直接找出弧线。然后以此为准，开线翼角瓦。其方法与前后坡瓦大致相同，但应注意：由于翼角向上方翘起，所以翼角底、盖瓦都不能水平放置。越靠近角梁就越不平。除边垄应与前后坡及撒头边垄同高外，其余应随屋架逐垄高。两坡翼角相交处的两块滴子瓦要用割角滴子。瓦垄要过斜当沟的位置。

（13）清垄：宽瓦全部完成之后要将瓦垄内的残留灰浆清扫，然后用麻丝或旧布将瓦面擦拭干净。在调完脊之后再一次对屋面进行清理。清垄时如果发现瓦件有破损应及时更换。黑活筒瓦屋面清垄后要用砂浆将底瓦接头的地方勾抹严实并用刷子沾水勒刷，此种方法叫作"勾瓦脸"。其先后顺序是：先打点瓦脸后宽盖瓦。

（14）刷浆绞脖：适用于黑活屋面，瓦面刷青浆，檐头、眉子、当沟刷烟子浆（内加适量胶水和青浆）。为保证滴水底部能刷严，可在瓦前就用烟子浆把滴子瓦沾好。如屋面为捉节夹垄做法，整个瓦面应刷浆提色。裹垄做法的不需再进行刷浆。

绞脖：筒瓦屋面应将檐头的一段刷成比瓦面更深一些的颜色。绞脖的宽度应为一块勾头的长度。滴子瓦的底部和侧面也要刷浆。

（15）黑活筒瓦屋面蜈蚣脊与窝角沟做法：筒瓦屋面的阳角转角处，可做较复杂的屋脊，也可在瓦时随瓦面做法一起做成。做法如下：顺两坡合缝处一垄斜瓦垄，这垄筒瓦最好使用大一号的筒瓦，并应能压住每垄底瓦。屋面上的筒瓦垄与斜瓦垄相交处要用灰堵严轧实。这种仅做一垄斜瓦垄的"垂脊"形式叫作"蜈蚣脊"。蜈蚣脊做法一般用于正脊为过垄脊的屋面。屋面的阴角转角处叫作"窝角沟"，布瓦屋面的窝角沟做法如下：顺阴角方向一垄斜瓦垄，这垄底瓦要使用较大的板瓦，屋面上的底、盖瓦垄都要搭在垄斜底瓦垄上，领头的底、盖瓦要随阴角的角度打成斜头，然后将斜头用灰堵严、抹齐、轧实。

6.5.5.3 合瓦屋面

分中、号垄、审瓦、宽边垄、冲垄等做法与筒瓦屋面的做法基本相同。

（1）宽檐头瓦：合瓦屋面的檐头瓦叫"花边瓦"，与筒瓦屋面的檐头底瓦差别很大。宽檐头瓦要拴两道线，一道拴在底瓦花边瓦的瓦唇下棱，每垄底瓦花边瓦的高低和出檐均以此线为准。底瓦花边瓦的出檐尺寸最多不超过自身长度的一半，一般在60~80mm之间。

第二道线即冲垄之前拴好的"檐口线"。将线挂在盖瓦花边瓦瓦唇的上棱。每垄盖瓦的高低均以此线为标准。盖瓦花边瓦的出檐可与底瓦花边瓦出檐相同，也可稍微多出一些，但不宜退进。在檐头铺灰时底瓦灰一般应较薄，瓦的搭接密度也应较稀（一般为"压五露五"）。

（2）宎底瓦：宎底瓦前要进行"开线"。底瓦要窄头向上，从下往上依次摆放。底瓦的搭接密度要做到"压六露四"（"三搭头"），即每三块瓦中，第一块与第三块能做到首尾搭头；本着"稀瓦檐头密瓦脊"的原则，檐头的三块瓦一般只要"压五露五"即可，脊根的三块瓦常可达到"压七露三"（或"四搭头"）。檐头底瓦泥应饱满，瓦不得"侧偏"或"喝风"；瓦翅要背严，蚰蜒当要"扎缝"，"瓦脸"要勾严。为加大走水当和减少蚰蜒当的宽度，宜将底瓦加大一号，如2号瓦的合瓦房，其底瓦宜使用1号瓦。

（3）盖瓦垄

1）拴好瓦刀线，在檐头打盖瓦泥，将花边瓦粘好"瓦头"。瓦头是事先预制的，它的作用是挡住蚰蜒当。如无预制品，可以用2~3块瓦圈叠在一起，放在两块底瓦花边瓦中间，前面用灰抹平。

2）铺盖瓦泥，开始盖瓦。盖瓦与底瓦相反，要凸面向上，大头朝下。瓦与瓦的搭接密度也应做到"三搭头"。盖瓦垄的高低、直顺都要以瓦刀线为准，如遇瓦的宽度有差异时，要掌握"大瓦跟线、小瓦跟中"的原则，保证瓦面整齐一致。盖瓦"睁眼"不超过60mm。瓦垄与脊根"老桩子瓦"搭接要严实。底瓦和盖瓦每宎完一垄后，都要及时清理瓦垄。

3）盖瓦：完成后在搭接处用素灰勾缝（"勾瓦脸"），并用水刷子沾水勒刷（"打水搓子"）。

（4）夹腮：先用麻刀灰在盖瓦睁眼处糙夹二遍，然后再用夹垄灰细夹一遍。灰要堵严塞实，并用瓦刀拍实。夹腮灰要直顺，下脚应干净利落，无小孔洞（俗称"蚰蚰窝"），无多出的灰（俗称"嘟噜灰"）。下脚要与上口垂直，盖瓦上应尽量少沾灰，与瓦翅相交处要随瓦翅的形状用瓦刀背好，并用刷子沾水勒刷（打水搓子），最后反复刷青浆和用瓦刀轧实轧光。

（5）屋面清垄、刷青浆：檐头瓦不用烟子浆"绞脖"，也刷青浆。这与筒瓦屋面需在檐头绞脖的做法是不同的，应特别注意。

6.5.5.4　干槎瓦

（1）铺瓦前，应对每垄所用瓦件选用同一规格的，禁止将不同规格瓦料混合在同一瓦垄中使用。

（2）铺瓦时，先在正脊线两边，顺坡叠放2~3块"老桩子瓦"，具体做法是先在"老桩子瓦"位置拴两道横线，作为"老桩子瓦"的统一高低标准线。再从屋面正中开始向两端铺瓦，先摆放中间一垄的上下瓦（均要大头朝下），在此瓦下部放一块反扣瓦（称为枕头瓦）作为代替铺瓦泥所需的厚度，供临时使用，待宎瓦摆放到"老桩子瓦"处时再撤去。接着在其右（或左）边摆放第二垄的两块上下瓦块。下部一块大头朝上（它应搭在第一垄和第三垄的下瓦瓦翅上），而上部一块需要小头朝下（这是为了使两垄瓦在脊上高低一致）；然后从中间一垄算起，摆放第三垄（操作同第一垄）、第四垄（操作同第二垄），以此类推，直至最右（或左）边。

（3）最后，将檐口瓦各领头瓦的瓦翅，在相互搭叠处使用灰浆粘接，并用刷子蘸清水刷干净，然后刷上清浆赶轧出亮，称此为"捏嘴"。然后将领头瓦下面的空隙用灰堵严抹实，再刷上清浆赶轧出亮，称为"堵燕窝"。

6.5.5.5　仰瓦灰梗屋面

做法与合瓦或筒瓦的底瓦做法基本相同，但瓦垄之间的缝隙较小。

（1）用细石混凝土顺着瓦垄之间的"蚰蜒当"从上至下堆抹出宽约40mm，高约50mm的半圆形灰梗。为确保质量，灰梗应分糙、细两次堆抹。第一次堆糙并轧实，初凝之后再用素灰仔细堆抹。

（2）将屋面清扫干净，然后开始刷浆。屋面应刷月白灰，檐头用烟子浆绞脖，脊部和砖檐刷烟子浆。

6.5.5.6　正脊

（1）稳老桩子瓦：在扎肩灰上放好三块老桩瓦。在两坡相交的底瓦处施灰扣放瓦圈，卡住两坡底瓦，以增强整体性。然后在每垄盖瓦位置上宛一块盖瓦。

（2）砌当沟墙：在脊上铺灰用板瓦垫平后砌几层胎子砖（也就是"当沟墙"），宽度等于正吻嘴中陡板宽度。当沟墙上皮至盖瓦垄上皮高度应等于筒瓦宽。

（3）砌圭脚：胎子砖两端山尖砌圭脚，圭脚比坐中勾头退进，退进尺寸应从"天盘"处返活。天盘外皮与坐中勾头一般在一条垂直线上，其他逐层或进或出。圭脚里皮应被垂脊挡住。

（4）砌面筋条：在圭脚之上铺灰砌筑一块事先砍磨加工好的砖叫"面筋条"，面筋条应与正脊的两层瓦条平。

（5）砌天地盘：在面筋条以上铺灰砌一块事先加工好的"天混"，天混之上用灰砌"天盘"，这些瓦件的里口都应被垂脊挡住。天混与天盘合称为天地盘。

（6）砌两层瓦条：在头层瓦条上再砌一层瓦条，与头层瓦条齐。在二层瓦条上砌混砖。两层瓦条及混砖拔檐方法同悬山垂脊瓦条和混砖拔檐方法。规格则一般比垂脊瓦条和混砖稍厚。瓦条和混砖之间的空隙要用灰砖填平。

（7）砌下层混砖：瓦条之上挂线铺灰事先砍磨加工好的混砖，正脊两面做法相同。混砖后口之间的空隙用灰和砖填平。

（8）安装吻兽：在两端天盘之上铺灰安放正吻，外皮与圭脚外皮在一条垂直线上，天盘上皮用麻刀灰抹成45°（即抹八字）。吻兽安装前要样活。天地盘的高低位置可以相应调整。

（9）砌陡板砖：在两端正吻之间挂线铺灰砌陡板。陡板的宽度应与正吻大嘴的宽度相同，两侧的陡板要通过拴铅丝或用木仁等方法连成整体，其间空档要用砖、灰填抹严实。陡板与正吻大嘴之间垂直放一块混砖，与上下两层混砖相交，此块混砖的下端应砍磨成"箭头"，栽入陡板下的混砖内，上端与上层混砖做成"割角"并合成直角。

（10）砌二层混砖：方法同下层混砖。只是转角应与竖放的混砖相互"割角"做成二者拼合的直角。

（11）扣脊帽子托眉子：在上层混砖之上铺灰挂线砌一层筒瓦或一层砖，然后托眉子。在筒瓦两旁或上面抹灰一层，眉子下口应略大于上口，下端不要污染混砖。混砖与眉子之间留一道眉子沟，高约15mm。

（12）托瓦条：将瓦条用水浸湿后，在两层瓦条之上分别抹灰，应分两次抹灰，里侧的抹灰至上层脊件的底棱，外侧抹至瓦条外口，形成里高外低的坡形。

（13）打点修理：对各层脊件进行修正，包括勾抹灰缝、清除野灰、补齐缺损的棱角等。

（14）拽当沟：用灰抹胎子砖，然后维修成半圆形或荞麦棱。此工序在屋面瓦完成后打点活时使用。

（15）刷浆提色：脊挑完之后，在当沟和眉子处刷烟子浆。

（16）清式正脊高度不宜超过正吻上嘴唇下皮，做到"吻不掩唇"。使正吻成为真正的"吞脊兽"。若高过正吻上嘴下皮，就不合乎要求了。若使用带兽而不用正吻，带兽的龙爪应高于眉子，做到"带不掩爪"。正脊所有瓦件砌完之后，用大麻刀灰将胎子砖抹修成半圆形或三角形，然后刷青浆。较大的建筑正脊上用4层瓦条，即陡板上再砌一层瓦条。瓦条上砌圆混，圆混之上再砌一层瓦条。更大的建筑在陡板之下加砌一层瓦条，这种做法叫"三砖五瓦"做法，如图6.5-4所示。

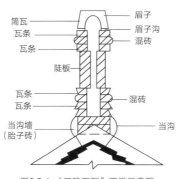

图6.5-4　"三砖五瓦"正脊示意图

6.5.5.7　垂脊

（1）攒角：是指安装翼角转角处的瓦件。主要有安装仔角梁的套兽，在套兽上立放"遮朽瓦"，在遮朽瓦之上铺灰安装割角滴子，在两块割角滴子接缝处放"遮心瓦"后铺灰安装斜勾头等。

（2）宛边垄：在每坡两端已确定的边垄位置拴线，宛一趟底瓦，待排山滴子瓦和耳子瓦宛好后再在边垄底瓦和耳子瓦之间宛一趟盖瓦。

（3）宛排山沟滴：首先沿博缝赶排瓦口，排山的山尖有卷棚和尖山两种，卷棚做法排山滴子要取单数，滴子瓦必须坐中。尖山做法要取勾头坐中。排好瓦口后可将瓦口固定在博缝板。注意排山瓦口不能退"雀台"。按正当沟的宽加灰缝宽的尺寸赶排合适后，标记在砖博缝上即可开始排山勾滴。拴线铺灰，宛排山滴子瓦。排山滴子瓦出檐应比檐头的滴子出檐小，但应使勾头上的钉帽露在垂脊之外，滴子瓦后口再压一块底瓦。排山勾滴两端与前后坡相交处的滴子瓦应使用"割角滴子瓦"，在每两块滴子瓦之间砌放一块遮心瓦，然后拴线铺灰圆眼勾头瓦。用灰将勾头两侧的腮夹实，钉瓦钉，把钉帽内塞满灰摁在瓦钉上。排山勾滴要与前后坡瓦垄互相垂直，前后坡边垄割角瓦和排山勾滴割角滴子瓦之间要放一块遮心瓦，然后铺灰瓦"螳螂勾头"。螳螂勾头与前后坡瓦垄在平面上的夹角应为45°，后尾宜做适当删砍。将滴子底面之间的三角形"燕窝"用灰浆堵严抹平并刷浆赶轧。

（4）稳老桩子瓦：同正脊施工中的稳老桩子瓦工序。

（5）稳圭脚：垂脊的端头要用三个砖件固定搭配在一起，统称"规矩盘子"，从上至下分别是圭脚、瓦条和盘子。首先在斜当沟之上铺灰稳好圭脚。圭脚应比斜勾头退进适当距离。退进尺寸的确定方法是：规矩、盘子之上的勾头应与斜勾头出檐相似，即上下两个勾头的外皮在同一条垂直线上为宜。

（6）砌胎子砖：胎子砖又称当沟墙。首先将排山沟滴瓦垄间的空当用砖灰垫平。在圭脚砖的后面沿梢垄和排山沟滴，拴线铺灰砌1～2层砖，宽度应与垂脊的眉子宽度相同。眉子宽度可按筒瓦宽加20mm定宽。如为圆山做法，胎子砖在山尖相交处要用"条头砖"做成"罗锅卷棚"状。

（7）砌瓦条：首先将"规矩盘子"中的瓦条安放在圭脚之上，瓦条上口与圭脚的上口平齐或略出檐。以圭脚上的硬瓦条为高低和出檐标准，在圭脚和胎子砖之上拴线铺灰，里外各砌一层瓦条。这层瓦条从圭脚处一直做到脊上，尖山做法要随垂脊的坡度撞到正吻为止。圆山做法时，山尖处用的短瓦条做成"罗锅卷棚状"。最后将两侧瓦条之间的空当处用砖灰填平。

（8）稳咧角盘子：在"规矩盘子"位置、瓦条之上铺灰安放咧角盘子。盘子的下口应与圭脚的上口保持齐平。

（9）下兽前混砖：在盘子后面的瓦条之上，拴线铺灰，里外各砌一层混砖。向上砌至兽座位置为止。圆混出檐与瓦条出檐平齐，圆混高与盘子同高。混砖中间的空隙要用灰、砖块填实抹平。

（10）安垂兽：兽的大小应与垂脊配套。以兽的雀台高度不低于头层混砖下皮至眉子上皮高度为宜。首先确定垂兽的位置，有桁檩的一般在正心桁或檐檩位置。无桁檩的一般兽前占三分之一，兽后占三分之二，垂兽在其分界处，坡长过短或过长时应按照狮马小跑兽所占实际长度决定。在垂兽位置先铺灰，安放兽座，兽座的前口不必与兽前混砖交圈。固定钢筋要从兽座中穿出，并在兽座中灌注混凝土，随后安放垂兽，垂兽中也可适当灌灰。

（11）砌兽后第二层瓦条：在兽后第一层瓦条之上拴线铺灰，里外再砌一层瓦条。第二层瓦条的出檐与头层瓦条相同。其高度控制与头层瓦条相同。

（12）砌兽后头层混砖：在兽后第二层瓦条之上垂兽之后，拴线铺灰，里外各砌一层混砖，尖山做法要随垂脊的坡度撞到正吻为止。

（13）砌兽后陡板砖：垂脊陡板也叫"匣子板"。在兽后头层混砖之上拴线铺灰砌陡板砖，两侧陡板的宽度均以能露出混砖的圆混为宜。其高度应按照"垂不掩肘"的原则决定，即正吻的腿肘应露在垂脊的上面，根据这个原则确定陡板的具体高度并事先加工好。陡板和陡板之间的碰头缝要用灰打严实，在下口坐好灰之后把陡板立直立稳，两侧的陡板后要用钢丝拴住揪子眼，然后灌足灰浆。

（14）砌兽后二层混砖：在陡板之上拴线铺灰，里外各砌一层混砖，如为尖山做法则要随垂脊的坡度撞到正吻为止；圆山做法，山尖处用短混砖做成"罗锅卷棚状"。这层混砖出檐与头层混砖出檐齐。下端靠近垂兽的一块混砖应做"割角"，以便能与垂兽背后的"立镶混砖"合成直角，最后应将两侧混砖之间的空隙用灰、砖填实抹平。

（15）兽后安扣脊筒瓦：在混砖之上，从垂兽背后开始拴线铺灰，扣放一趟筒瓦，筒瓦内要装满灰浆，筒瓦底棱至混砖的距离不小于2cm，最后要对扣脊筒瓦捉节夹垄。

（16）安装小跑兽：黑活小跑包括狮子和马，故称"狮马小跑"。在兽前咧角盘子上铺灰，安放狮子，勾头出檐尺寸为勾头"饶饼盖"厚尺寸，即勾头应紧挨盘子，自狮子之后再根据情况放几个马。狮马的总数为单数（但坡长过短时可放2个），另视建筑等级和坡面长度决定，一般最多放五个，最后一个小跑与垂兽之间必须间隔一块筒瓦。全部狮马的坐瓦加上"兽后筒瓦"所占长度如小于兽前总长度时，小跑之间可用筒瓦加以间隔，间隔的距离不应超过一块筒瓦长，但可小于筒瓦长，具体大小应根据实际长度核算。狮马要立正，间隔的距离应相同。

（17）托眉子：在上层混砖之上铺灰挂线砌一层筒瓦或一层砖，然后托眉子。在筒瓦两旁或上面抹灰一层，眉子下口应略大于上口，下端不要抹到混砖上。混砖与眉子之间留一道眉子沟，高约15mm。

（18）托瓦条：将瓦条用水浸湿后，在两层瓦条之上分别抹灰，应分两次抹灰，里侧的抹灰至上层脊件的底棱，外侧抹至瓦条外口，形成里高外低的坡形。

（19）打点修理：对各层脊件进行修正，包括勾抹灰缝、清除野灰、补齐缺损的棱角等。

（20）拽当沟：用灰抹胎子砖，然后维修成半圆形或荞麦棱。此工序在屋面瓦完成后打点活时使用。

（21）刷浆：脊挑完之后在当沟和眉子处刷烟子浆。

6.5.5.8　披水梢垄

（1）宽边垄底瓦：在每坡两端已确定的边垄位置拴线、铺灰，宽一趟底瓦。这趟底瓦要与整个瓦面一致，即其高度、"囊势"等应与瓦面一致。脊部的底瓦要用折腰瓦。

（2）下披水砖檐：在博缝上口抹一层素灰，厚6mm，抹出的囊要与博缝的囊一致。披水砖的出檐尽量要大些，一般为披水砖宽度的一半。下披水砖用的出檐线叫"浪荡线"，因浪荡线的自然垂度与博缝的囊不会完全一致，因此只作为出檐标准，不能作为高低标准。披水砖的高低完全是由砖下的灰来控制的，因此砖放上之后不要用瓦刀砸。砖与砖之间的缝一定要严实。披水砖至檐头处要用"批水头"。披水砖的向前出檐应与底瓦垄的花边瓦出檐相同。

（3）宽梢垄：在披水砖上挂线，在披水砖与边垄底瓦之间坐灰宽筒瓦。筒瓦的外侧瓦翅要压住披水砖的里口，在前、后檐口处放一块勾头，压在边垄底瓦的檐头瓦与"批水头"之上。宽梢垄的方法与宽盖瓦基本相同。正脊做合瓦过垄脊或鞍子脊的，梢垄至脊部要做成卷棚状，梢垄的外表面进行裹垄；如果做清水脊或皮条脊，梢垄做捉节夹垄。

（4）打点修理：对梢垄和披水砖进行修整，包括对裹垄的成型修整，刷浆赶轧，对捉节夹垄和披水砖的勾抹灰缝、清除野灰、补齐缺损棱角和磨平披水砖接缝处的高低差、出进错缝等不平之处。

（5）刷浆提色：修理完成之后进行刷浆提色，梢垄和披水一般刷青浆。披水砖的底部在砌筑时可提前刷一次浆，砌筑好之后就不再刷涂底部，如图6.5-5所示。

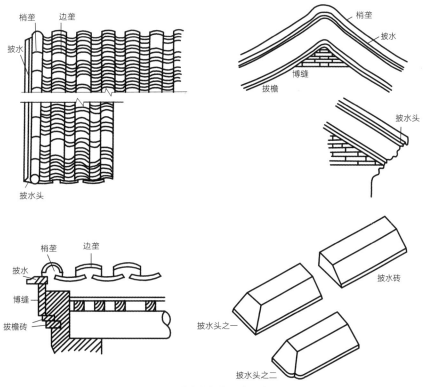

图6.5-5　披水梢垄（硬山）示意图

6.5.5.9　戗脊

做法与垂脊做法基本相同。不同的是：一是兽后不用垂通脊而用戗通脊，与垂脊相交的戗脊砖用"割角戗脊砖"。二是戗脊斜当沟与垂脊正当沟交圈，戗、垂脊压当条也交圈。为使戗脊保持水平，撺头这侧与垂脊相交的压当条下口应与另一侧压当条在同一水平线上。戗脊与垂脊交接要严实，避免发生裂缝漏雨现象。八样瓦件建筑的戗脊，兽前用三连砖，兽后用大连砖。或兽前用小连砖，兽后用三连砖。九样瓦件兽前用平口条，兽后用三连砖或小连砖，撺、头改用三仙盘子。

6.5.5.10　博脊

博脊中的很多工序与垂脊的砌筑方法相同。不同之处在于：一是确定挂尖的位置。挂尖上口里棱要紧靠博缝板，使博脊真正起到防雨的作用，挂尖外口钝角夹角处，应在撺头边垄盖瓦中线上。二是按挂尖位置确定当沟位置，当沟的外皮不超过挂尖外皮。三是挂线铺灰逐层砌博脊分件。层次是：正当沟、压当条、博脊连砖（五样以上用承奉连砖）、博脊瓦。博脊所用博脊连砖的数量计算方法与尖山或硬山正通脊砖数用量的计算方法相同。

6.5.5.11　围脊

（1）围脊中的很多工序与垂脊的砌筑方法相同。但也有以下不同之处。

（2）确定围脊宽窄：用合角吻的高度从上额枋的霸王拳往下返活，使合角吻卷尾不碰霸王拳，又不相离太远。再从合角吻下口减去压当条和当沟尺寸，就找出暂定的围脊当沟下口外皮位置。然后从这个暂定位置往上加围脊总高度，如果围脊满面砖紧挨上额枋外皮下棱，并有泛水（泛水高度约为1/10围脊宽度），这就是围脊位置。若不合适，通过移动当沟位置或满面砖的泛水来调整。

（3）确定了围脊位置之后，扯线铺灰，依层次砌筑围脊。四角压当条之上放置合角吻（无兽座和背兽）并安好剑把。博通脊块数决定方法与尖山式硬山正脊筒子决定方法相同。如果瓦件在四样以上，压当条上应加一层群色条（合角吻在群色条之上），每层里口都要用灰填实塞严。

6.5.6　成品保护

（1）瓦（脊）件在运输过程中应采取必要的保护措施，要合理码放，特别是勾头、滴水的码放不要压断"滴水唇"和"烧饼盖"。

（2）搭设脚手架时应注意对瓦面进行保护，特别是勾头、滴水的保护。在完瓦之后的屋面上搭设调脊用的脚手架时，应在瓦垄内衬垫压绑绳、麻布等材料。钢管不能直接落在屋面上。

（3）安装避雷引线或屋面灯饰支架时，应待瓦面灰强度提高以后再施工。安装时应避免损坏瓦件，如有损坏应及时更换。应使用卡具固定，不应在瓦面或屋脊上打孔。

--------- **6.6　控制要点** ---------

屋面檐口防水层铺设；屋脊处防水层铺设；防滑措施；保温层设置；避雷与防水层连接部位防水处理；坡面弧度控制；瓦垄垂直度及瓦垄间距控制；捉节夹垄质量控制；裹垄质量控制；檐口滴水平直度；屋脊平直度控制；屋脊之间或屋脊与山花板；围脊板等交接部位质量控制。

6.7 质量要求

6.7.1 保温层

6.7.1.1 主控项目
（1）保温材料及其配料材料应符合设计要求。
（2）保温材料应紧贴基层铺设，铺平垫稳，找坡正确，保温材料拼缝嵌填密实。
（3）保护层材料拌合应均匀，铺设厚度均匀，压实适当，表面平整，找坡正确。

6.7.1.2 一般项目
（1）平整度偏差±5mm。
（2）厚度偏差+5mm。
（3）保温板相邻高低差3mm。

6.7.1.3 其他
除上述要求外，还应满足现行国家标准《建筑工程施工质量验收统一标准》GB 50300、《屋面工程质量验收规范》GB 50207、《建筑节能工程施工质量验收标准》GB 50411的要求。

6.7.2 防水层

6.7.2.1 主控项目
（1）防水材料及其配料材料必须符合设计要求。
（2）防水层及其转角处、变形缝、穿墙管道等细部做法均需符合设计要求。
（3）无渗漏。

6.7.2.2 一般项目
（1）防水层粘结牢固，密封严实，无皱折、翘边、鼓泡。收头缝口严密，粘贴牢固。
（2）防水层的保护层与防水层应粘结牢固，结合紧密，厚度均匀一致。
（3）卷材铺贴方向正确，卷材搭接宽度允许偏差为−10mm。
（4）涂膜厚度符合设计要求。

6.7.2.3 其他
除上述要求外，还应满足现行国家标准《建筑工程施工质量验收统一标准》GB 50300、《屋面工程质量验收规范》GB 50207。

6.7.2.4 安全要求
防水材料应注意防火、防毒。防水层表面光滑，应采取防滑措施。

6.7.2.5 环保要求
檐口部位宜将防水层施工至滴水瓦上，防止碱水侵蚀连檐板（水泥砂浆遇水会析出碱液顺防水层下流）。

6.7.3 防滑层

6.7.3.1 防滑预留钢筋间距应符合设计要求，绑扎可靠；采用植筋时，植筋深度不得小于钢筋直径的10倍，锚固强度满足规范及设计要求。

6.7.3.2 防滑条水泥砂浆强度应满足设计要求，高度不小于25mm，表面应做拉毛处理。

6.7.3.3 防滑钢筋网片应采用八字扣满绑，严禁一顺绑扎、梅花形隔一绑一、漏绑等；应与每根防滑预留钢筋绑扎，防滑预留钢筋应向上弯折埋入粘结层；瓦片绑扎应用铜丝。

6.7.4 宽瓦层

6.7.4.1 主控项目

（1）屋面不得出现渗漏现象。

（2）瓦的规格、品种、质量等必须符合设计要求。

（3）苫背垫层的材料品种、质量、配比及分层做法等必须符合设计要求或古建常规做法，苫背垫层必须坚实，不得有明显开裂。

（4）砂浆的材料品种、质量、配比等必须符合要求。

（5）屋面不得有破碎瓦、瓦底不得有裂缝隐残；底瓦的搭接密度必须符合要求。

（6）屋脊的位置、造型、尺度及分层做法必须符合设计要求或古建常规做法，瓦垄必须伸进屋脊内。

（7）屋脊之间或屋脊与山花板、围脊板等交接部位必须严实，严禁出现裂缝、存水现象。

（8）瓦件必须铺置牢固。地震设防地区或坡度大于50%的屋面，应采取固定加强措施。

6.7.4.2 一般项目

（1）瓦垄应符合以下规定：分中号垄准确，瓦垄直顺，屋面曲线适宜。

（2）滴水瓦应符合以下规定：安装牢固，接缝平整、无缝隙，退雀台（连檐上退进的部分）适宜、均匀。

（3）宽瓦应符合以下规定：底瓦铺平摆正，不偏歪，底瓦间隙缝不应过大；檐头底瓦无坡度过缓现象，铺瓦灰浆饱满严密。

（4）捉节夹垄应符合以下规定：瓦翅子应背严实，捉节饱满，夹垄坚实，下脚干净，无孔洞、裂缝、翘边、起泡等现象。

（5）屋面外观应符合以下规定：瓦面和屋脊洁净美观，釉面擦净擦亮。

（6）屋脊应符合以下规定：屋脊牢固平整，整体连接牢靠，填馅饱满，附件安装位置正确，摆放正、稳。

（7）裹垄做法应符合以下规定：裹垄灰浆与基层粘接牢固，表面无起泡、翘边、裂缝等现象，坚实光亮，下脚平顺垂直、干净，无孔洞、野灰，外形美观。

6.7.4.3 施工允许偏差和检验方法应符合表6.7-1的规定

施工允许偏差和检验方法 表6.7-1

序号	项目	允许偏差（mm）	检验方法
1	苫背	+5，−10	用尺量检查，抽查3点，取平均值
2	底瓦灰浆	±10	
3	睁眼高度40mm	+10，−5	
4	当勾灰缝8mm	+7，−4	

序号	项目	允许偏差（mm）		检验方法
5	瓦垄直顺度	8		拉2m线用尺量检查
6	走水当均匀度	16		用尺量检查相邻三垄瓦及每垄上下部
7	瓦面平整度	25		用2m靠尺横搭瓦跳垄程度，檐头、中腰、上腰各抽查一点
8	正脊、围脊、博脊平直度	3m以内	15	3m以内拉通线，3m以外拉5m线，用尺量检查
		3m以外	20	
9	垂脊、戗脊、角脊直顺度	2m以内	10	
		2m以外	15	
10	滴水瓦出檐直顺度	5		拉3m线，用尺量检查

6.8 工程实例

6.8.1 唐山兴国寺琉璃瓦屋面

原址复建的唐山兴国寺，坐落在河北省唐山市路北区大城山主峰南侧。据史志记载，大唐兴国禅寺始建于公元645年即唐贞观十九年。1976年唐山大地震中寺院被毁。

该寺院占地72亩，总规划建筑面积近30000m²，唐式建筑风格，主体建筑沿中轴线依次为山门、天王殿、大雄宝殿、观音殿、藏经阁、万佛堂等，如图6.8-1所示。屋面全部采用灰色琉璃瓦屋面，其中大雄宝殿3300m²，是寺内地标建筑。如图6.8-2所示。

图6.8-1　唐山兴国寺鸟瞰图

图6.8-2　唐山兴国寺大雄宝殿实例图

6.8.2　广仁寺铜瓦镏金屋面

广仁寺位于西安城墙内西北角，是陕西省唯一一座藏传佛教寺院。1703年由清圣祖康熙帝敕建，历史上发挥了凝聚、促进西北边陲多民族团结的作用。

新扩建的藏经阁、配殿等属砖木结构，清式建筑风格，分别融入了汉、藏、蒙民族建筑元素。铜瓦镏金的屋面，形式多样的脊饰，层次分明的彩画，精工细作的砖雕，为寺院乃至西安古城增添了新的亮点，如图6.8-3所示。

藏经阁正立面

藏经阁背立面

藏经阁侧立面

图6.8-3　西安广仁寺铜瓦镏金屋面实例图

6.8.3 屋面檐口防水做法

在现代传统建筑屋面瓦作施工中，瓦件及屋脊铺安大部分采用干硬性水泥砂浆粘结，这种粘结材料虽然硬化后有较高的强度和粘结力及耐久性，但由于干硬性砂浆吸水性强，因屋面材料质量及施工缺陷所造成的渗水，水聚集饱和后沿防水面层从檐口瓦下渗出，出现檐口渗水而产生白色水痕（也称尿檐），使檐口的油饰彩画由于冲刷而褪色，影响建筑观感及效果。

针对这一质量通病，在做好整体屋面防水层的同时，使瓦下防水层上面的渗水通过两道防水卷材相接的做法，使屋面渗水导入檐口第一层底瓦之上流出屋檐，如图6.8-4所示。这种做法在西安楼观道文化展示区（图6.8-5）、江西洞山普利禅寺（图6.8-6）等项目推广，其效果较好。

铺设底瓦前预留防水层　　　　　　　　　防水层铺设于底瓦上

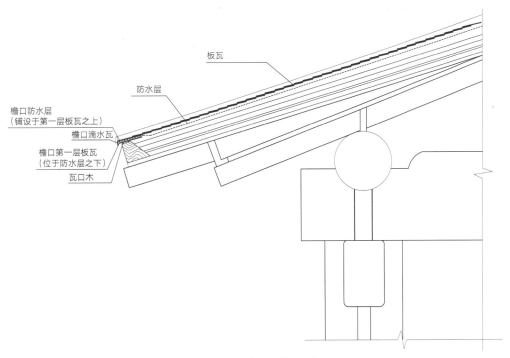

檐口防水施工示意图

图6.8-4　筒瓦屋面檐口防水做法实例图

图6.8-5　西安楼观道文化展示区——延生观上清殿实例图

图6.8-6　江西洞山普利禅寺——大雄宝殿实例图

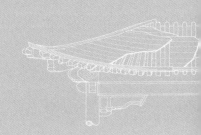

CHAPTER SEVEN

第 7 章

砖砌墙体

7.1　简述

早在战国及秦、汉时期，青砖就已作为建筑材料。唐宋以后，砖瓦技术有了进一步的发展。特别是明清时期，墙体砌筑技术及观感效果已经达到了很高水平。

以木结构为主的古代建筑，墙体仅用于围护、分隔和遮挡，起着防寒、隔声及对建筑的装饰美化作用。所谓"墙倒屋不塌"即是对这种建筑的一种概括。现代钢筋混凝土结构的传统建筑墙体作用与以木结构为主的古代建筑大致相同。

除了和房屋建筑直接相关联的墙体外，还有庭院围墙、护身墙、挡土墙及城墙等。

少数建筑中，砖砌体用于承重结构，比如砖塔，此外无梁殿、砖券窑洞、城墙门洞等都是利用某种造型来承担上部荷载并将其分布于墙体上。

7.1.1　传统墙体分类

7.1.1.1　按等级和做法分类

（1）干摆墙：干摆墙是一种砌筑要求特别高的墙体，多用于较讲究的墙体下碱或其他较重要的部位。但在极重要的建筑中也可同时用于上身和下碱。干摆墙有两个特点，一是砖要经过裁切加工，将砖的上、下、左、右、前等五个面按墙体尺寸要求进行肋面磨平、砍包灰，此砖称为"五扒皮砖"。二是摆砌时不用灰浆、一层一层干摆砌筑而成，要求横平竖直，俗称"一块玉"。

（2）丝缝墙：丝缝墙又称"撕缝墙"、"细缝墙"，即灰口缝很小的砖砌墙，是稍次于干摆墙一个等级的墙体。它多采用停泥砖、斧刃陡板砖等经过加工砌筑而成。这种做法多作为上身部分与干摆下碱相组合，也有大面积墙体采用丝缝做法。丝缝墙的特点，一是将砖的左右两肋面磨平、砍包灰，上下面只磨平不砍包灰，外露面平整方正，此砖称为"膀子面砖"。二是灰缝厚度要控制在2~3mm。

（3）淌白墙：是次于丝缝墙一个等级的砖墙。它可以采用城砖、停泥砖进行砌筑。这种做法多用于砌筑要求不太高的墙体，如府邸、宫殿建筑中具有田园风格的建筑，偏远地区的庙宇等。淌白墙有两个特点，一是砖加工成淌白砖（即砖面为未加工的面）。二是灰浆砌缝比丝缝墙稍大，一般控制在4~6mm。

（4）糙砖墙：砌块未经加工的整砖墙属于糙砖类墙体，是一种最普通、最粗糙的砖墙，一般用于没有任何饰面要求的砌体，多用于清水墙面的砌筑。糙砖墙一般分为带刀灰缝墙和掺灰泥碎砖墙。带刀灰缝墙灰缝一般为5~10mm，掺灰泥碎砖墙灰缝一般为8~10mm。

7.1.1.2　按部位和功能分类

（1）山墙：不同等级的建筑，山墙的种类和做法也不尽相同。硬山式山墙由下碱、上身、山尖和山檐组成。悬山山墙的立面造型有三种形式：一是墙砌至梁底，梁以上的山花、象眼处的空当不再砌砖而是用木板封挡。二是墙体沿着柱、梁、瓜柱砌成阶梯状叫"五花山墙"。三是墙体一直砌至椽子、望板底。

（2）檐墙：檐墙位于檐檩下围护墙，在前檐的称前檐墙。在后檐的称为后檐墙，在有廊子的建筑也称后金墙。后檐墙的墙体由上肩、上身、檐口等三部分组成。

（3）槛墙：槛墙是前檐木装修风槛下面的墙体。槛墙厚一般不小于柱径即可，槛墙高随槛窗。砌筑类型应与山墙下碱一致，多为整砖露明做法，如图7.1-1所示。

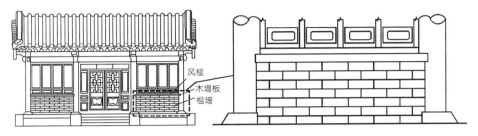

图7.1-1 槛墙的构造（十字缝做法）示意图
（图片来源：中国仿古建筑构造精解）

（4）隔断墙：隔断墙位于室内，通常用于进深方向。隔断墙比起山墙、后檐墙都要薄一些，无下碱，一般采用抹灰做法。

7.1.2 传统建筑墙体常用灰浆

7.1.2.1 中国古建筑中所使用的砂浆，都是用天然材料经过简单加工，按照经验比例配制而成。灰浆具有以下特点，一是灰浆很好的流动性及和易性；二是灰浆干缩性慢，失水率低；三是灰浆稳定性好，粘结强度高。

7.1.2.2 传统建筑砖砌墙体常用的灰浆材料有：石灰、麻刀、生桐油、江米，见表7.1-1。

常用灰浆配比及制作要点   表7.1-1

名称	主要用途	配合比及制作要点	说明
老浆灰	丝缝墙砌筑	青浆、生石灰浆过细筛后发胀而成。青灰：生灰块=7：3或5：5或10：2.5	老浆灰即呈深灰色的煮浆灰
素灰	淌白墙、带刀缝墙	泼灰、泼浆灰加水或煮浆灰。黄琉璃砌筑用泼灰加红土浆调制	素灰主要指灰内没有麻刀，其颜色可为白色、红色、黄色等
纯白灰	糙砌砖墙	泼灰加水搅匀，或用灰膏，如需要可掺麻刀	
浅月白灰	砌糙砖墙	泼浆灰加水搅匀，如需要可掺麻刀	
深月白灰	砌淌白墙	泼浆灰加青浆搅匀，如需要可掺麻刀	
砖面灰（砖药）	干摆、丝缝墙面	砖面经研磨后加灰膏，砖面：灰膏=3：7或7：3	可适当添加胶粘剂
掺泥灰	砌碎砖墙	泼灰与黄土拌匀之后加水，或生石灰加水，取浆与黄土拌和，闷制8小时后即可使用，灰：黄土=3：7或4：6或5：5等（体积比）	土质以粉质黏土较好
桃花浆	砖、石砌体灌浆	白灰浆加好黏土浆，白灰：黏土=3：7或4：6（体积比）	
砖面水	旧干摆、丝缝墙面打点刷浆	细砖面经研磨后加水调成稠状	可加入少量月白浆
江米灰	琉璃构件砌筑与夹垄	月白灰：麻刀灰：江米浆：白矾=100：0.4：0.75：0.5	

7.1.3 传统砖料的名称、参考尺寸及用途

具体传统砖料的名称、参考尺寸及用途见表7.1-2。

传统砖料种类及规格 表7.1-2

砖料名称		参考尺寸（mm）	用途
城砖	澄浆城砖	470×240×120	它是经池沉出泥浆烧制的城砖。用于干摆、丝缝、宫殿墁地、檐料、杂料
	停泥城砖	470×240×120	又称优质细泥砖。用于大式墙身干摆、丝缝。大式建筑墁地、檐料、杂料
	大城砖	480×240×130	用于小式建筑下肩干摆、大式建筑地面、基础、大式糙砖墙、檐料、杂料
	二城砖	440×220×110	
停泥砖	大停泥	410×210×80	用于大式、小式建筑墙身干摆、丝缝、檐料、杂料
	小停泥	280×140×70	用于小式建筑墙身干摆、丝缝、檐料、杂料
沙滚砖	大沙滚	410×210×80	它是用沙性土制成的砖。用于糙砖墙，随其他砖背里
	小沙滚	280×140×70	
条砖	大开条	288×144×64	即较窄小的砖用于淌白墙、檐料、杂料
	小开条	245×125×40	
四丁砖		240×115×53	即手工蓝砖，一般用于要求不太高的砌体和普通民房上。用于淌白墙、糙砖墙、檐料、杂料、墁地等

7.1.4 现代传统建筑墙体

7.1.4.1 青砖墙体：现代传统建筑墙体主要采用青砖和水泥混合砂浆砌筑，一般为清水墙面。但灰缝比传统墙体大，一般控制在8~12mm之间，灰缝以凹进5~8mm为宜。分为承重墙和非承重墙两类。承重墙体由青砖与其他砌块或砖套砌；非承重墙体中青砖墙主要起装饰作用。

7.1.4.2 其他墙体：主要有保温节能墙、抹灰做假缝墙、贴仿古面砖墙等做法。

7.2 主要材料

青砖、砌块、青灰、水泥、白水泥、砂、白灰、钢筋、掺合料等。

7.3 主要机具

砂浆搅拌机、磨砖机、水准仪、皮数杆、地秤、灰铲、勾缝镏子、瓦刀、靠尺、塞尺、百格网、方尺、墨斗等。

7.4 工艺流程

7.4.1 传统墙体

砖料加工→弹线、样活→拴线、衬脚→摆第一层砖、打站尺→背撒→挂灰、打灰条→背里、填馅→灌浆→刹趟→逐层摆砌→打点修理（墁干活、打点、墁水活、冲水）。

7.4.2 现代传统墙体

施工准备（挑砖、选砖）→磨砖、切砖→抄平放线→立皮数杆→排砖→挂线、砌筑→分段→清缝→勾缝→养护、成品保护。

7.4.3 其他

门窗券砌筑：过梁底部固定钢板→青砖开孔→青砖安装→灰浆修补→打磨。

7.5 施工工艺

7.5.1 传统墙体

7.5.1.1 砖料加工
（1）五扒皮砖

将砖的两个大面、两个丁头面、一个长条面共五个面，按照规定尺寸加工，其中两个大面、两个丁头面要留出转头肋，保证转头肋与长条面成直角，长条面须保证直平、方正、尺寸合格。

五扒皮砖加工主要工序为：磨面、打直、打扁、过肋、磨肋、截头等。磨面是指先将加工面磨平，打直是指将棱边画直线，打扁是指将直线以外部分切去，过肋是指砍包灰，磨肋是指将过肋磨平，截头是指将未加工的端头按照要求尺寸截断磨平，如图7.5-1所示。

（2）膀子面砖

将砖面只进行加切磨平整而不砍包灰的那一面称为"膀子面"，先切磨一个大面（膀子面），然后再磨长身面，主要工序为画线、打扁、截头等。膀子面要与相邻各面垂直。膀子面砖是五扒皮砖的简化品，多用于丝缝墙砌筑，如图7.5-2所示。

（3）淌白砖

是指对砖面进行简易加工，只做素面打磨的转。淌白砖加工比较简单，两砖相对互磨，磨蹭平整即可。

（4）转头砖、八字砖

把砖加工成丁头与长身垂直者谓之转头，转头用于摆砌墙角。转头加工程序为：磨长身，"八字砖"需要磨出八字；画线打扁；砍磨大面。

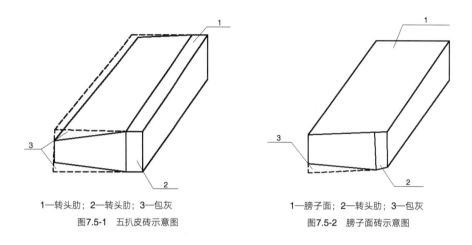

1—转头肋；2—转头肋；3—包灰　　　　　　　　　1—膀子面；2—转头肋；3—包灰
图7.5-1　五扒皮砖示意图　　　　　　　　　　图7.5-2　膀子面砖示意图

7.5.1.2　弹线、样活

基层清扫，弹线确定墙体轴线、厚度、八字角的位置、形状等。样活施工前采用BIM或CAD进行预排，预排后按照排砖形式及灰缝进行试摆（由墙中向两端排砖）。

7.5.1.3　拴线、衬脚

按照弹线的位置在墙的两端拴好立角线。墙如有"升"，立线应拴成升线，外墙转角处一般应拴三道立线，即一道角线两道立线。在两端立线之间拴"卧线"，即砌砖用线。第一层砖基层不平整处要用灰衬平，衬角灰的颜色应与砖的颜色相近，表面压平。

7.5.1.4　摆（砌）第一层砖、打站尺

在墙体基础面上进行摆砌，砖的立缝和卧缝都不挂灰。摆完一层后检查砖的上下棱及表面是否平整顺直，与线是否吻合。

7.5.1.5　背撒

对于干摆墙"五扒皮砖"后口要用石片垫平，石片不能露出砖外，不能用两块石片重叠垫。上棱若不平，用砂轮将高出部分磨平。

7.5.1.6　挂灰、打灰条

丝缝墙及淌白墙砌筑时要一手拿砖，用瓦刀将砖的下侧及侧面外棱打上灰条，在砖的下侧里棱打上两个小灰墩，灰墩之间要留出缝隙。最后要用瓦刀把挤出砖外的余灰刮去。

7.5.1.7　背里、填陷

若需要背里时，随外墙砌筑里皮墙，里外皮之间的空隙要用碎砖填实。背里砖或填陷砖与外皮砖不宜紧挨，应留有适当的"浆口"。

7.5.1.8　灌浆、抹线

灌浆要用石灰浆或者青灰浆，宜分为三次灌注，先稀后稠，第一次灌1/3，第二次灌至2/3，第三次为"点落窝"，以弥补不足之处。点完之后，刮去砖上的浮灰，然后用灰将灌过浆的墙面抹住，即抹线要一层一灌，三层一抹，五层一顿。搁置一段时间再继续摆砌。

7.5.1.9　刹趟

干摆墙在第一次灌浆之后，要用"磨头"将砖的上棱高出的地方磨去，即为刹趟。刹趟是为了摆砌时能严丝合缝。丝缝墙和淌白墙均不进行刹趟。

7.5.1.10　逐层砌筑

砌砖时应"上跟绳，下跟棱"，即砖的上棱应以卧线为标准，下棱以底层砖的上棱为准。砌至

下碱最后一层时，应使用一个大面没有包灰的砖，这个大面应朝上放置，以保证下碱退"花碱"后棱角的垂直完整。如遇到柱顶石时砖要随柱顶鼓镜的形制砍制。

7.5.1.11 打点修理

干摆、丝缝砌筑完成后需要进行修理，其中包括墁干活、打点、墁水活、冲水。

（1）墁干活：用磨头将砖与砖接缝处较高的部分磨平。

（2）打点：用砖药将砖表面的孔眼填平补齐并磨平。砖药的颜色应近似于砖色（修补用浆为：砖面、白灰膏按4:1或3:7的比例配制）。

（3）墁水活：用磨头蘸水将打点过的地方磨平，并蘸水把整个墙面打磨一遍，以求得整个墙面色泽和质感的一致。

（4）冲水：用清水或软毛刷子将整面墙清扫、冲洗干净，显露出"真砖实缝"。

（5）勾缝：也称耕缝。先用老浆灰将灰缝空虚不足之处补齐。将靠尺贴在墙上对齐灰缝，然后用溜子顺着靠尺在灰缝上耕压出缝子来，先耕卧缝，后耕竖缝。耕完灰缝之后将余灰扫净。有的糙砖墙砌筑完成之后不用勾缝处理，只需用砌筑瓦刀划出凹缝即可。

（6）当打点补修的灰浆强度达到后，应对墙面进行整体打磨。打磨时用60号以下砂纸，用靠尺边检查边打磨。经过打磨的墙面平整度、门窗侧边角、转角及棱线等，务必达到规定的允许偏差，表面无打磨痕迹，此道工序最为关键。第一次打磨后，应再用同色灰浆对墙面未消除的缺陷全数打点。待灰浆达到强度后再带水打磨。打磨砂皮纸使用120号以上，次序必须由上而下循环进行。打磨后墙面平整光洁，墙体各部位棱角方正，棱线顺直。

7.5.2 现代传统墙体

7.5.2.1 施工准备（挑砖、选砖）

砖在出厂前，要对砖进行挑选，对于尺寸偏差大、弯曲、裂纹、缺棱掉角、色差大、有结疤的砖一律不得选用。运输及现场堆放时要适当保护，减少碰撞及损坏。

7.5.2.2 磨砖、切砖

（1）磨砖：采用专用磨砖机根据砌筑要求对砖进行切割打磨，使砖的尺寸规格一致、棱角顺直，如图7.5-3所示。

（2）切砖：对所用的异形砖，由专门的切割机及操作人员进行切砖加工，一般不用人工锛斧砍砖。

图7.5-3 磨砖加工机械实例图

7.5.2.3　仪器抄平、定位放线

通过水准仪，对墙体基层进行抄平、放线，标注门窗洞口位置。用经纬仪和线锤配合使用将各轴线引至楼层上，依次定位，及时复核。

7.5.2.4　立皮数杆

皮数杆上应标注每皮砖和灰缝厚度，以及门窗洞口、圈梁、过梁、楼板、梁底等标高位置。皮数杆应立于墙角、内外墙交接处和楼梯间及墙面变化较多的部位。

7.5.2.5　排砖及留洞

根据图纸尺寸按照砖模数进行排砖，对混凝土梁、柱，青砖应将梁、柱包砌在内。包括门窗洞口的排砖，可采用BIM技术进行排布，洞口两边砖应对称，特殊部位可使用异形砖，如图7.5-4所示。墙与柱的拉结及装饰工艺见图7.5-5。

7.5.2.6　挂线及砌筑

砌筑时，在皮数杆之间拉线张紧，依线逐皮砌筑。除120墙外均挂双面线。顺砖和丁砖砌筑，

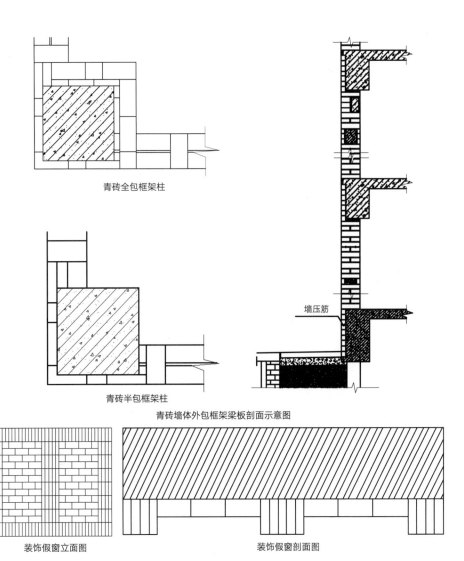

青砖全包框架柱

青砖半包框架柱

青砖墙体外包框架梁板剖面示意图

墙压筋

装饰假窗立面图

装饰假窗剖面图

图7.5-4　框架梁、柱节点排砖图及留洞示意图

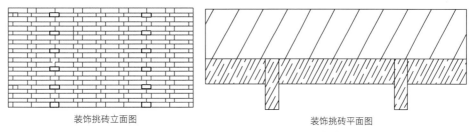

装饰挑砖立面图　　　　　　　　装饰挑砖平面图

图7.5-4　框架梁、柱节点排砖图及留洞示意图（续）

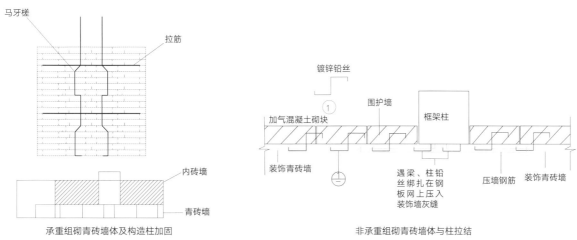

承重组砌青砖墙体及构造柱加固　　　　　　非承重组砌青砖墙体与柱拉结

图7.5-5　墙与柱的拉结及装饰施工

根据铺灰方向不同，应及时调整压实力度。铺浆厚度一致，坐浆均匀，砖面平整，无损伤的砖面要砌在外侧，墙体应上下错缝搭接砌筑。当采用凹缝时，水平缝可用摊灰尺留置，竖向缝随砌随勾出大样。砌筑遇框架柱、构造柱、圈过梁时采用植筋拉筋方式进行连接。

7.5.2.7　分段

砖墙分段宜留设在分缝处、构造柱或门窗洞口处。青砖墙每天砌筑高度不宜超过1m。

7.5.2.8　清缝

在勾缝前，应对留置不规范的灰缝采用切割和剔凿的方式进行清理和修补。确保横平竖直，宽度一致，砖面平整无污染。

7.5.2.9　勾缝

勾缝宜采用成品勾缝剂。勾缝前墙面应充分湿润，边清理边勾缝，确保成型的砖缝光滑密实。

7.5.2.10　养护及成品保护

砖墙应随砌随清理随保护，砌筑过程可用清水进行冲洗，砌筑完成后大面整体冲洗，待墙面干燥后根据需要涂刷有机硅类的憎水剂进行保护。

7.5.3　其他墙体

7.5.3.1　门窗平券砌筑

（1）先在过梁上预埋一块固定钢板，并作防锈处理，钢板底部焊接不锈钢螺栓，如图7.5-6所示。

（2）根据螺栓的间距及大小，在砖上钻出孔洞，见图7.5-7。

（3）安装时将砖孔穿过螺栓，用螺丝拧紧，栓端两头低于砖面的下皮（开槽部位为滴水线）见图7.5-8。

（4）将所有的砖全部固定好，凹陷部位用调配好的砖灰进行补抹，保证螺栓不外露，见图7.5-9。

（5）等待补抹的砖灰浆干燥之后对砖面进行打磨，见图7.5-10。

图7.5-6 过梁底预埋钢板实例图

图7.5-7 砖钻孔实例图

图7.5-8 螺栓固定实例图

图7.5-9 砖缝修补实例图

图7.5-10 打磨后的实例图

7.5.3.2 假缝墙抹灰做法

通常是用于美化糙砖墙或者旧墙修缮时所采用的一种方法。主要有两种做法：在仿砖色抹灰层尚未完全干燥的时候用钢锯条或薄竹片划出砖缝，以模仿干摆或丝缝墙的效果；在仿青砖色抹灰层上面用毛笔蘸黑烟子浆描出砖缝，以模仿淌白描缝墙体效果。这种做法多用于墙体的下碱部位。

7.5.3.3 贴仿古面砖墙

它是在不能使用黏土砖作为砌体但要使墙体有干摆或丝缝墙效果时而采用的一种变通做法。这种做法的关键是做好转角部位和下碱与墙身之间花碱的处理。转角部位面砖要磨成割角，砂浆要求饱满。

7.5.3.4 保温节能青砖墙

根据节能要求及规范规定，一般应作外墙外保温。作为传统建筑的青砖墙面，外墙保温无法实施时，可采用外青砖砌筑，内用空心砖及粉煤灰节能砖，里外墙用钢筋拉接，内部填充保温材料，确保传统建筑的风格，又满足了外墙的节能要求（参见第13章建筑节能墙体）。

7.6 控制要点

组砌形式确定；材料规格；灰缝宽度及厚度控制；墙面打磨修整；窗台、过梁位置；墙体拉结方式。

7.7 质量要求

（1）砖的品种、规格、质量必须符合要求，表面平整方正，无明显缺棱掉角。干摆墙砖的尺寸及平整度偏差不大于0.5mm。其他墙体尺寸及平整度偏差不大于1mm。

（2）砌筑质量验收应墙体表面平整、灰缝顺直，无泛碱现象。

（3）砖墙砌筑允许偏差应符合表7.7-1的要求。

砖墙砌筑允许偏差表   表7.7-1

序号	项目					允许偏差（mm）
1	垂直度	要求"收分"的外墙				±5
		要求垂直的墙面	5m以下或每层高		干摆、丝缝	3
					淌白、糙砖墙（清水砖墙）	5
			全高	10m以下	干摆、丝缝	6
					淌白、糙砖墙（清水砖墙）	10
				10m以上	干摆、丝缝	8
					淌白、糙砖墙（清水砖墙）	10
2	轴线位移					±5
3	顶面标高					±10
4	墙面的平整度					3
5	灰缝厚度	丝缝墙灰缝厚度				1
		淌白				2
		糙砖墙（清水砖墙）				2

（4）整砖墙外露砖的排列应符合下列规定：

1）除廊心墙外，墙的下碱层数应为单数。

2）传统青砖的水平排列形式不得采用现代的"满丁满条"的砌筑方法。

3）墀头、象眼、砖砌墙帽、砖券等对砖的卧、立缝有特殊要求的，应符合相应部位的排砖规则。

4）山墙、后檐墙外皮对应柱根的位置应设置通风孔。孔洞至少应比台明高出10cm。通风孔至柱根能使空气形成对流。

（5）砌体的组砌应符合下列规定：

1）当外皮砖为丁砖时，应使用整砖。与外皮砖相搭接的里皮砖长度应大于半砖。

2）砌体至梁底、檩底或檐口等部位时，应使顶皮砖顶实上部，严禁外实里虚。

7.8　工程实例

7.8.1　中国延安干部学院

该工程总建筑面积59153.67m²，外墙采用装饰清水砖砌体。砖外露面为糙面，灰缝外露砖侧面切磨标准，灰缝凹进8mm。2005年投入使用，获2006年度鲁班奖，见图7.8-1。

外立面效果实例图

砖平券及糙砖墙灰缝效果实例图

图7.8-1　中国延安干部学院青砖墙面实例图

7.8.2 西安长安文化山庄

按照北京传统四合院的形制，结合西安地域文化，突出四合院的历史、文化、格局、风水及构造等特点而建造的长安文化山庄，是传统两进四合院。施工中按照传统营造工艺技术，对外墙青砖砌体的干摆墙、丝缝墙及各类砖雕等，精雕细琢，打造了一个完美的现代精品，其施工做法如图7.8-2所示。

弹线、打站尺、拴线、样活实例图

打灰条、去余灰实例图

灌浆灰制作及操作实例图

墙面打点及墁活实例图

图7.8-2 传统干摆墙及丝缝墙施工做法及效果实例图

下部干摆墙、上部丝缝墙及外立面局部效果实例图

正立面效果实例图

图7.8-2　传统干摆墙及丝缝墙施工做法及效果实例图（续）

7.8.3　中山图书馆（亮宝楼）

该项目位于西安市南院门53号，建于1902年，省级文物保护单位，2012年，该项目因年久失修，大面积坍塌而落架大修。按原貌修复的亮宝楼及门楼为糙砖墙，见图7.8-3；四明厅及游廊为淌白墙，见图7.8-4。

图7.8-3　亮宝楼大修后的糙砖墙面实例图

图7.8-4　四明厅及游廊淌白墙实例图

第 8 章

地面

8.1 简述

古建筑地面以用砖铺装为主，称墁地，其他形式还有石材地面、瓦材地面、焦渣地面、夯土地面、灰土地面等。按部位可分为室内地面和室外地面，室外地面根据位置分为廊子、甬路、散水、海墁等。古建筑地面的墁地形式可按砖的规格划分，也可按做法划分。

8.1.1 按砖规格划分的墁地形式

包括条砖类和方砖类两类，条砖类包括大面朝上即陡板地和小面朝上即柳叶地；方砖类包括尺二方砖地面、尺四方砖地面、尺七方砖地面及金砖地面等。常见地面砖的排列形式，如图8.1-1所示。

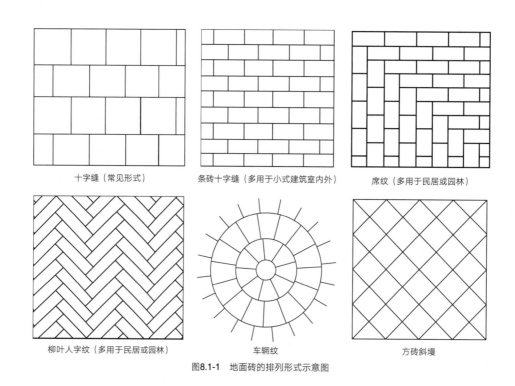

十字缝（常见形式）　　条砖十字缝（多用于小式建筑室内外）　　席纹（多用于民居或园林）

柳叶人字纹（多用于民居或园林）　　车辋纹　　方砖斜墁

图8.1-1　地面砖的排列形式示意图

8.1.2 按做法划分的墁地形式

（1）细墁地面：砖料应经过砍磨加工，加工后的砖规格统一准确、棱角完整挺直、表面平整光洁。地面砖的灰缝很细，表面经桐油钻生，地面平整、细致、洁净、美观，坚固耐用。细墁地面多用于室内，一般都使用方砖，按照规格的不同有"尺二细地"、"尺四细地"等不同做法。淌白地面为细墁做法的简易做法，金砖墁地为细墁做法的高级做法。

（2）糙墁地面：砖料不需砍磨加工，地面砖的接缝较宽，砖与砖相邻处的高低差和地面的平整度都不如细墁地面那样讲究。糙墁地面多用于建筑的室外，大式建筑中多用城砖或方砖糙墁，小式建筑多用方砖糙墁。

8.1.3　按材料划分的墁地形式

按材料划分包括砖墁地面、石材地面和瓦材地面等。石材地面包括条石地面、方石板地面、碎拼石地面、卵石地面等。

8.1.4　其他地面

北方部分地区流行焦渣地面做法，是古代利用废料作为建筑材料的范例。夯土地面是历史上最早的地面做法，最初以纯净的黄土为材料，后来发展成为灰土地面，至清代，由于砖的大量生产，一般建筑已很少使用。

8.2　主要材料

传统建筑地面的主要材料包括砖、石、瓦、灰浆、石灰等。现行古建砖料名称及规格见表8.2-1，传统灰浆配比及制作要点见表8.2-2。

现行古建砖料名称及规格　　　　　　　　　　　　　　　　　　　　　　　　　　表8.2-1

古建砖		用途	规格（mm）		备注
			糙砖规格	清代官窑规格	
方砖	尺二方砖	小式墁地	400×400×60 360×360×60	384×384×64 352×352×48	砍净尺寸按糙砖尺寸算扣减10~30mm计
	尺四方砖	大式小式	470×470×60 420×420×55	448×448×64 416×416×57.6	
	尺七方砖	大式墁地	570×570×60		砍净尺寸按糙砖尺寸算扣减10~30mm计
	二尺方砖		640×640×96	640×640×96	
	二尺二方砖		704×704×112	704×704×112	
	二尺四方砖		768×768×144	768×768×144	
条砖	大地砖	地趴砖	室外	420×210×85		如需砍磨加工，砍净尺寸按糙砖尺寸扣减5~30mm计算
		大城砖	大式	480×240×130	464×233.6×112
		二样城砖	大式	440×220×110	416×208×86.4
	小地砖	小停泥	地面	280×140×70 295×145×70	288×144×64
		四丁砖	墁地	240×115×53		蓝手工砖适于砍磨加工

传统灰浆配比及制作要点 表8.2-2

名 称	主要用途	配合比及制作要点	说明
泼灰	制作各种灰浆的原材料	生石灰用水反复均匀地泼洒成为粉状后过筛。现常用袋装灰粉	
青浆	制作各种灰浆的原材料	青灰加水搅成浆状后过细筛，筛眼宽不超2mm	
泼浆灰	制作各种灰浆的原材料	泼灰过细筛后分层用青浆泼洒，闷至15d以后即可使用。白灰：青灰=100：13	
煮浆灰	制作各种灰浆的原材料	生石灰加水搅成浆，过细筛后发胀而成	又名灰膏
纯白灰	金砖墁地	泼灰加水搅匀，或用灰膏，如需要可掺麻刀	
小麻刀灰	打点	泼浆灰加水或青浆调匀后掺麻刀搅匀。灰：麻刀=100：3，麻刀长度不超过1.5cm	
爆炒灰	宫殿墁地	泼灰过筛（网眼见方在5mm以下），使用前一天调制，灰应较硬，内不掺麻刀	又名熬炒灰
油灰	细墁地面砖棱挂灰	细白灰粉（过箩）、面粉、烟子（用胶水搅成膏状），加桐油搅匀。白灰：面粉：烟子：桐油=（1：2：0.5）~（1：2）~3。灰内可兑入少量白矾水。	可用青灰面代替烟子用量根据颜色定
砖面灰	细墁地面打点	砖面经研磨后加灰膏。砖面：灰膏=3：7或7：3（根据砖色定）	又名砖药，可酌掺胶粘剂
掺灰泥	墁地	泼灰与黄土拌匀后加水，或生石灰加水，取浆与黄土拌和，闷8h后即可使用。灰：黄土=3：7或4：6或5：5（体积比）	又名插灰泥，土质以粉质黏土较好
生桐油	钻生		
黑矾水	金砖墁地钻生泼墨	黑烟子用酒或胶水化开后与黑矾混合（黑烟子：黑矾=10：1）。红木刨花与水一起煮，待水变色后除净刨花，然后把黑烟子和黑矾混合液倒入红木水内，煮熬至深黑色，趁热用。亦可用染料代替	用于地面工程

8.3 主要机具

切砖机、磨砖机、无齿锯、搅拌机、打磨机、橡皮锤、直尺、方尺、活尺、水平尺、靠尺、楔形塞尺。

8.4 工艺流程

施工准备→基层处理→抄平→规矩、分位→冲趟→墁地→检查验收。

8.5 施工工艺

8.5.1 施工准备

施工前应对砖、石材和瓦材进行逐块检查，对质地不好、颜色不均、声音不清脆、棱角不完整、厚薄偏差大的挑除。

（1）砖料加工

传统加工方法的成品包括五扒皮、盒子面、八成面、干过肋、金砖、三缝砖、异型砖等，现在采用切砖机、切割机、砂轮机加工（图8.5-1、图8.5-2）。

（2）石料加工。传统的石料加工方法包括劈、截、凿、扁光、打道、刺点、砸花锤、剁斧、锯、光等，石料表面以何种手法作为最后一道工序就叫何种做法。现代多将石料用机械切割成规格材料，然后在石料表面采用人工或机械继续加工。

（3）瓦材。目测布瓦焙烧程度，要求色泽一致，不宜使用欠火及水伤现象的瓦材。

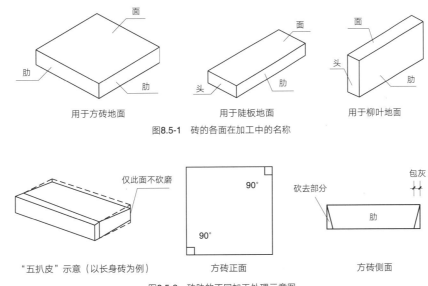

图8.5-1 砖的各面在加工中的名称

图8.5-2 砖肋的不同加工处理示意图

8.5.2 基层处理

（1）原地基压实至密实度达到设计要求。

（2）灰土、碎料垫层分层夯实。

（3）混凝土垫层平整。

（4）标高符合设计要求，坡度准确。

8.5.3 抄平

传统建筑地面标高按照室内、外廊、散水、甬路、海墁分别控制。

（1）室内地面以柱顶石下盘为高度标准。

（2）廊子地面里侧以柱顶石下盘高度为标准，应向外做出0.7%"泛水"。

（3）散水地面里侧以房屋的土衬石外棱高度为标准，向外要有泛水，即所谓"拿栽头"。

（4）甬路地面以两头的散水牙子高度为标准，甬路应有泛水，即中间高两边低，其两侧散水宜有坡度。

（5）海墁地面以散水牙子和甬路牙子高度为标准。

8.5.4　规矩、分位

8.5.4.1　室内地面

在室内明间面阔方向的中点上拴出面宽中线，这个中线就是坐中一趟方砖的中心线，即：门口第一地砖居中。以砖宽尺寸分路数，以砖长尺寸分个数，"破活"应安排到里面和两端。室内方砖砖缝分位，如图8.5-3所示。

8.5.4.2　廊子地面

大式方砖外廊地面砖缝分位按照十字缝控制，如图8.5-4所示。

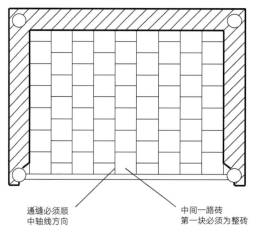

通缝必须顺　　　　　　　中间一路砖
中轴线方向　　　　　　　第一块必须为整砖

图8.5-3　室内方砖十字缝分位示意图

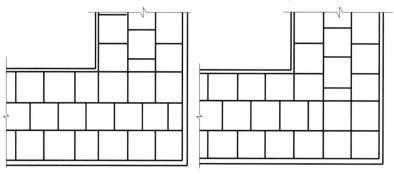

图8.5-4　大式方砖廊子地面砖缝分位示意图

8.5.4.3 散水

（1）散水的操作称为"砸散水"。房屋周围的散水，其宽度应根据出檐的远近或建筑的体量决定，散水地面的宽度应以屋檐流下的水砸在散水上为准。

（2）散水里口应与台明的土衬石找平，外口应按外海墁地面找平。

（3）散水砖缝分位，如图8.5-5所示。

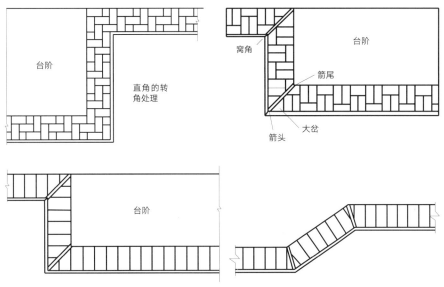

图8.5-5 四种散水角部处理示意图

8.5.4.4 甬路地面

（1）甬路的铺墁过程称为"冲甬路"，甬路一般用方砖铺墁。

（2）甬路砖的通缝一般应与甬路平行，大式甬路交叉转角以十字缝为主，同廊子地面，小式甬路多为"筛子底""龟背锦"做法。

（3）甬路排砖从交叉、转角处开始，破活赶至甬路两端。甬路转角处砖缝分位，如图8.5-6所示。甬路交叉处砖缝分位，如图8.5-7所示。

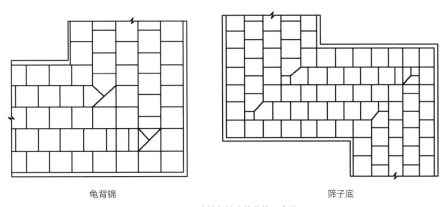

图8.5-6 甬路转角处砖缝分位示意图

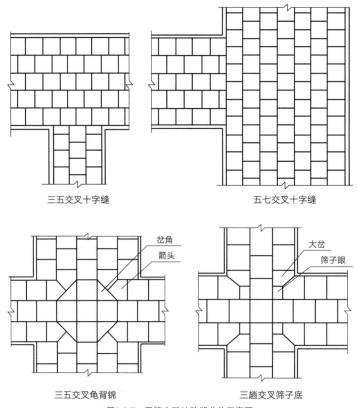

三五交叉十字缝　　　　　　五七交叉十字缝

岔角
箭头

大岔
筛子眼

三五交叉龟背锦　　　　　　三趟交叉筛子底

图8.5-7　甬路交叉处砖缝分位示意图

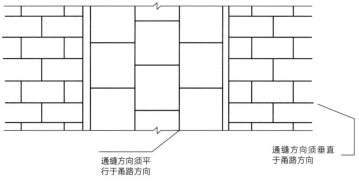

通缝方向须平行于甬路方向

通缝方向须垂直于甬路方向

图8.5-8　海墁砖缝分位示意图

8.5.4.5　海墁地面

（1）无甬路海墁地面应找出南北方向和东西方向的正中，按两个正中冲十字线，向周围铺墁。

（2）有甬路海墁应从甬路处开始。砖缝分位，如图8.5-8所示。

8.5.5　冲趟

冲趟是在大面积墁地开始前先墁好几趟砖，作为后续墁地的标准和依据。凡冲趟应按设计标高拴两道曳线，这样可以确保冲趟砖的两侧砖棱高度都能准确无误。

（1）室内地面应以明间中线为中冲趟，从前檐墙起向后檐赶排。设计要求室内正中位置放置一块方砖的，应从十字线向四边墁起。在室内两端也应各铺一趟砖。

（2）外廊以其走向的中心位置冲趟，从明间中线为中冲趟，从阶条石墙起向门窗方向赶排，即阶条石处应为一整块砖。

（3）散水地面以里口、外口冲趟，从出角部位开始，"破活"排到窝角部位。

（4）甬路冲趟以甬路交叉处开始，单趟甬路从起始处冲趟。

（5）无甬路的海墁地面应沿地面的中心位置冲趟；冲趟的走向应与砖的通缝走向平行；冲趟时从中心点开始向两边赶排，即中心点为一整块砖。室外大面积墁地时可冲数趟。有甬路的海墁地面不冲趟，甬路可视为已冲好的"趟"。

8.5.6　墁地

8.5.6.1　细墁地面铺墁

（1）样趟

1）从已冲好的砖处开始，其操作步骤同冲趟时的操作步骤。

2）在两道曳线间拴一道卧线，以卧线为准墁砖，砖应平顺，砖缝应严密。

（2）揭趟、浇浆

1）将墁好的砖从第一块砖揭起，必要时可逐一打号，以便对号入座。低洼之处可作必要的补垫，然后泼洒白灰浆。

2）现代地面将砖揭下来在砖底面通刮一道素水泥浆。

3）淌白地面墁地可不揭趟。

（3）上缝

1）在砖的里口砖棱处抹油灰，把砖按原位重新墁好。

2）现代地面做法用橡皮锤敲击砖面的木垫板（不得用橡皮锤或木锤直接敲击砖面，以免将砖面敲裂或敲破）。铺砖时应用靠尺进行测量，保证坡度和平整度。

（4）铲齿缝

1）又叫墁干活，将砖表面多余的油灰铲掉。

2）在铲磨之前要用平板尺检查一下所铲的齿缝必须是高出了线外，否则会使下一趟砖的高低标准不准确。

（5）刹趟

1）以卧线为标准，检查砖棱，如有多出，要用磨头磨平。

2）金砖地面墁地需要增加"抹线"，即要用灰把砂层封住，不使外流。

（6）以后每行都按样趟，揭趟、浇浆，上缝，铲齿缝，刹趟操作，直至全部墁完。

（7）打点。砖面上如有残缺或砂眼，要用砖药打点齐整。

（8）墁水活。将地面重新检查一下，如有凸凹不平，要用磨头沾水磨平。磨平之后应将地面全部沾水揉磨一遍，最后擦拭干净露出"真砖实缝"。

（9）钻生

1）在地面完全干透后，在地面上使用桐油，钻生时要用灰耙来回推接，钻生的时间因具体情况可长可短，重要建筑应钻到喝不进去的程度为止，次要建筑可酌情减少浸泡时间或涂刷。

2）刮去多余的桐油。

3）在生石灰面中掺入青灰面，拌和后的颜色以近似砖色为宜，然后把灰撒在地面上，厚约30mm，2~3d后，即可刮去。

4）将地面扫净后，用软布反复擦揉地面。

5）金砖地面墁地此步骤叫钻生泼墨，即在钻生前增加黑矾水涂抹地面。

（10）烫蜡。此步骤为金砖地面墁地使用，即将白蜡熔化在地面上，然后铲去并用软布将地面擦亮。

8.5.6.2 糙墁地面铺墁

（1）样趟。从已冲好的砖处开始，其操作步骤同冲趟时的操作步骤。

（2）坐浆墁。在两道曳线间拴一道卧线，以卧线为准铺浆墁砖，砖应平顺，砖缝应严密。

（3）打点。砖面上如有残缺或砂眼，要用砖药打点齐整。

（4）嵌缝。用白灰将砖缝守严扫净。

8.5.6.3 石材地面铺墁

按照样趟、揭趟、浇浆、刹趟、嵌缝的步骤墁石。

8.5.6.4 瓦材地面铺墁

（1）利用CAD、BIM技术，绘制地面铺装效果图，在施工中加以动态控制，使装饰效果更具艺术性。

（2）根据图纸设计进行垫层施工，垫层一般选用C15细石混凝土，厚度为30~50mm。

（3）首先将设计的花纹以1∶1的比例放样模板上，将瓦条按照图案的样子、尺寸切割成统一的样子。

（4）在垫层之上铺设水泥砂浆，水泥和砂子配比为1∶1。将裁好的瓦条放置在水泥砂浆上，并用木锤敲实，使其在同一水平线上。

（5）铺设一段距离之后，将水泥与水拌和成流状素水泥浆灌入瓦间缝隙中，随后用软毛刷刷平，自然晾干。

（6）检查、修补：用水平尺检查高低是否一致，对不平整区域打磨修补，需要保证路面排水通畅、不积水。

8.5.6.5 散水地面铺墁

（1）栽牙子。牙子石铺设的结合层可用砂灰浆、熟灰浆、掺灰泥。

（2）以后按照样趟、揭趟、浇浆、上缝、铲齿缝、刹趟、打点墁地。

8.5.6.6 甬路地面铺墁

（1）铺设路侧石。路侧石铺设的结合层可用砂灰浆、熟灰浆、掺灰泥或直接铺河砂铺设。

（2）以后按照样趟、揭趟、浇浆、上缝、铲齿缝、刹趟、打点墁地。

8.5.6.7 海墁墁地

按照样趟、揭趟、浇浆、上缝、铲齿缝、刹趟、打点墁地。

室内地面按照面阔（净面阔），门口中间必须是整砖；按照进深（净进深），以砖长尺寸分个数。"破活"应安排到里面和两端。

—— 8.6 控制要点 ——

砖料选择及二次加工；砌筑砂浆、灌注砂浆配置；基层处理；灰土垫层配合比及质量控制；散水、甬路排水坡向及坡度；规矩、分位控制；砖铺设顺序；砖缝宽度控制；砖地面图案排布；砖面钻生。

—— 8.7 质量要求 ——

8.7.1 砖墁地面

8.7.1.1 一般项目

（1）加工后的砖料，尺寸一致，表面应平整无曲翘现象，砖棱平直。转头肋宽度不小于10mm，四个肋互成直角，一般包灰1~2mm，城砖包灰2~3mm。细墁地面砖料偏差和检验方法，见表8.7-1。

细墁地面砖料偏差和检验方法   表8.7-1

序号	项目	允许偏差（mm）	检查方法
1	砖面平整度	0.5	在平面上用平尺进行任意方向搭尺检查和尺量检查
2	砖的看面长宽尺寸	0.5	用尺量，与样砖（官砖）相比
3	砖楞平直	0.5	两块砖相摞，楔形塞尺检查
4	截头方正	1	方尺贴一面，尺量另一面缝隙
5	包灰	2	尺量和用包灰尺检查
6	转头砖、八字砖角度	0~0.5	方尺或八字尺搭靠，用尺量端头误差

（2）地面分缝形式必须符合设计要求及古建传统做法。

（3）面层表面应基本密实光滑，无裂纹、脱皮、麻面、水纹、抹痕等缺陷。

（4）地面整洁美观，颜色均匀，棱角完整，表面无灰浆，接缝均匀，宽度一致，油灰饱满严实。

（5）室外地面坡度应符合设计要求，不倒泛水，无积水，无渗漏，坡度形状美观。

8.7.1.2 主控项目

（1）面层和结合层必须结合牢固，砖块不得松动。

（2）打点砖药的颜色应与砖色一致，所打点的灰既应饱满，又应磨平。

（3）墁干活应充分，相邻砖不得出现高低差。墁水活应全面磨到，不得有漏磨之处。墁完水活之后应将地面洗刷干净，不得留有砖浆污渍。

（4）泼墨钻生做法的地面，墨色应均匀一致，无残留的油皮，表面洁净、光亮。

（5）院内正中十字甬路是全院最显眼的地方，由于此处拴线最容易下垂，因此坐中的一块方砖宜在线控高度之上再抬高一些，与之相邻的砖一侧也要随之抬高，既不形成高低错缝也应确保雨后不会积水。

砖墁地面的允许偏差应符合表8.7-2的要求。

砖墁地面的允许偏差和检验方法 表8.7-2

序号	项目		允许偏差（mm）			检验方法
			细墁地面	糙墁地面		
				室内	室外	
1	表面平整度		3	4	7	用2m靠尺和楔形塞尺检查
2	砖缝直顺		3	4	5	拉5m线，用尺量检查
3	灰缝宽度	细墁2mm	1	/	/	经观察测定的最大偏差处，用尺量检查
		糙墁5mm	/	1～-2	5～-3	
4	接缝高低差		1	2	3	用短平尺贴于高出的表面，用楔形塞尺检查相邻处

8.7.2 石材、瓦材地面

8.7.2.1 主控项目

（1）石材、瓦材的品种、规格、色泽、质量应符合设计要求。

（2）加工后的料石应符合表8.7-3的要求。

（3）地面分缝形式，图案内容必须符合设计要求及古建传统做法。

（4）卵石、片石和瓦片地面应排列均匀、牢固，显露一致，表面无灰浆脏物，基本平整，与路沿接缝应严密平直。

石材加工质量的允许偏差和检验方法 表8.7-3

序号	项目		允许偏差	检验方法
1	表面平整	砸花锤、打糙道	4mm	用1m靠尺和楔形塞尺检查
		二遍斧	3mm	
		三遍斧、打细道、磨光	2mm	
2	死坑数量	二遍斧	3个/m²	抽查3处，取平均值死坑为坑径4mm，深3mm
		三遍斧、打细道、磨光	2个/m²	
3	截头方正		2mm	用方尺套方（异形角度用活尺），尺量端头处偏差
4	打道密度	糙道（每100mm内）	±2道	尺量检查，抽查3处，取平均值
		细道（每100mm内）	-5道	
5	剁斧密度（45道/100mm宽）		-10道	尺量检查，抽查3处，取平均值

8.7.2.2 一般项目

（1）目测斧斩石纹密度是否符合传统要求。

（2）石板的面层四周必须打出批势，但不宜呈快口刀形，以免铺设撬动时破碎。

（3）冰裂纹板块加工时，每块都必须用活动尺量准角度，确保块体之间缝隙严密均匀。

石材、瓦材地面的允许偏差和检验方法见表8.7-4。

石材、瓦材地面的允许偏差和检验方法 表8.7-4

序号	项目		允许偏差（mm）		检验方法
		细墁	粗墁	卵石、片石、瓦片瓦材	
1	表面平整度	2	3	5	用2m直尺和塞尺检查
2	接缝宽度	粗料石 /	5	/	用短平尺贴于交接表面，用楔形尺检查相邻处
		半细料石 3	4	/	
		细料石 2		/	
3	接缝高低差	2	3	/	用直尺和塞尺检查
4	缝格平直	2	3	/	拉5m线，不足5m拉通线尺量检查

8.8 工程实例

8.8.1 细墁砖桐油钻（刷）生地面

在细墁砖地面施工中，用桐油涂刷（泼）加固，俗称钻（刷）生。西安中山图书馆、周原国际考古研究基地、西安长安文化山庄等项目均采用这种做法，效果较好，其做法如下。

杀趟打点：首先对铺好的砖地面粗磨一遍，然后将残缺的部分及砂眼用砖灰或青灰加适量胶料，用水调匀修补整齐；

墁水活擦净：经过修补后用打磨机对局部凹凸不平处进行打磨，使之滑腻光洁，随后清扫擦拭干净；

钻（刷）生：待地面完全干燥后，先用黑矾水涂刷地面两遍，使之颜色一致，再涂刷生桐油2遍，每遍涂刷后用纱布反复搓擦使砖面吸足生桐油，最后用光油涂刷1～2遍，如图8.8-1所示。

打磨　　　　　　　　　　　刷黑矾水

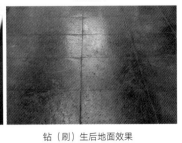

刷桐油　　　　　　　钻（刷）生后地面效果

图8.8-1　细墁砖地面钻（刷）生做法实例图

8.8.2 石材地面

8.8.2.1 园亭室内地面

西安大唐芙蓉园的旗亭为圆形攒尖顶形式，地面采用车辋纹形式石材铺贴，其效果较好，见图8.8-2。

8.8.2.2 室外景观地面（图8.8-3）

8.8.2.3 其他地面（图8.8-4）

图8.8-2 旗亭室内车辋纹形石材地面实例图

陕西建工集团有限公司办公楼院内太极图地面实例图　　汉中诸葛古镇室外广场八卦图地面实例图

西安曲江寒窑遗址公园步道及庭院地面实例图

图8.8-3 室外景观地面实例图

卵石拼花地面实例图

彩色透水混凝土地面实例图　　　　　　瓦材地面实例图

片石拼花地面实例图　　　　　　青砖地面实例图

图8.8-4　其他地面实例图

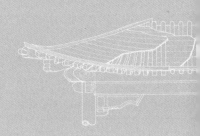

第
9
章

CHAPTER NINE

门
窗

—————————— **9.1 简述** ——————————

门窗是建筑物的重要组成部分，具有分隔、采光、通风、保暖、防护等功能，同时还有装饰、美化建筑物外观的效果。

门是建筑的节点，起到联结、通行等作用。《说文解字》中说："门，从二户，象形。"

窗是建筑墙或屋顶建造的洞口。据《周礼·考工记》记载"夏后氏世室，四旁两夹窗。"窗最早出现于夏代，后随时代发展变化，到隋唐趋于成熟。

在唐代以前门窗形式发展比较慢，而且做工简单、粗壮，体现的主要是使用功能。唐代以后出现了格子门，宋元时期出现格子门、槛窗组合形式，明清时期门窗组合形式多样化，做工更加精细，所采用的花纹也更加丰富多样，除了使用功能外，还表现出更多的装饰功能以及房屋的性质、等级等。

传统建筑门窗大致分为以下几类：板门类主要有实榻门、撒带门、攒边门、屏门等；隔扇类主要有隔扇（又称格子门）、帘架、风门、壁纱橱等；窗类主要有槛窗、支摘窗、牖窗、什锦窗及楣子窗等。

9.1.1 实榻门

实榻门是所有门扇中规格最高的一种门扇，它是用若干块厚木板拼装而成，体大质重，非常坚固，故取名为"实榻"。实榻门的门板厚度一般为90～120mm，采用凹凸企口缝的木板相拼而成，背面用"穿带"将其连接加固，穿带数量根据门扇大小分为9根、7根、5根等三种，当门扇正面用门钉和包叶加固时。多用于宫殿、庙宇、府邸等建筑的大门，如图9.1-1所示。

传统建筑实榻大门上的门钉除了加固作用，也有着严格的等级区别。如清代《大清会典》规定："宫殿门庑皆宗基，上覆黄琉璃，门设金钉。""坛庙圜丘壝外内垣门四，皆朱扉金钉，纵横各

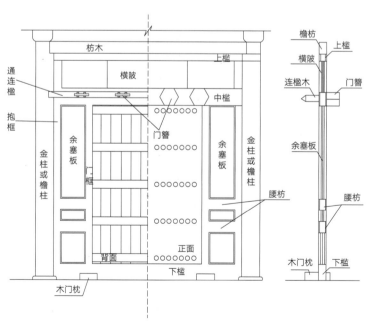

图9.1-1 实榻门制作图示意图

九。""亲王府制，正门五间，门钉纵九横七";"世子府制，正门五间，门钉减亲王七之二";"郡王、贝勒、贝子、镇国公、辅国公与世子府同";"公门钉纵横皆七，侯以下至男递减至五五，均以铁。"

9.1.2 隔扇门

又称为格子门（宋）、隔扇门（清）。隔扇门常使用在一个房屋的明间和次间的开间上。长宽比为4∶1或3∶1。每间可为四扇、六扇，要看开间大小而定。在重要的建筑物上，常将几间房都用作隔扇门，如图9.1-2所示。

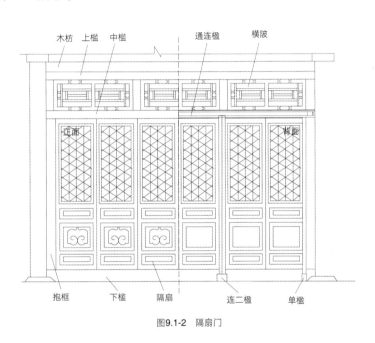

图9.1-2 隔扇门

隔扇门适用于不同尺度空间，由格心、绦环板、裙板加上边框、抹头组成。通常按抹头的多少区分为三抹、四抹、五抹、六抹四种。三抹隔扇门仅有三道抹头，无裙板，四抹、五抹、六抹隔扇门分别有四、五、六道抹头，相应地有一、二、三块绦环板。这种构成形式适应了隔扇门的功能要求，也有良好的比例权衡和虚实关系，在尺度上也能灵活调节，如图9.1-3所示。

9.1.3 槛窗

位于殿堂门两侧各间的槛墙上，是由格子门演变来的，不同的是隔扇用裙板而槛窗在此做槛墙。所以形式也相仿，但相比于门，它只有格心、绦环板，无裙板。多用于宫殿、坛庙、寺院等建筑，民居中较少使用（图9.1-4）。

9.1.4 直棂窗

一般用于唐、宋建筑的宫殿、庙宇等建筑（图9.1-5）。次要房屋常用一马三箭的窗，是窗框中纵向排列许多方形断面的直棂，但在上下侧各置横木三条，各为一马三箭，线条比较简单。

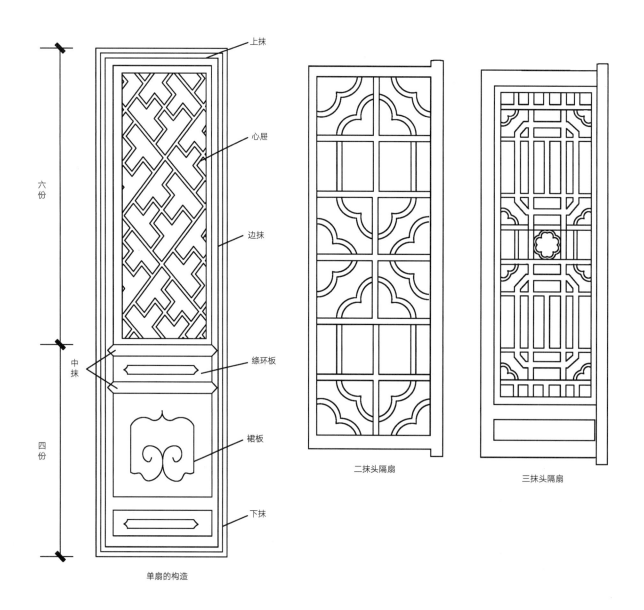

上抹

心屉

边抹

绦环板

裙板

下抹

六
份

中
抹

四
份

单扇的构造

二抹头隔扇

三抹头隔扇

图9.1-3　单扇隔扇的形式示意图

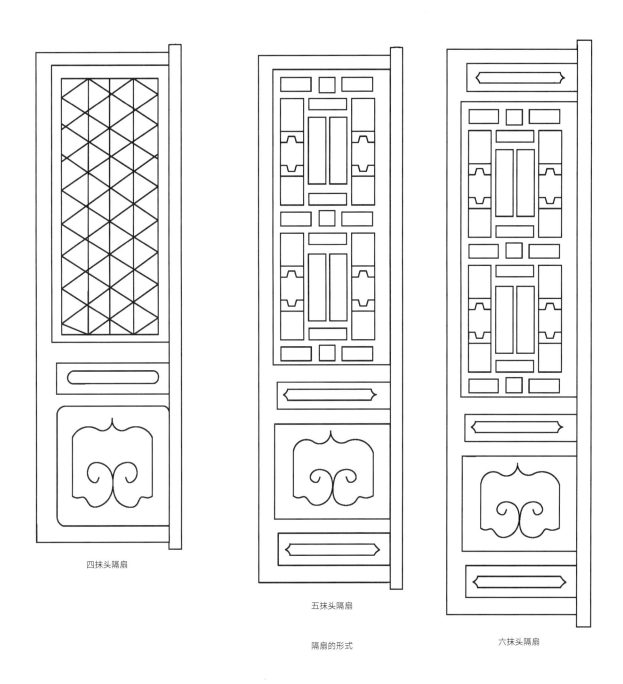

四抹头隔扇

五抹头隔扇

隔扇的形式

六抹头隔扇

图9.1-3　单扇隔扇的形式示意图（续）

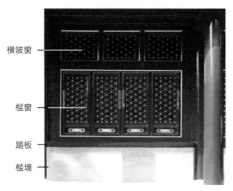

图9.1-4 槛窗实例图

图9.1-5 直棂窗（南禅寺）实例图

9.1.5 支摘窗

支摘窗是在檐枋之下，槛墙之上，立间柱将一间分成两半，各在上下方设窗，上窗扇可以支起，下窗扇可以摘下，多用于民居、住宅建筑（图9.1-6）。

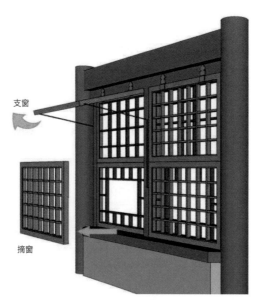

图9.1-6 支摘窗实例图

9.1.6 其他

在现代传统建筑中，门窗的材质及工艺都发生了很大的变化，除木门窗外还有钢木隔扇门、铝合金、塑钢、钢门窗等。

9.2 主要材料

门窗框扇料及五金配件、镀锌连接件、膨胀螺栓、射钉、电焊条、发泡剂、硅酮密封胶、美纹胶带、肥皂水等。

9.3 主要机具

电锤、切割机、电焊机、射钉枪、电锯、电钻、吊线坠、螺丝刀、射钉枪、橡皮榔头、打胶枪、玻璃吸盘、钢卷尺、水平尺、水平管、靠尺等。

9.4 工艺流程

9.4.1 钢木隔扇门制安工艺流程

钢木隔扇门制作详图绘制→外框、隔扇制作→木花格制作与安装→裙板制作与安装→绦环板制作与安装→装饰木条安装→门轴制作与安装→门外框连接安装固定→防火、防腐、防锈、油漆。

9.4.2 铝合金、铜质门窗制安工艺流程

门窗框安放临时固定→门窗框连接固定→门窗框周边填嵌保温材料→门窗扇及附件安装→门窗安装清理→门窗安装打胶。

9.5 施工工艺

9.5.1 钢木隔扇门制安工艺

9.5.1.1 钢木隔扇门制作详图绘制
钢木隔扇门要根据设计文件和相关的技术工艺要求绘制详图并会同监理、设计单位并由建设单位确认后，再对制作、安装操作人员进行书面技术交底，方可组织实施（图9.5-1）。

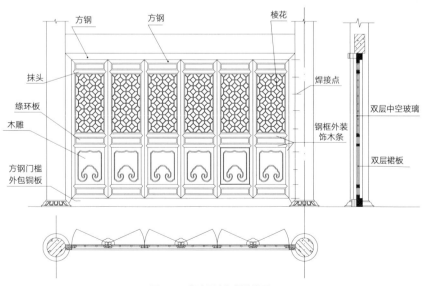

图9.5-1 钢木隔扇门制作详图

9.5.1.2 外框、隔扇制作

制作钢木隔扇门的型钢宜选用符合标准的型材并进行材质样品复核确认，而后方可进行隔扇门的加工制作。

（1）材料规格根据门的大小确定。

（2）硬化放样场地，按照钢木隔扇门实际尺寸进行大样绘制。

（3）用型钢制作焊架，焊架必须水平方正。在型钢上四角等部位焊好角铁，以控制尺寸保证外框不变形。

（4）外框45°割角，焊缝预留≥3mm，确保割角缝焊接牢固。

（5）焊接时四角首先点焊，完成后尺量检查合格后方可进行焊接，焊接完后，打磨焊接缝。

9.5.1.3 木花格制作与安装

（1）绘制钢木隔扇门木制花格图，并进行加工。

（2）制作完成后镶入钢门扇内。

（3）最后用木压条配自攻螺钉与门扇连接，并安装牢固。

9.5.1.4 裙板的制作安装

将裙板镶入门扇内，用方木条固定，并用自攻螺钉与门扇连接，间距不大于150mm。

9.5.1.5 绦环板的制作安装

将绦环板镶入门扇内用方木条固定，并用自攻螺钉与门扇连接，间距不大于150mm。

9.5.1.6 装饰木条安装

钢木隔扇外立面安装半圆装饰木条，折角处进行45°裁角处理，装饰木条之间采用锯齿状搭接，装饰木条用自攻螺钉固定连接，间距不大于150mm。

9.5.1.7 门轴的制作安装

钢木隔扇门的门轴采用钢管与门扇焊接连接。门轴上下安装轴承，轴承焊接在荷叶墩上。隔扇门有外开和内开两种形式，当门扇采用合页安装时，门扇应用加厚合页焊接连接，距门端200mm，每扇门合页数量、位置应一致，并且不少于3个。

9.5.1.8 门外框连接安装固定

钢木隔扇门的外框与建筑物竖向柱子上的预埋铁件焊接。焊缝饱满且连接点上下间距不大于200mm，中间不大于500mm。

9.5.1.9 防火、防腐、防锈、油漆

应先将钢木隔扇门的裙板、绦环板、花格板打磨光滑，再防火、防腐、防蛀处理不少于两遍。钢框部分先对焊接部位防锈处理，再对型钢防锈处理，防锈漆涂刷均不少于两遍。最后再进行钢木隔扇门的油漆作业，油漆涂刷不少于三遍。

9.5.2 铝合金、铜质门窗工艺方法

铝合金、铜质门窗一般委托给专业的仿古门窗生产厂家加工制作，运输到施工现场后主要控制安装质量。

9.5.2.1 门窗框安放临时固定

将铝合金、铜质门窗框放入洞口安装线上就位，用对拔木楔临时固定。校正侧面垂直度、对角线和水平度合格后，将木楔固定牢固。防止门窗框受木楔挤压变形，木楔应塞在门窗角、中竖

框、中横框等受力部位，先上面后侧面，最后下框。

9.5.2.2 门窗框连接固定

用膨胀螺栓或射钉将窗框固定在混凝土墙或混凝土预埋块上，框与基体固定连接件内外朝向应相互错开，固定点距上下两端为150mm，中间间距不大于600mm，且错开中间横竖框位置，如图9.5-2所示。

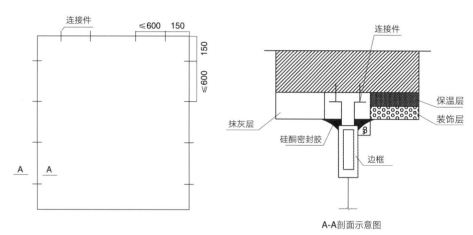

图9.5-2　门窗安装固定示意图

9.5.2.3 门窗框周边填嵌保温材料

铝合金门窗固定好后，在框与洞口侧面缝隙处用发泡轻质材料（聚氨酯泡沫等）连续填塞密实，四周的缝隙同时填嵌，填嵌时用力不应过大，防止框料受力后变形，确保柔性连接。

9.5.2.4 门窗扇及附件安装

门窗扇的玻璃密封胶条在角部应45°割角、点粘，应留有收缩余量。平开式门窗扇先进行上半部合页固定，而后安装固定下半部，最后安装固定中间部分。推拉式窗扇顶部防拆卸、底部两侧防碰撞配件应安装到位，窗框下端泄水孔不少于两处，内高外低，排水畅通并不得堵塞。

9.5.2.5 门窗安装清理

门窗安装完毕后，应在规定的时间内撕掉保护膜，对于局部受污染的部位应及时擦拭干净。玻璃安装后，及时擦除玻璃上的胶液等污物直至光洁明亮。

9.5.2.6 门窗安装打胶

密封胶应采用耐候型，胶色宜与墙面色彩一致，窗框内外必须打胶，胶面应为45°斜面或凹弧面，直角宽度宜为2~3mm，打胶前缝口两侧要求贴美纹胶带，打胶时每边宜一次成型，若有接槎时用手指蘸肥皂水及时捋平，胶面要平顺光滑，打完后及时撕去美纹胶带。

9.5.3 成品保护

（1）门窗制作安装过程中，产品不应直接接触地面，底部垫高应不小于100mm。产品应立放且角度应不小于70°在雨期或湿度大的地区应及时涂刷油漆。

（2）钢木隔扇门安装焊接时对木质部分隔离保护。

（3）安装操作工具应轻拿轻放，调整修理门窗时不能硬撬。

（4）门窗的洞口用作运料通道时，应做好保护措施。

9.6　控制要点

门窗的风格、颜色、规格、材质；焊接工艺；安装顺序；木料含水率；油漆地仗施工质量；油漆喷涂质量；金属构件连接牢靠度；边框接缝打胶及细部处理。

9.7　质量要求

9.7.1　主控项目

（1）门窗的风格、颜色、规格等要与古建筑的形制、年代、规模相匹配；制作材质符合设计要求，绿色环保。

（2）门窗框与周边墙体固定牢靠，无松动，接缝打胶平顺光滑。预埋件的数量、位置、埋设方式必须符合设计要求。

（3）门窗扇必须装配正确，并应开关灵活、关闭严密，无倒翘。

（4）门窗配件的型号、规格、数量应符合设计要求，安装应牢固，位置应正确，功能应满足使用要求。

9.7.2　一般项目

（1）门窗表面应清洁、平整、光滑、色泽一致。大面应无划痕、碰伤。漆膜或保护膜应连续。

（2）门窗推拉门窗扇开关力不大于50N。

（3）门窗与墙体之间的缝隙应填嵌饱满，并采用密封胶密封。密封表面应光滑、顺直、无裂纹。

（4）门窗扇的橡胶密封条或毛条应安装完好，不得脱槽。

（5）有排水孔的门窗，泄水孔数量合理，排水孔畅通，位置和数量应符合设计要求。

（6）门窗安装的允许偏差和检验方法按表9.7-1中规定的要求执行。

门窗安装的允许偏差和检验方法　　　　　　　　　　　　　　　　　　　　　　　　表9.7-1

序号	项目		允许偏差（mm）	检验方法
1	门窗槽口宽度、高度	≤1500mm	1.5	用钢尺检查
		>1500mm	2	
2	门窗槽口对角线长度差	≤2000mm	3	用钢尺检查
		>2000mm	4	
3	门窗框的正、侧面垂直度		2.5	用垂直检测尺检查
4	门窗横框的水平度		2	用1m水平尺和塞尺检查
5	门窗横框标高		5	用钢尺检查
6	门窗竖向偏离中心		5	用钢尺检查

（7）钢木隔扇门制作和安装的允许偏差和检验方法按表9.7-2中规定的要求执行。

钢木隔扇门制作和安装的允许偏差和检验方法 表9.7-2

项目		允许偏差（mm）	检验方法
门外框	中心线对轴线位移	2	拉线尺量
	底标高	+0 −2	水准仪及拉线
	垂直度	2	挂线及吊线锤
	水平度	2	水平仪
	焊点	±0	尺量
	焊缝长度	+0 −2	尺量
隔扇	拼缝宽度	±1.5	尺量
	相邻扇高差	±1.5	拉线尺量
	平整度	1	拉通线尺量
	垂直度	1.5	尺量
	方正	1	尺量

9.8 工程实例

9.8.1 钢木门制作与安装

在传统建筑门窗制安过程中，因木材材质及含水率的原因，使门窗安装后引起不同程度的变形，给工程竣工后的维修增加了难度。为解决这一难题，改用钢木门窗，即对高度大于3m的门窗，主框料采用钢骨架，门裙板及花格采用木制材料，门框及抹头处表面也用木条进行装饰。楼观道教文化区隔扇门高5000mm，门扇宽900mm，采用这种制作工艺，门扇不易变形，效果较好，见图9.8-1、图9.8-2。

图9.8-1 钢木隔扇门实例图（门宽×高=6m×6m；门扇宽×高=0.9m×5m）

图9.8-2　钢木门木制装饰条及花格制作与安装实例图

9.8.2　实榻门制作与安装

建于1902年的西安中山图书馆南门楼已毁多年，2012年复原重建。根据有关历史资料记载，南大门为两层三间，砖券的拱形门内有两扇朱红色门扇。现按实榻门进行复原，门扇门钉采用纵五横七设置，见图9.8-3。

图9.8-3　复原后的南大门实例图

9.8.3　铝合金门窗（直棂形）

2005年竣工开园的西安大唐芙蓉园内的所有门窗，均采用铝合金材质，直棂三角形唐风形式，传统风格与现代材料相结合，具有美观、大气、变形小、耐火性好等特点，如图9.8-4所示。

<table>
<tr><td>直棂门</td><td>直棂窗</td></tr>
</table>

图9.8-4　铝合金直棂门、窗实例图

第 10 章

装饰构件（博缝板、雀替、垂莲柱等）

———— 10.1　简述 ————

本章装饰构件主要指博缝板、悬鱼、梅花钉、雀替、什锦窗、楣子及部分外墙装饰线条、饰面雕塑等。

10.1.1　博（搏）缝板

博缝板又称封山板，宋称搏风板，是歇山或悬山屋顶的重要组成部分，防止风、雨、雪侵蚀伸出的梢檩，沿屋架端部在各梢檩端头钉上人字形木板，既遮挡梢檩端头，又有保护和装饰作用。博缝板最下面要做博缝头，博缝头形似箍头枋之霸王拳头。在现代传统建筑中博缝板用钢筋混凝土结构替代木结构，使其在抗震能力、防蛀能力、使用年限等方面都有很大的改善，如图10.1-1所示。

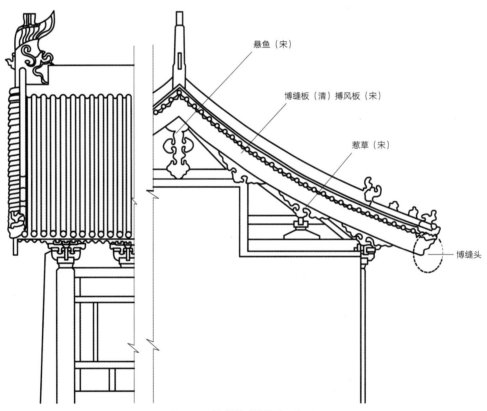

图10.1-1　博（搏）缝板构造示意图

10.1.2　悬鱼及惹草

"悬鱼"又称"垂鱼"，位于悬山和歇山建筑两端山墙处的博缝板下，垂于正脊，由木板雕刻而成。是唐宋时期建筑特有的装饰构件。按鱼的谐音，隐含"吉祥如意""喜庆有余"等寓意，还有人认为，木建筑最怕火灾，而鱼和水密不可分。"悬鱼"这一构件寄托着古代人们祛灾祈福的美好愿望。宋以后，明清建筑很少设悬鱼。当檩条外露时，端头有时设惹草。

10.1.3　梅花钉

清官式建筑的山面博缝板上一般设梅花钉。梅花钉每组由七只组成，中心一只，其余六只按正六角位置排列，其排布的图形直径略小于内里的檩直径。钉头呈圆泡头形状，表面贴金。在木结构建筑中，梅花钉除装饰作用以外也有构造上的作用，即将博缝板与内侧的檩头之间形成牢固连接，在现代传统建筑中，梅花钉的结构作用不大，主要是装饰上的需要。

10.1.4　雀替

雀替，也称"插角""托木"，宋代称"角替"。位于梁枋和柱交接处。除了装饰作用外，还具有增加梁枋端部抗剪能力和减少梁枋跨距的功能。清式做法中雀替做半榫插入柱子，另一端钉置在额枋底面，表面雕刻蕃草等花纹，实际上已不起结构作用，而成为装饰构件。

10.1.5　楣子

楣子是安装在檐柱间的构件，兼有装饰和实用的功能，依位置可分为倒挂楣子和坐凳楣子。其棂条花格形式有步步紧、灯笼锦、冰裂纹等，有的倒挂楣子用整块模板雕刻而成，称为花罩楣子。

楣子主要由边框、棂条及花牙子（倒挂）或凳面（坐凳）组成。花牙子通常做双面透雕，花纹图案有草龙、香草、松、竹、梅、牡丹等。

10.1.6　什锦窗

什锦窗：古时称开在墙上的窗为牖（you），什锦窗便是一种装饰性的牖窗，形式不一，如扇面、双环、梅花、玉壶、寿桃等，如图10.1-2所示。

什锦窗按照做法和功能又可分为镶嵌什锦窗（盲窗），单层什锦漏窗及夹樘什锦灯窗三类，传统什锦窗由筒子口、边框和支框组成。

图10.1-2　常用的什锦窗样式示意图

10.1.7 垂花柱头

垂莲柱头：用于殿、堂额枋下部垂花门或垂花牌楼门的四角之上，顶部承托着平板枋，下部悬空并在柱头上做成莲花状，用于装饰。

10.1.8 外墙装饰构件

传统建筑施工中，在外墙部位会有一些装饰性的构件，如装饰线条、饰面砖雕、装饰性的斗栱等，这些构件主要起美化建筑物的作用。

10.2 主要材料

水泥，普通硅酸盐水泥，中砂，陶粒（5～20mm），钢筋，玻璃纤维，模板，橡皮泥或黄泥，硅橡胶，固化剂，石膏粉，脱模剂（地板蜡），硅油等。

10.3 主要机具

混凝土搅拌机、模板切割机、电焊机、角磨机等。
圆弧锯、钉锤、振捣器、抹子、刀片、刷子、线绳、钢卷尺、墨斗、水准仪、卷尺、水平尺、线锤、卡尺等。

10.4 工艺流程

10.4.1 一般构件

施工放样→模板制安→钢筋制安→构件成型→构件安装。

10.4.2 硅橡胶翻模构件

原构件制作→硅橡胶模具成型→加固模壳制作→构件浇筑→脱模修补。

10.5 施工工艺

10.5.1 一般构件制作

10.5.1.1 施工放样
（1）博缝板
传统的博缝板画线方法中有"三拐尺"定檩位法。是根据博缝板所在位置的步架、举架尺寸和边角关系，不用放实样，而用90°角尺定檩椀及接缝位置，如图10.5-1所示。

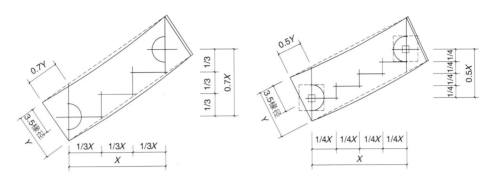

图10.5-1　三拐尺定博缝檩位法示意图（七举、按三次拐放）
（图片来源：中国古建筑木作营造技术）

（2）博缝板折线放样法（图10.5-2）

1）根据图纸设计，确定出博缝板轴线上各檩中心点的坐标位置，在两檩中心点之间，博缝板轴线上，再找出其他点的坐标，点越多，博缝板的曲线越流畅。

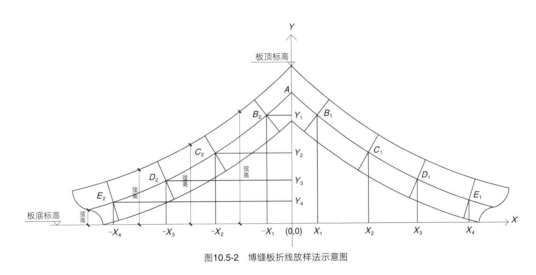

图10.5-2　博缝板折线放样法示意图

2）用弹性好的如PVC管，使之重合于上述各点，再反复弯曲推压，直到曲线弧度自然顺畅。

3）以弧线上的点作法线，在法线上下部分各取1/2博缝板宽，确定出博缝板上下两边相应点的位置，再用相同的PVC管推压校正，即可得出博缝板施工大样。

4）用成型的博缝板大样加工博缝板模板两套，一套用于指导施工，另一套用于检查复核。

（3）博缝头、悬鱼放样

传统木结构中博缝头按博缝宽度的一半，由博缝头底角向内点一点，连接这一点与博缝板上角，形成一道斜线。将此斜线均分为7等份，以1份之长，由板头上角向内点一点，连接这点和第一份下端的点，成一条小斜线。其余6份，以中间一点为圆心，以1份之长为半径在外侧画弧，两侧各余的二份，分别以1/2份为半径，以一份的中点为圆心向外侧和内侧画弧；所得图形即为博缝头形状。中间还可做成整圆，刻出阴阳鱼八卦图案。博缝头另一种画法是由中间大弧中心点向外增出一份，再连斜线，以所得各点为圆心画弧，画出的图形较前一种更为丰满，如图10.5-3所示。

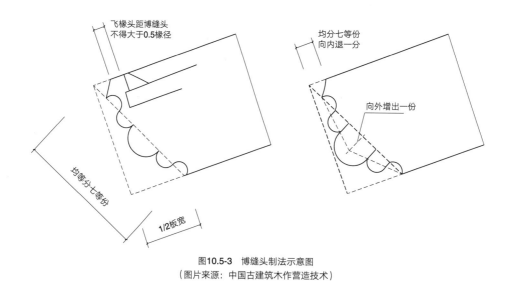

图10.5-3　博缝头制法示意图
（图片来源：中国古建筑木作营造技术）

上述博缝板的放样做法，现在主要采用计算机辅助绘图完成。

悬鱼等小型构件详图采用分隔网形式确定其形状进行预制，如图10.5-4所示。

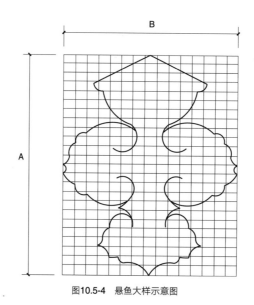

图10.5-4　悬鱼大样示意图

（4）雀替

一般雀替长按净面宽的1/4（面宽减去1柱径为净面宽），高同额枋（或同小额枋或同檐枋），厚为檐柱径3/10，如图10.5-5所示。

（5）什锦窗

首先按照图样放出1∶1大样，按大样放出外框和子框的样板，以此制作模板，如图10.5-6所示。

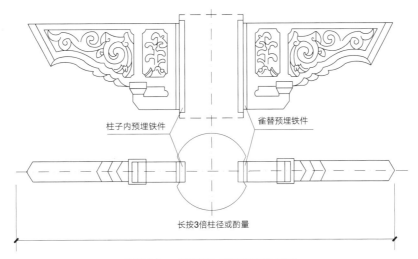

图10.5-5　一般雀替尺寸的确定方法示意图
（图片来源：中国古建筑木作营造技术）

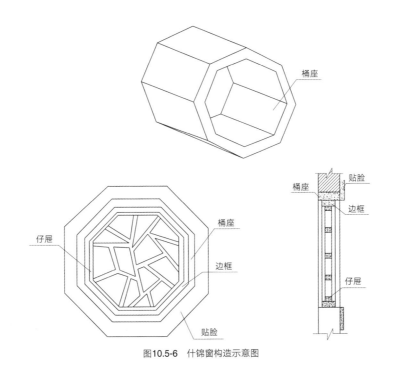

图10.5-6　什锦窗构造示意图

10.5.1.2　模板制安

（1）博缝板

1）现浇混凝土博缝板模板，依据大样图及标高在地面进行侧模和底模分段制作，吊装至操作面整体组拼。侧模与檩连接处，应提前预留洞口。

2）预制混凝土博缝板模板依据大样图在地面进行分段制作。博缝板与檩连接处应预埋铁件以便安装焊接。

（2）小型构件

1）为适应构件线条、异形和图案要求，模板可采用多层镜面板、抛光木模板、薄钢板或玻璃钢制作。

2）模具制作完成后可用钢箍、螺栓或其他材料进行加固。

3）采用玻璃钢制作模具时，可先制作石膏胚胎，然后再进行翻制。为确保模具刚度，可采用环氧树脂为粘结剂，玻璃平纹布为增强材料。

4）构件连接及固定的预埋件（筋）在模具制作时要统筹考虑，预埋到位，硅橡胶模具的制作过程参考"预制构件制作"。

10.5.1.3 钢筋制作安装

现浇博缝板钢筋以及与檩条和屋面板的连接钢筋按照设计要求进行布置，连接牢固。

预制博缝板、小构件的钢筋加工准确，保护层厚度符合设计要求。插筋、预埋件及起吊件等应埋设或预留到位。

10.5.1.4 混凝土浇筑与养护

（1）博缝板混凝土浇筑应先浇筑悬山或歇山两端，浇筑顺序应由两端从下至上随屋面浇筑。

（2）混凝土博缝板一般与屋面板混凝土同步浇筑。

（3）预制小型构件一般采用细石混凝土、轻质混凝土进行浇筑，坍落度不宜过大。

（4）现浇混凝土优先采用插入式小型振动棒振捣；小型预制构件必要时应采用振动平台、手工插捣等方式。

（5）严格按照规范要求进行混凝土养护。预制小型构件优先采用水中养护和塑料薄膜包裹养护的方法。

10.5.1.5 梅花钉排布

混凝土博缝板上的装饰梅花丁一般采用钻孔粘接安装。排布方式如图10.5-7所示。

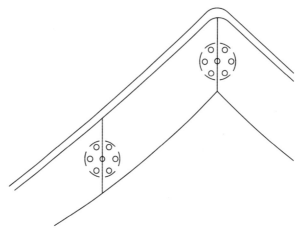

图10.5-7 梅花钉的排布规则示意图

10.5.2 硅橡胶翻模构件

硅橡胶翻模一般用于小型复杂构件成型。

10.5.2.1　原始构件加工

按照设计需求，先用木材或易于塑形的材料（石膏、木材、泥等）加工出原始构件，如图10.5-8所示。

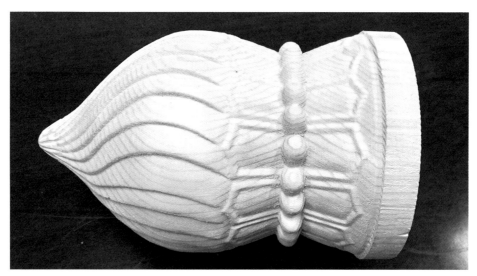

图10.5-8　木制垂莲柱头实例图

10.5.2.2　模具的制作

硅胶模具分两半制作。

（1）先用脱模剂（地板蜡）均匀涂刷于原始构件表面，纹饰、线条、阴阳角等部位脱模剂一定要涂刷到位，保证成型尺寸及外观效果。

（2）先制作半个模具，用胶泥沿"原始构件"纵向剖切面将一半构件包裹，固定于操作台之上，胶泥要与构件表面粘贴紧密，使用刀片将胶泥表面修理平整，在修整好的表面开设定位孔，如图10.5-9所示。砖雕等装饰构件只需将背面用胶泥封堵。

（3）调制硅橡胶：将适量的硅橡胶乳液倒入容器中，然后在其中加入固化剂（硅酸乙酯）和稀释剂，用细铁棒将硅橡胶和固化剂搅匀。

（4）硅橡胶模具制作：将搅拌好的硅橡胶均匀刷涂在构件及封边泥土表面，使构件的四周产生壁厚均匀的胶衣层。待第一遍硅橡胶初凝之后（30～40分钟）即可进行第二遍涂刷，如图10.5-10所示。

（5）硅橡胶涂刷后将裁剪的纱布片均匀地覆盖在硅橡胶之上，用羊毛刷蘸少许水胶将纱布粘贴紧密（增强硅橡胶强度），再在纱布之上刷第三遍硅橡胶。

10.5.2.3　加固模壳制作：用石膏粉加水搅拌均匀涂抹于硅橡胶模表面形成一个梯形或方形外壳。

10.5.2.4　待硅橡胶及石膏外壳完全凝固之后进行脱模，将底部黄泥清除好，流坠的硅橡胶修剪平整，泥土清理干净再在其上涂刷地板蜡，按照上述配方及制作方法加工剩余的半个模具。

10.5.2.5　如模具内部出现个别孔洞，可调制少许硅橡胶（提高固化剂用量）进行修补，如图10.5-11所示。

图10.5-9 开设定位孔

图10.5-10 涂刷硅橡胶

图10.5-11 模具修补

10.5.2.6 构件浇筑：对制作完成的两个硅胶模具重新合模固定即可进行浇筑，部分体量较大或需要进行刚性连接的构件在浇筑时需在模壳内放入预埋件或拉结钢筋，并对预埋件及拉结钢筋进行固定。采用混凝土浇筑时一定要先在模具内涂一层脱模剂，合模后用钢箍将模具固定夹紧。

10.5.2.7 脱模修补：浇注完后待构件达到强度后取出，然后将模腔清洗干净、合模，以备下次浇筑。用小工具将构件表面孔洞、纹饰及钢筋、预埋件固定部位修补完整。将模具连接处多余的材料进行剔除，打磨平整。此种制作方法对预制栏杆柱头、垂莲柱头、各种复杂的装饰构件等比较方便实用。

10.6 控制要点

博缝板的模板弧度及成型尺寸；博缝板接缝处尺寸预留及填塞；预制构件尺寸控制；硅胶模具对口合缝；硅胶与外壳之间隔离。

10.7 质量要求

10.7.1 主控项目

（1）弧度曲线优美，符合实际要求和建筑美感；
（2）模板支撑加固牢靠，无变形跑模现象；
（3）构件尺寸准确，安装牢固。

10.7.2 允许偏差项目

（1）预埋件的尺寸、定位误差应符合表10.7-1的规定。

预埋件的尺寸、定位允许偏差项目和检验方法 　　　　表10.7-1

项目		允许偏差（mm）	检验方法
预埋件	中心线位置	10	钢尺检查
	螺栓位置	5	
	螺栓外露长度	+10，−5	
预留孔	中心线位置	5	

（2）预制构件尺寸误差应符合表10.7-2的规定。

预制构件尺寸允许偏差项目和检验方法 　　　　表10.7-2

项目	允许偏差（mm）	检验方法
长度、宽度、高度、厚度	±5	钢尺检查
平整度	3	靠尺和塞尺检查
对称要求的部位	5	靠尺和塞尺检查

10.8　工程实例

10.8.1　老子说经台

位于陕西周至县终南山北麓楼观台内的老子说经台，如图10.8-1所示，相传是当年老子讲授《道德经》之地。院内复建的配殿采用砖木混合结构，屋面悬山部分的博缝板、悬鱼及惹草采用传统做法，见图10.8-2。

图10.8-1　老子说经台实例图

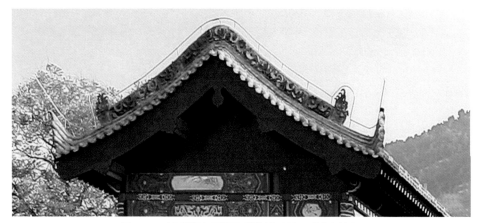

图10.8-2　老子说经台配殿屋面博缝板、悬鱼及惹草实例图

10.8.2　混凝土山花及压顶云纹做法

　　陕西建工集团有限公司东楼歇山山花及垂鱼采用细石混凝土喷抹，雀替、屋角及露台压顶云纹采用混凝土预制后置安装做法，如图10.8-3所示。

山花、博缝板及垂鱼实例图　　　　　　　　　　　雀替及墙端云纹实例图
图10.8-3　陕西建工集团有限公司东楼屋面及装饰

10.8.3　什锦窗及垂花门

　　西安长安文化山庄为两进四合院建筑，院内的什锦窗采用混凝土预制后置安装，如图10.8-4所示。垂花门的倒垂莲花柱及博缝板和梅花钉的排布均采用传统做法，如图10.8-5所示。

图10.8-4　什锦窗实例图

图10.8-5　垂花门垂莲柱头及梅花钉排布实例图

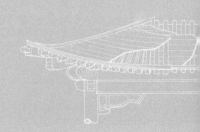

第 11 章

CHAPTER ELEVEN

油饰彩画

───────────── **11.1　简述** ─────────────

油饰彩画在我国有悠久的历史，是我国传统建筑特有的装饰形式。

早在新石器时代，已经出现与油饰有关的彩陶，春秋战国时期建筑上已经明确出现建筑油饰的记载。至两汉、南北朝时期，王宫建筑青锁丹楹、图似云气，开始用彩绘进行建筑装饰。

唐代建筑开始使用金碧辉煌的彩画，宋《营造法式》记载彩画有五种，分别是五彩遍装、碾玉装、青绿叠晕棱间装、解绿装饰及丹粉刷饰。元代延续使用并加以发展和完善，至明代，建筑彩画已发展到成熟阶段并形成制度，清代继续发展，进入了鼎盛时期。明、清时期，官式建筑彩画分为和玺彩画、旋子彩画、苏式彩画、宝珠吉祥草、海墁彩画及地方建筑彩画。

新式彩画又称作现代彩画，出现在我国20世纪50年代。它是在继承传统彩画的基础上发展演变而成的一种彩画。新式彩画一般用在具有民族传统风格的新建筑中，园林建筑中运用亦较多。

我国古代，建筑彩画的使用是有严格规定的。对于较高等级的五彩遍装、石碾玉装及和玺彩画、旋子彩画更是有着严格的规定。彩画只限于使用在宫殿、官府、寺庙等建筑上，民居不得施五彩加以装饰。

建筑油饰彩画的施工，一般先做地仗（基层处理），再做油饰或者彩画。即彩画部位不油饰，油饰部位不彩画。

11.1.1　宋式彩画

11.1.1.1　五彩遍装

"五彩遍装"是宋式彩画中等级最高、最具代表、最复杂的彩画样式，其纹饰形式极其丰富。构图分为"缘道"和"身内"两部分，以青、绿、红三色为主，小面积点缀黑、白、黄等色。在五彩遍装的基础上加入金色，被称作"五彩间金"彩画，如图11.1-1所示。

11.1.1.2　碾玉装

"碾玉装"和"五彩遍装"同属上等彩画，规格比五彩遍装略低，所用工时相当于"五彩遍装"的一半。和"五彩遍装"的差异主要表现在用色方面，包括衬地色、主色、点缀色及色彩间的关系。同时，在画法上亦有所简化，如图11.1-2所示。

图11.1-1　五彩遍装彩画示意图　　　　图11.1-2　碾玉装彩画示意图

（图片来源：《营造法式彩画研究》）

11.1.1.3　青绿叠晕棱间装

"青绿叠晕棱间装"属于中等彩画，可分为"两晕棱间装""三晕棱间装"和"三晕带红棱间装"。所用工时相当于"五彩遍装"的1/4左右，如图11.1-3所示。

11.1.1.4　解绿装饰

"解绿装饰"属中等彩画，分为"解绿刷饰"和"解绿结华装"两种。所用人工少于"叠晕棱间装"，多用人工约为"五彩遍装"的1/20，如图11.1-4所示。

11.1.1.5　刷饰

"刷饰"属下等彩画，分为"丹粉刷饰"和"土黄刷饰"两种，如图11.1-5所示。

图11.1-3　青绿叠晕棱间装彩画示意图　　　　　　　　图11.1-4　解绿装饰彩画示意图
（图片来源：《营造法式彩画研究》）　　　　　　　　（图片来源：《营造法式彩画研究》）

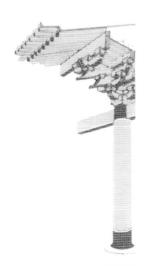

丹粉刷饰　　　　　　　　　　　　　　土黄刷饰

图11.1-5　刷饰彩画示意图
（图片来源：《营造法式彩画研究》）

11.1.2　清式彩画

11.1.2.1　和玺彩画

和玺彩画是中国明清传统建筑彩画中等级最高的一种，其彩画的部位除梁、檩、大额枋、小额枋、由额垫板外，还有椽、斗栱、雀替、平板枋等内外檐大木构件上。当然，有些建筑并无小额枋及由额垫板，亦可饰以单额枋和玺彩画。和玺彩画主体构图格局主要由柱头、箍头、盒子、找头（藻头）、枋心等组成，如图11.1-6所示。彩画中的全部线条及主要纹样均沥粉贴金，以青、绿等底色衬托金色图案，其效果金碧辉煌、十分绚丽华贵。

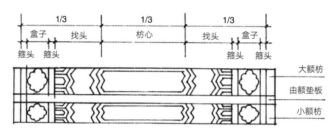

图11.1-6　和玺彩画构图格局及立面组成示意图

在和玺彩画当中，一般又可分为金龙和玺彩画、龙凤和玺彩画、龙草和玺彩画和金凤和玺彩画等几种形式。

（1）金龙和玺彩画

彩画的枋心通常以画二龙戏珠纹样为主，盒子内多配以坐龙，找头内画降龙或升龙，由额垫板多画行龙等，如图11.1-7所示。

（2）龙凤和玺彩画

一般在枋心、找头、盒子部位画龙、凤，即所谓"龙凤呈祥"，见图11.1-8。

（3）龙草和玺彩画

通常在枋心、找头、盒子部位由龙和吉祥草或法轮吉祥草搭配布局，由额垫板画吉祥草，见图11.1-9。

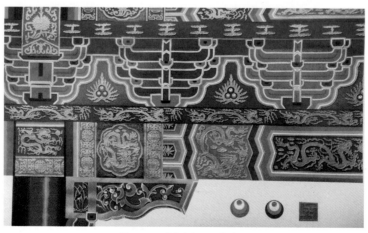

图11.1-7　金龙和玺彩画实例图

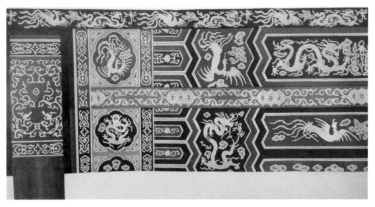

图11.1-8 龙凤和玺彩画实例图

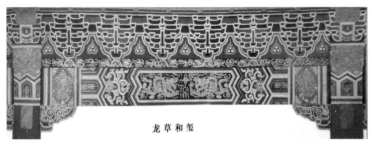

图11.1-9 龙草和玺彩画实例图

（4）金凤和玺彩画

在枋心、盒子、找头等部位主要绘以凤纹，见图11.1-10。

11.1.2.2 旋子彩画

旋子彩画也是清代建筑的主要彩画，一般用在皇宫的次要建筑，王府的主要建筑，官衙、庙宇的主、次要建筑，坛庙的配殿以及牌楼等建筑物上。旋子彩画所饰用的部位及彩画主体构图格局与和玺彩画基本相似，主体构图格局也是由柱头、箍头、盒子、找头（藻头）、枋心等几个部分组成，如图11.1-11所示。在构图上与和玺彩画最为明显的区别：一是和玺彩画找头与枋心的分界

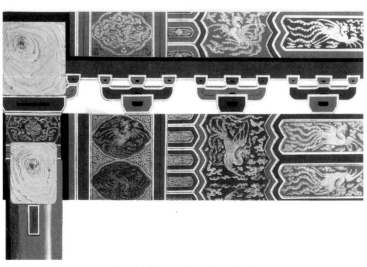

图11.1-10 金凤和玺彩画实例图

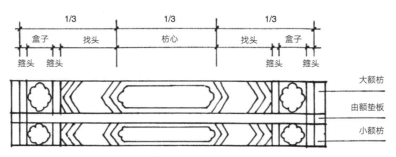

图11.1-11　旋子彩画构图格局及立面组成示意图

线呈放倒的"W"字形，而旋子彩画则为放倒的"V"字形；二是和玺彩画找头内通常使用云龙、云凤、卷草、灵芝、西番莲等图案纹样，而旋子彩画在找头内则普遍使用一种带旋涡状、被称作"旋子"或"旋花"的几何图形。"旋子"的原型本是一种多年生野生草本攀援植物的花朵，其生命力极强。旋子代表长寿和吉祥。

在旋子彩画当中，根据纹饰组合，设画与做法，主要分为八种，分别为浑金彩画、金琢墨石碾玉、烟琢墨石碾玉、金线大点金、小点金、墨线小点金、雅伍墨、雄黄玉等多种不同形式，如图11.1-12所示。不同形式的旋子彩画表现出不同的等级和规格，不同形式的旋子彩画使用在不同等级和类型的建筑物上。

11.1.2.3　苏式彩画

苏式彩画是清代官式建筑彩画的一种，并非字面上理解的"苏州地区彩画"。苏式彩画主要用于园林建筑和住宅建筑当中，其种类和形式较多。

按规格等级不同划分主要有金琢墨苏画、金线苏画、墨线苏画三种；按基本形式不同划分主要有包袱式苏画、枋心式苏画、海墁式苏画三种，如图11.1-13所示。

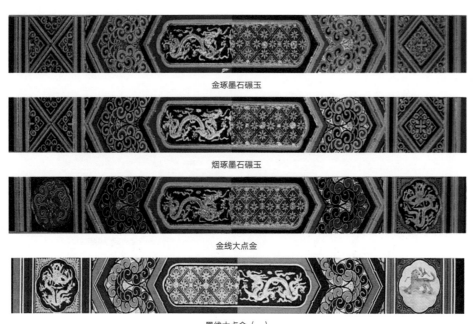

金琢墨石碾玉

烟琢墨石碾玉

金线大点金

墨线大点金（一）

图11.1-12　旋子彩画构图格局及纹饰组成实例图

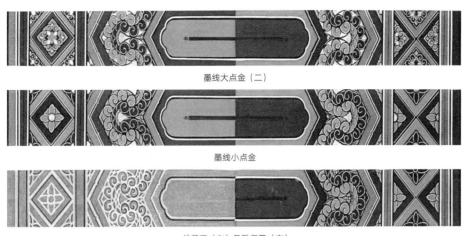

墨线大点金（二）

墨线小点金

雄黄玉（左）及雅伍墨（右）

图11.1-12　旋子彩画构图格局及纹饰组成实例图（续）

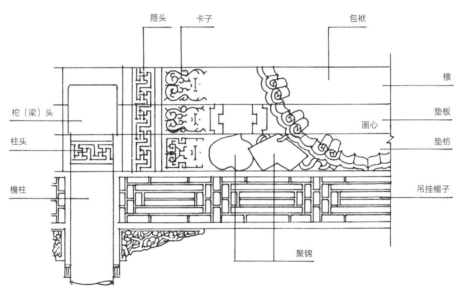

包袱式苏式彩画示意图

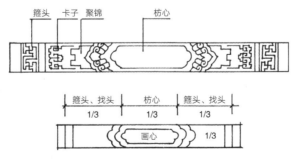

枋心式苏式彩画示意图

海墁画心

海墁式苏式彩画示意图

图11.1-13　苏式彩画示意图

11.1.2.4 新式彩画

新式彩画用于建筑物的外檐，也可用在内檐。

外檐新式彩画的式样，以简化了的和玺彩画或旋子彩画布局构图居多。彩画纹样一般不用龙、凤，而是选用简洁的花草纹样或几何纹样。内檐新式彩画用于顶部，有采用传统井字天花形式的，也有采用简化了的井字天花，在有些建筑中，室内的柱子也有彩画形式的，多采用沥粉贴金做法。

新式彩画除上面提到的不同于传统彩画之处以外，还有一个非常重要的特点，就是新式彩画设色淡雅、讲求色调，很少使用强烈的对比色，一般不用大红大绿，多使用柔和的中间色，以形成一种明快的色调，使人感到很轻松、很亲切，并且具有强烈的时代感，如图11.1-14所示。

图11.1-14 新式彩画实例图

11.2 主要材料

11.2.1 地仗材料

水泥、108胶腻子、外墙乳胶漆、多功能抗碱底漆。

11.2.2 油漆材料

稀释剂、调和漆、氟碳漆。

11.2.3 彩画材料

洋绿、沙绿、佛青、银朱、石黄、铬黄、雄黄、钛白粉、广红、石青、普鲁士蓝、黑烟子和金属颜料等。国画颜料多用于绘画山水人物花卉等（即白活）部分，见表11.2-1。

常用颜料 表11.2-1

颜料	介绍
巴黎绿	巴黎绿色彩非常美丽，具有覆盖和耐光力，但遇湿易变色，因此宜存放在干燥处，涂刷应避开阴雨天气，它的毒性最大
沙绿	国产颜料，比巴黎绿深暗，一般用在巴黎绿内加佛青加以代之。有毒，易皮肤过敏
佛青	又叫群青或沙青、回青、洋蓝等。沙粒状，它具有耐日光、耐高温、遮盖力强、不易与其他颜色起化学反应等特点
银朱	它是用汞与石亭脂（即加过工的硫黄）精炼而成。色泽纯正，鲜艳耐久，有一定的覆盖力。正尚斋银朱是一种非常名贵的入漆银朱。佛山银朱仅次于正尚斋银朱
石黄	又名黄金石，是我国特产的一种黄色颜料，色泽较浅、不易褪色、覆盖力强，有毒
铬黄	是彩画中使用量较多的一种黄色，色较深，黄中偏红。其耐光性差，有毒
雄黄	是石黄内提炼出来的深色颜料，色很鲜艳，覆盖力强，但在阳光下不耐久，做雄黄玉彩画时才使用
钛白粉	色洁白，覆盖力强，耐光耐热，在阳光下不易变色，无毒
广红	又称为红土子或广红土，色很稳定，不易与其他颜色起化学作用，价廉，是经常使用的颜料之一
石青	国产名贵颜料，它覆盖力强、色彩稳定，不易与其他颜色起不良反应
普鲁士蓝	有的称它为毛蓝、铁蓝等，颜色稳定持久，一般用于画白活的绘画中
碳黑	是一种比较经济的颜料，它相对密度轻，不与任何颜料起化学反应
金属颜料	它是指金箔金粉等。金箔分库金和赤金。库金是最好的金箔，颜色偏深、偏红、偏暖，光泽亮丽。每张规格为93.3mm×93.3mm，贴在彩画上不易氧化，永不褪色。赤金颜色偏浅、偏黄白，色泽偏冷，每张规格为83.3mm×83.3mm，亮度和光泽次于库金。 金粉、银粉是用来调制金漆和银漆用，也容易氧化变色
国画材料	颜料多用于绘画山水人物花卉等（即白活）部分

11.3 主要机具

11.3.1 地仗施工机具

角磨机、喷雾器、空气压缩机、刮板、夹杆、阴阳角塑料条、腻子搅拌机、80目砂板、240目砂板。

11.3.2 油漆施工机具

喷涂机、油漆搅拌机、空气压缩机、喷枪。

11.3.3 彩画施工机具

牛皮纸、扎针、粉包、尺子、画刷、画笔、调色板、沥粉器。

11.4 工艺流程

11.4.1 地仗工艺

混凝土基层修补打磨→测平弹线→刷界面剂→喷刷抗碱底漆→刮第一遍找平腻子→底漆喷刷多功能抗碱底漆→刮第二遍找平水泥腻子→刮涂二遍平光腻子→刮涂三遍光面腻子→打磨、清理→喷抗碱封闭底漆。

11.4.2 油饰工艺

喷底漆→喷面漆两遍→成品保护。

11.4.3 彩画工艺

丈量、起扎谱子→磨生油、过水布→分中、打谱子、号色→沥粉→刷色→包黄胶→拉晕色、拉大小粉→压老→整修。

11.5 施工工艺

11.5.1 地仗施工

11.5.1.1 混凝土基层修补打磨

混凝土基层含水率应在8%以内，无空鼓、无开裂、不起砂。用铲或角磨机打平，打磨完毕必须用喷枪清理干净表面灰尘，确保地仗与混凝土面粘结牢固。

11.5.1.2 测平弹线

对梁、柱、斗栱、椽子、连檐板及装饰线条等彩画部位进行测平，采用吊线、挂线、弹线等方式，确保构件基层尺寸准确、线条顺畅。

11.5.1.3 刮腻子前基层表面涂刷界面剂，确保腻子与混凝土表面粘接牢固。

11.5.1.4 喷刷抗碱底漆

对打磨好的混凝土面层进行抗碱处理，用喷枪满喷聚乙烯醇或抗碱底漆，不得漏喷，以防混凝土碱性穿过腻子层，造成油漆返碱、空鼓、起皮、脱落等现象。

11.5.1.5 找平腻子

腻子中内配起到拉结作用的纤维，是防止地仗灰凝固收缩时产生裂缝，可加适量水泥增加腻子强度。

找平腻子的做法和配料；刮第一遍水泥找平腻子时应将水泥、108胶、白乳胶按3：2：1（重量计）比例，用电动搅拌工具搅拌均匀。

混凝土构件线角采用夹尺杆或阴阳角条等方法，确保线角清晰顺直。圆柱地仗施工时，可采用吊挂通线，用尺杆、刮杠或自制半圆刮板工具，满涂地仗灰，旋转涂刮，使柱圆顺、直径一致。柱收分处确保线条流畅，弧线自然。月牙梁两侧面中段与两端头均做好八字形和折线线条，确保线条分明顺直，如图11.5-1所示。

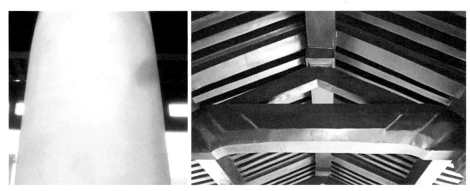

腻子施工实例图　　　　　　　　月梁油饰效果实例图

图11.5-1　混凝土构件腻子施工实例图

11.5.1.6 喷刷多功能抗碱底漆

喷刷多功能抗碱底漆时应待第一遍找平腻子干燥后，用1：1外墙乳胶漆和多功能抗碱底漆，满喷一遍，喷刷应均匀，不得漏刷。

11.5.1.7 第二遍找平腻子

第二遍腻子施工应在多功能抗碱底漆后进行。腻子比例为水泥：108胶：白乳胶按5：1：4的比例调配，用电动搅拌工具搅拌均匀。满刮找平腻子，用手持砂板或电动砂板打磨平顺。

11.5.1.8 平光腻子

平光腻子比例及搅拌同第二遍腻子，应分两道成活。

第一道刮涂时大面用板子，圆面用皮子，边框、上下围脖、框口、线口等采用自制工具刮涂。打磨时平面用较长（45cm）的自制砂板进行打磨平整，圆柱用25cm宽左右的砂带绕柱打磨，厚度不超过2mm且接头平整。

第二道平光腻子刮涂工艺同第一道，待干燥后打磨。打磨时用细于240目砂纸反复打磨，达到表面平直圆顺。

11.5.1.9 喷二遍抗碱底漆

满喷抗碱底漆，可加适量同面漆颜色一致的色料，提高面漆效果防止泛碱。

11.5.2 油漆施工

11.5.2.1 喷（刷）底漆

（1）搅拌：避免油漆在存放等过程中的沉淀和上下不均等现象，又能起到油漆在喷涂过程中色泽一致等效果。

（2）过滤：清除油漆在存放过程中的沉淀物等杂质，又能起到搅拌均匀的作用和喷涂过程中畅通无阻，使喷涂工作能正常运行，喷涂均匀。

（3）待腻子干透后用喷枪均匀喷涂一遍底漆，不得漏喷，小面积时可采用刷子进行涂刷。枪头与所喷地仗面距离一般为25～30cm，保持枪头平稳移动，距离不能太近，避免流坠等不良现象发生。喷涂施工从上而下、从里向外、按次序施工，均匀喷涂，一次不得喷涂过厚，不能出现起泡、起皱、流坠等现象。

11.5.2.2 喷面漆

待第一遍底漆干透后应及时进行检查，修补缺陷，再进行面漆喷涂。喷涂前对其他成品进行有效保护。喷涂一般要求2～3道，喷涂气压控制在0.4～0.6MPa、喷嘴口径1.2～2.0mm，喷距在15～30cm之间。要求均匀，确保色泽一致，分色清晰，无漏喷、无流坠。

11.5.2.3 成品保护

面漆喷涂完毕，采取有效保护措施，避免他人手摸或损坏并设置警示牌。根据工艺流程和油漆规范要求精心施工，专人管理，确保质量。

11.5.3 彩画施工

11.5.3.1 丈量、起扎谱子

（1）先将所需彩画处柱、梁、枋等尺寸丈量准确，然后根据明间、次间、梢间，以其尺寸的一半用牛皮纸制图。其枋心占间宽的三分之一，两边各占三分之一。按柱、梁、枋等尺寸制彩绘施工谱子。用牛皮纸制图必须精确，并用笔标记出每个构件的名称、尺寸等。

（2）待起谱子完成后，用针按照谱子的纹饰，扎成均匀的孔洞，以通过拍谱子显现出谱子的纹饰。扎完谱子后用细砂纸将扎孔下突出的部分磨平，使孔眼通顺，待拍谱子时使图案清晰。

11.5.3.2 分中、拍谱子、号色

（1）分中是在构件上面画出一条中分线。把水平构件的上下两条边线取中点并连线，此线即为该构件的中分线。构件的中分线，即彩画纹饰左右对称的轴线，该线是专为拍谱子标示的位置线。

（2）拍谱子是将谱子纸铺实于构件表面，用能透漏粉的薄布包装白色粉末后对谱子反复拍打，使粉包中的粉透过谱子针孔将谱子的纹饰印在构件上。

（3）号色是在彩画施工涂刷颜色前，按彩画色彩的做法制度，预先将彩画纹饰的各个部位运用彩画专用的颜色代号做出具体颜色的标识，以指导工人在彩画施工时刷色。

11.5.3.3 沥粉

（1）沥粉是通过沥粉器，经手的挤压，使粉袋内的半流体状粉浆经过粉尖子出口，描画出谱子上的纹饰，按照彩画沥粉的程序，先沥大粉，后沥二路粉及小粉，将粉浆附着于彩画作业面上并形成凸起的半浮雕纹饰。

（2）清式彩画沥粉的粉条粗细一般分为三种，粉条最粗者称大粉，稍细者称二路粉，最细者称小粉。大粉普遍用作彩画的主体轮廓大线；二路粉和小粉，分别用来表现彩画的细部花纹。

（3）沥粉应严格按照谱子的粉迹纹饰，不得随意发挥个人的风格。沥直线粉必须依直尺操作，不得徒手沥粉。直线沥粉的竖线条应做到垂直，横线条做到平直，倾斜线条做到斜度一致。曲线沥粉，纹饰亦应做到端正、对称、弯曲转折自然流畅，线条宽度、边线宽度及纹饰间隔宽度一致。细部彩画的沥小粉（包括曲线沥小粉），线条应做到利落清晰，准确体现出谱子纹饰应有的神韵。

11.5.3.4 刷色

（1）即平涂各种颜色。包括刷大色、二色、三色、抹小色、剔填色、掏刷色。

（2）应先刷各种大色，后刷各种小色。刷青绿主大色时，必须先刷绿色后刷青色，涂刷基底大色时要求涂刷两遍。

（3）银朱色用作涂刷基底大色时，必须先在底层垫刷章丹色，再在面层罩刷银朱色。

11.5.3.5 包黄胶

包黄胶的用料包括黄色树脂漆或黄色酚醛漆两种黄胶。包黄胶的作用，一是为彩画的贴金奠定基础，通过包黄胶可阻止下层的颜色对上层金胶油的吸吮，利于金胶油有效地衬托贴金的光泽；二是向贴金者标示出打金胶及贴金的准确位置范围。

11.5.3.6 刷金胶油

金胶油是由浓光油加酌量"糊粉"（定儿粉经炒后除潮名为糊粉）配成，专作贴金底油之用。以筷子笔（用筷子削成）蘸金胶油涂布于贴金处，油质要好，涂布宽窄要整齐，厚薄要均匀，不流挂、不皱皮。彩画贴金宜涂两道金胶油，框线、云盘线、三花绶带、挂落、套环等贴金，均涂一道金胶油。

11.5.3.7 贴金

（1）当金胶油将干未干时，将金箔撕成或剪成需要尺寸，以金夹子（竹片制成）夹起金箔，轻轻粘贴于金胶油上，再以棉花揉压平伏。如遇花活，可用"金肘子"（用柔软羊毛制成的羊毛刷子，也可用大羊毛笔剪成平头形）肘金，即在花活的线脚凹陷处，细心地将金箔粘贴密实。

（2）金贴好后，用油拵扣原色油一道（金上不着油，称之扣油）。如金线不直时，可用色油找直（镶直），称为"齐金"。扣油干后，通刷一遍清油（金上着油，谓之罩油）。清油罩与不罩，以设计要求为准。

11.5.3.8 拉晕色、拉大小粉

（1）拉大黑。即在彩画施工中，以较粗的画刷，用黑烟子色画较粗的直、曲形线条。这些粗黑线，主要用做中、低等级彩画的主体轮廓大线、边框大线。

（2）拉晕色。晕色，是对彩画的各种晕色的总称，晕色是色相上基本相同，而色度有明显差别的颜色。凡晕色，其颜色明度必须浅于与这种晕色相关的深色，例如，三青作为一种浅青色，与大青色相相同，则可以作为大青色的晕色。粉红作为一种浅红与朱红色相基本相同，则粉红可以作为色度较深的朱红的晕色，如此等等。所谓拉晕色，是指画主体大线旁侧或造型边框以里与大青色、大绿色相关联的三青色（或粉三青色）及三绿色（或粉三绿色）的浅色带。

在彩画中，晕色可起到对深色的晕染艺术效果的作用。而对整体彩画而言，则可起到丰富彩画的层次，使纹饰的表现更加细腻，提高整体色彩的明度，降低各种色彩间的强烈对比，使整体色彩效果趋向柔和统一等各种作用。

（3）拉大粉。拉大粉是用画刷在彩画中画出较粗的白色曲、直线条。这些白色线条，拉饰在彩画的黑色、金色、黄色的主体轮廓大线的一侧或两侧。白色在色彩中为极色，色彩明度最高，故在上述大线旁拉饰大粉可使这些大线更为醒目，同时也起晕色作用，使彩画增强色彩感染力。若在金色大线旁拉大粉，不仅能起到上述作用，还可以起到齐金的作用。

由于大粉是依附在各色大线旁的，所以拉大粉必须在大黑线、金线或黄线完成以后才可进行。另外，凡在金线旁做晕色的，必须待金线及晕色两项工艺完成后才可拉大粉。

11.5.3.9　压老

在彩画的方心、箍头、角梁、斗栱、挑尖梁头、霸王拳、穿插枋头等部位，按照这些部位的外形在中央缩画的图形称为"老"。其中凡用黑色画的称为黑老；用沥粉贴金表现的称为金老。

11.5.3.10　整修

压老完成后，整个彩画即告完成，为避免有遗漏和缺欠，要整体对照画稿进行整修，以使彩画的绘制工作全部达到工程验收的水平。

11.6　控制要点

基层处理；抗碱底漆施工；地仗施工；麻布层施工；地仗分层抹灰干燥程度；灰层平整度；彩画样板施工；沥粉质量；贴金质量；退晕质量；相邻颜色无污染；油漆喷涂或刷饰质量。

11.7　质量要求

11.7.1　主控项目

（1）材料应有使用说明、储存有效期和产品合格证，品种、颜色应符合设计要求。

（2）面漆喷涂，要求薄而均匀，色泽一致，不流坠、不漏底为原则，确保色泽一致。面漆施工是整个油漆施工的最关键的涂层，具有装饰功能又有防止环境侵蚀的功能（大风、雨天避免喷涂）。

（3）扎谱子时针孔不得偏离谱子纹饰，要求针孔端正、孔距均匀，一般要求主体轮廓大线孔距不超过6mm，细部花纹孔距不超过2mm。

（4）分中线必须准确、端正、直顺、对称。

（5）对拍谱子的要求是，使用谱子正确、纹饰放置端正、主体线路衔接直顺连贯、花纹粉迹清晰。

（6）沥粉应做到气运连贯一致，粉条表面光滑圆润，粉条凸起度饱满（一般要求达到近似半圆程度），粉条干燥后坚固结实，沥粉无断条、无明显接头及错茬，无瘪粉，无风窝麻面、飞刺等各种疵病。

（7）刷色应做到均匀平整，严实饱满，不透底虚花，无刷痕及颜色坠流痕，无漏刷，颜色干后结实，手触摸不落色粉，颜色干燥后在刷色面上再重叠涂刷它色时，两色之间不混色。刷色边缘直线直顺、曲线圆润、衔接处自然美观。

（8）包黄胶应符合设计要求，做到用色纯正，位置范围准确，包严包到。要求包至沥粉的外缘，涂刷整齐平整，无流坠，无起皱，无漏包，不沾污其他画面。

（9）拉大黑、拉晕色、拉大粉，凡直线都要求依直尺操作（弧形构件，必须依弧形尺），禁止徒手进行。直线条，要做到直顺无偏斜、宽度一致。曲形线条弧度一致、对称、转折处自然美观。凡各种颜色的着色要结实，手触摸不落色粉，均匀饱满，整齐美观，无虚花透底，无明显接头，无起翘脱落，无遗漏，无不同色彩间的相互污染等各种疵病。

（10）压黑老工序多在彩画基本完成以后进行。压黑老要做到黑老居中、直顺，造型、力度及宽窄适度、颜色足实。

11.7.2　一般项目

（1）腻子残缺处应补齐腻子，砂纸打磨到位。

（2）混凝土油漆彩画地仗允许偏差项目和检验方法见表11.7-1。

梁板柱腻子允许偏差表　　　　　　　　　　　　　　　　　　　　　　　　　　　　　表11.7-1

项目		允许偏差（mm）	检验方法
梁板柱	中心线位移	2	拉线尺量
	底标高	+0 −2	水准仪及拉线
	垂直度	2	挂线及线锤
	水平度	2	水平仪
	棱角方正	1	尺量
	相邻柱轴线	±3	拉线尺量

（3）混凝土彩绘基本项目，见表11.7-2。

彩画工程基本项目　　　　　　　　　　　　　　　　　　　　　　　　　　　　　　　表11.7-2

项目	等级	质量要求
沥粉线条	合格	光滑、直顺，大面无刀子粉、疙瘩粉及明显瘪粉
	优良	光滑、饱满、直顺，无刀子粉、疙瘩粉、瘪粉、麻渣粉，主要线条无明显接头
各色线条直顺度（梁枋主要线条、如箍线、枋心线、皮条线、岔口线、盒子线等，包括晕色大粉）	合格	线条准确直顺、宽窄一致，无明显搭接错位、离缝现象；大面棱角整齐方正
	优良	线条准确直顺、宽窄一致，无搭接错位、离缝现象，棱角整齐
色彩均匀度（底色、晕色、大粉、黑）	合格	色彩均匀、不透底影、无混色现象
	优良	色彩均匀、足实、不透底影、无混色现象
局部图案规整度（枋心、找头、盒子、箍头、卡子等）	合格	图案工整规则、大小一致、风路均匀、色彩鲜明清晰
	优良	图案工整规则、大小一致、风路均匀、色彩鲜明清楚、运笔准确到位、线条清晰流畅

项目	等级	质量要求
洁净度	合格	大面无脏活及明显修补痕迹，小面无明显脏活
	优良	洁净、无脏活及明显修补痕迹
艺术印象（主要指各种绘画水平，如包袱画、聚锦阁、池子画、流云、博古、找头花等）	合格	各种绘画形象、色彩、构图无明显误差，能体现绘画主题（可多人评议），包袱退晕整齐、层次清楚
	优良	各种绘画逼真、形象、生动、能很好体现绘画主题（可多人评议）包袱退晕整齐、层次清楚、无靠色跳色现象
裱贴	合格	牢固、平整、无空鼓、翘边等现象，允许有微小折皱
	优良	牢固、平整、无空鼓、翘边、折皱

11.7.3　其他质量要求

所选用涂料、胶粘剂等材料必须有产品合格证及总挥发性有机物（TVOC）和游离甲醛、苯含量检测报告。

11.8　工程实例

11.8.1　混凝土面地仗及油饰做法

针对混凝土油饰表面容易返碱、起皮、掉色等弊病，西安大唐芙蓉园采用新的施工做法后，既防止和消除了这些质量通病，又提高了建筑物的观感质量，其主要工序做法如下：混凝土基层表面局部修补打磨→测平弹线→刷界面剂→喷刷抗碱底漆→局部刮抹3：2：1比例的水泥：108胶：白乳胶（重量比）腻子→腻子干燥打磨后喷刷1：1外墙乳胶：多功能抗碱底漆→干燥打磨后刮5：4：1比例的水泥：108胶：白乳胶腻子→干燥打磨后再刮两道平光腻子，比例同上但使用工具不同，应用小于240目砂纸打磨→满喷第二遍抗碱封闭底漆，并加适量同面漆颜色一致的色料，以提高面漆的观感质量→喷刷饰面底漆→局部找补带色腻子→喷刷面漆。

该项目所有工程采用这种地仗及饰面施工做法，竣工至今无返碱、脱皮、掉色等现象，效果很好，见图11.8-1。

11.8.2　清式彩画在群体建筑中的设置方案与施工

11.8.2.1　彩画等级设置方案

根据清式彩画等级规定，建筑等级决定彩画等级，如西安楼观财神文化区按照建筑等级配置彩画等级。财神大殿是该景区建筑等级最高的一种建筑形式，清式歇山重檐建筑，建筑面积14000m²，彩画等级采用龙草和玺，见图11.8-2。

赐福殿、大牌楼在园内属于次等级别建筑，采用金线大点金旋子彩画，见图11.8-3。

八角亭、南山门、钟鼓楼采用金线小点金旋子彩画，见图11.8-4。

戏楼　　　　　　　　　　　　　　　　　　　　长廊

局部效果图

图11.8-1　西安大唐芙蓉园油饰实例图

图11.8-2　龙草和玺彩画实例图

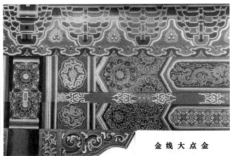

图11.8-3　金线大点金旋子彩画实例图

　　周边长廊采用墨线小点金旋子彩画，见图11.8-5。

11.8.2.2　清式彩画施工

　　根据清式彩画等级规定及施工要求，其做法如图11.8-6所示。

图11.8-4　金线小点金彩画实例图

图11.8-5　墨线小点金旋子彩画实例图

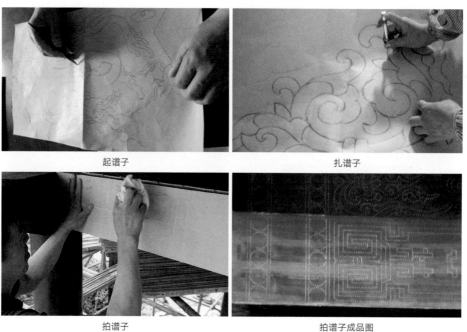

| 起谱子 | 扎谱子 |
| 拍谱子 | 拍谱子成品图 |

图11.8-6　彩画施工做法顺序实例图

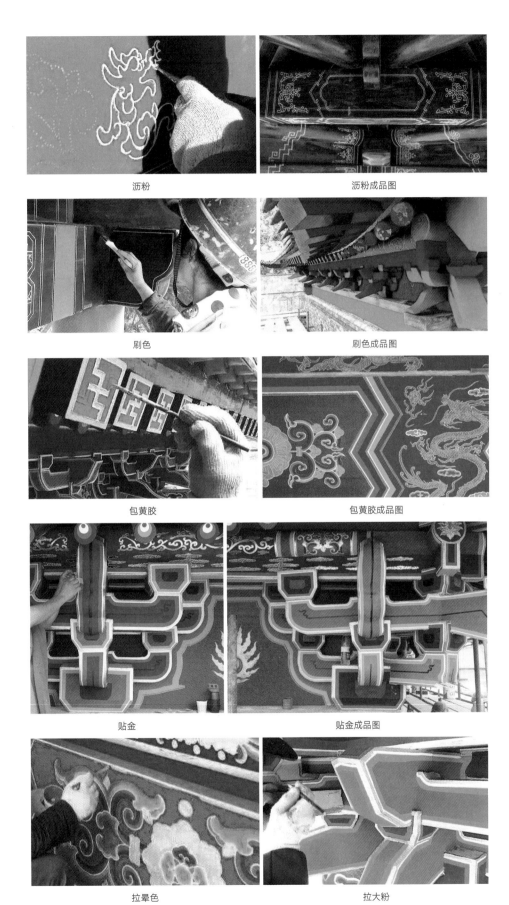

沥粉 沥粉成品图

刷色 刷色成品图

包黄胶 包黄胶成品图

贴金 贴金成品图

拉晕色 拉大粉

图11.8-6　彩画施工做法顺序实例图（续）

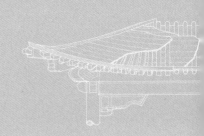

CHAPTER TWELVE

第
12
章

钢
结
构

传统古建筑中柱、梁、椽、斗栱等构件通常以木构件形式来表现，后来发展到用多种建筑材料来实现古建筑效果，钢结构便是其中应用较为广泛的一种。

钢结构因自重轻、强度高、跨度大、抗震性能好，具有可循环利用、建设周期短、建造和拆除时对环境污染小等特点，适用于传统建筑恢复，古迹、遗址保护等。

目前有很多传统建筑形式采用钢结构体系，如西安大明宫丹凤门、杭州西湖雷峰塔、济南大明湖超然楼、烟台凤凰阁等。

12.1 钢构架

12.1.1 简述

钢结构构架主要有柱、梁、枋、檩等。

柱：柱多用圆形钢管、矩形钢管、H型钢。柱础常采用钢筋混凝土基础，钢柱与柱础之间采用预埋锚栓连接。

梁：梁多用圆形钢管、矩形钢管、H型钢。

枋：枋多用矩形钢管、H型钢。

檩：檩多用圆形钢管或C型钢。

钢构件的连接方式主要有：高强螺栓连接、栓焊连接、焊接。

12.1.2 主要材料

钢管、型钢、锚栓、锚栓定位板、高强螺栓、焊丝、焊条。

12.1.3 主要机具

起重设备、焊接设备、探伤设备、水准仪、经纬仪、扳手、扭矩扳手、撬杠、角磨机。

12.1.4 工艺流程

定位放线→埋置预埋锚栓→钢构件制作→钢构件安装→连接节点检测。

12.1.5 施工工艺

12.1.5.1 定位放线
采用全站仪、经纬仪、水准仪等对建筑物、轴线和标高进行放线控制。

12.1.5.2 埋置预埋锚栓
（1）现浇混凝土柱础钢筋及模板施工完成后开始埋置预埋锚栓。

（2）用薄钢板制作定位板，依据锚栓间距在相应位置开孔，孔径略大于锚栓直径。

（3）根据确定好的轴线及标高，放置锚栓定位板，将锚栓依次从板上孔中插入，定位复核后将锚栓与柱础钢筋焊接牢固，如图12.1-1所示。

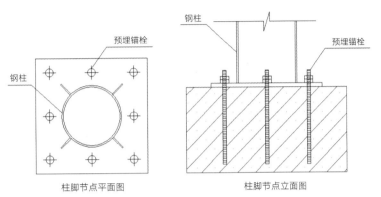

柱脚节点平面图　　　　　　　柱脚节点立面图

图12.1-1　柱脚预埋铁件示意图

（4）柱础混凝土浇筑过程中严禁振动棒扰动锚栓。

12.1.5.3　钢构件制作

（1）传统建筑钢结构一般比较复杂，优先采用BIM技术建立模型，进行图纸深化设计，确定构件准确的位置和尺寸，委托厂家进行加工。加工好的构件应编号进场，有条件时优先采用二维码技术进行构件编号，明确构件相关参数。

1）柱的制作与收分

钢结构柱子收分加工难度大。梭柱加工一般用钢管开口，或用钢板机卷而成，也有由装饰工艺来完成，清式柱收分如图12.1-2所示。

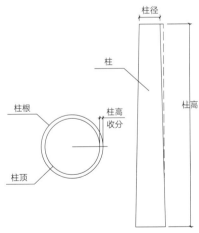

图12.1-2　清式柱收分示意图

2）梁、枋、檩的制作应根据细化设计图纸进行加工。

3）连接件的制作。

钢构件的连接分为高强螺栓连接、栓焊连接、焊接三种。根据连接形式进行连接件的放样制作，如图12.1-3所示。

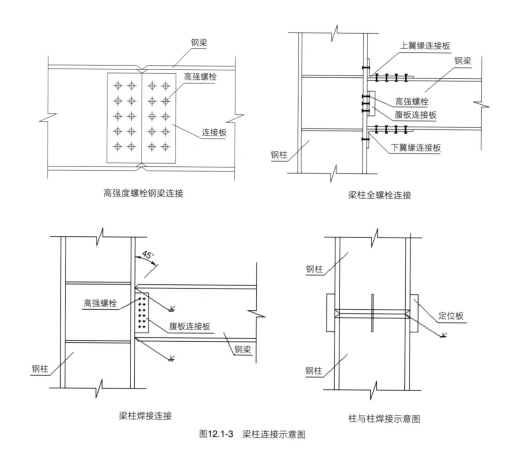

图12.1-3 梁柱连接示意图

（2）运输过程中应采取相关措施来防止构件变形。

12.1.5.4 钢构件安装

（1）柱子

1）根据钢柱的重量、长度、起重设备回转半径及现场施工条件选取合适的吊装设备。

2）对预埋锚栓进行复核，确定位置准确后安装定位螺帽，控制柱底标高。

3）钢柱对孔就位，复核标高和垂直度。确定无误后拧紧螺帽，电焊固定。

（2）梁、枋、檩

1）安装前标出两端钢垫板的中心位置。

2）安装时采用牵绳等措施防止碰撞钢柱。

3）安装完毕后对构件标高及定位进行复核，准确无误后拧紧螺帽或焊接固定。

（3）连接节点检测

钢构架安装完毕后，应根据古建筑的设计等级、耐久年限，按照现行规范要求，对高强螺栓及焊缝的施工质量进行检测，对焊接部位应进行探伤检测。

12.1.6 控制要点

锚栓定位、柱梁枋等垂直度及标高、连接牢固性。

12.1.7　质量要求

12.1.7.1　预埋锚栓定位允许偏差，应符合表12.1-1的要求。

预埋锚栓定位允许偏差值 　　　　　　　　　　　　　　　　　　　　　　　　　　表12.1-1

项目		允许偏差（mm）	检验方法
支承面	标高	±3	用水准仪检验
	水平度	l/1000	用水平尺检验
预埋锚栓	锚栓中心偏移	5	用经纬仪或全站仪检验
预留孔中心偏移		10	用经纬仪或全站仪检验

12.1.7.2　柱、梁、枋、檩允许偏差应符合表12.1-2的要求。

柱、梁、枋、檩定位允许偏差值 　　　　　　　　　　　　　　　　　　　　　　　表12.1-2

项目		允许偏差（mm）	检验方法
轴线位置		5	钢尺检查
表面标高		±5	水准仪或拉线、钢尺检查
截面内部尺寸	梁、枋、檩	+2，−5	钢尺检查
层高垂直度	不大于5m	6	经纬仪或吊线、钢尺检查
	大于5m	8	经纬仪或吊线、钢尺检查
表面平整度		5	2m靠尺和塞尺检查

12.2　斗栱

12.2.1　简述

在传统建筑中，金属斗栱具有自重轻、易成型、安装组拼方便、外形美观等特点，一般作为装饰性构件，常选用钢质、铝合金、铜质等材料，见图12.2-1。

钢质斗栱　　　　　　　铜质斗栱　　　　　　　铝合金斗栱

图12.2-1　不同材质的金属斗栱

12.2.2　主要材料

钢板、铝合金板、铜板、焊条、螺栓、镀锌螺杆。

12.2.3　主要机具

吊装设备、焊接设备、切割机、手枪钻、角磨机、投线仪、墨斗、线绳、水平尺。

12.2.4　工艺流程

建模→斗栱制作→斗栱安装→涂装→检查验收。

12.2.5　施工工艺

12.2.5.1　建模

斗栱结构复杂，应借助BIM技术进行深化设计，绘制出3D模型。深化设计时要熟悉建筑设计图纸，了解不同时代的斗栱特点，模型应达到颜色、形制真实清晰，参数齐全准确，分析构架组成，生成构件大样图或拆分后能够直接加工，必要时设计院进行确认。

12.2.5.2　斗栱制作

（1）钢斗栱的制作

1）根据图纸和深化设计进行构件的拆分、开模，制作实样模具。

2）根据斗栱实样模具在钢板上画线、裁切下料，再将裁切好的钢板组拼，焊接封口，制成空心斗栱构件。

3）对斗栱构件表面清理除锈，将表面的铁锈、焊缝药皮、焊接飞溅物、油污、尘土等杂物清理干净，除锈等级达到Sa2.0~Sa2.5级标准。

4）对斗栱按设计要求进行防腐和防火处理。

（2）铜及铝合金斗栱的制作

铜及铝合金斗栱是由铜或铝合金板冲压成的薄壁空心构件。在斗栱加工制作中应根据选材、形制等特点，必要时增加背衬以提高其稳定性及抗风压能力。

1）根据图纸和模型进行定型尺寸的开模，制作实样模具。

2）模具在板材上画线、裁切下料，基于构件模具冲压、折弯成型，采用氩弧焊机和专用焊丝对冲压成型的板材焊接封口，制成空心构件；在敞口部位要设置封板，在提高斗栱强度的同时还能防止鸟类筑窝。

3）对空心构件表面打磨，表面处理包括化学制剂清洗、细磨和抛光打磨。按设计要求进行防火和防腐处理。

4）对斗类、栱类构件的外表面氧化处理后，按设计要求和颜色进行表面喷涂，通过高温加热涂层与板材紧密结合。

5）在工厂应对整攒斗栱进行预组装，确保完整的情况下进行对位钻孔，再逐个拆开运至工地。

12.2.5.3 斗栱安装

（1）安装的一般要求

1）安装前熟悉设计图纸，做好技术交底和操作面及施工机械的准备工作。

2）将斗栱构件进行试拼装，熟悉斗栱安装流程和操作要点，见图12.2-2。

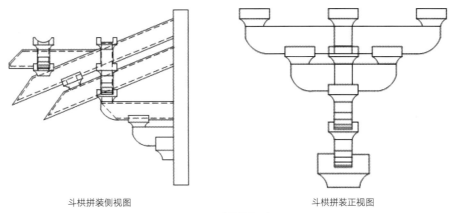

斗栱拼装侧视图　　　　　　　　　　　斗栱拼装正视图

图12.2-2　斗栱拼装示意图

3）吊装时在每个斗栱构件上画出水平线、中心线，在主体结构相应位置画出标高控制线和中心线，确保斗栱安装位置准确。

4）整体吊装的构件应遵循"先转角后中间"的原则，先安装同一个标高面内的角科斗栱，然后挂线安装柱头科、平身科斗栱。

5）分件安装的构件应遵循"先平面后竖向"的原则。

6）做好成品保护。

（2）钢斗栱的安装

1）钢斗栱通常采用整体吊装，吊装前应将斗栱构件进行预拼装。

2）安装时应将拼装好的斗栱安置于相应的支承面上，用撬棍轻轻撬动，使斗栱上的标志中心线、标高等控制标志与相应的支承面上的标志对齐。

3）安装时应缓慢进行，防止碰撞，宜用吊装带，或者捆绑钢丝绳与钢斗栱接触处应垫软性材料。

4）焊接时先临时点焊，检查无误后再进行正式焊接。正式焊接时应采用对称焊接的方式，防止焊接变形。

5）焊接后对构件表面及焊缝进行清理。

6）按照设计要求在构件表面刷防锈面漆。

（3）铜及铝合金斗栱的安装

1）斗栱钢龙骨由内到外，由下而上依次焊接安装，如图12.2-3所示。

2）将焊接好的钢龙骨安装到斗栱所在位置；

3）斗栱现场安装的两种连接固定方法。

①由下向上依次安装，各斗栱的构件通过榫卯结构结合螺栓实现组装。各斗栱的构件在相连接处设有相匹配的螺栓和安装孔。

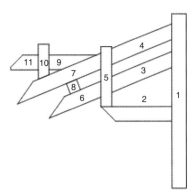

钢龙骨安装顺序示意图

铝合金斗栱安装实例图

图12.2-3　铝合金斗栱安装

②由上向下（逆作法）安装，在斗构件和栱构件交错中心各位置设吊杆一支，吊杆与上方的枋可用螺栓连接也可以焊接。由上向下依次将撑头木、耍头、各类栱构件及斗构件穿过吊杆，形似"串糖葫芦"，分别用螺栓将各构件固定牢固，如图12.2-4所示。

斗构件及栱构件交错中心位置设有柔性垫片，以防碰撞。

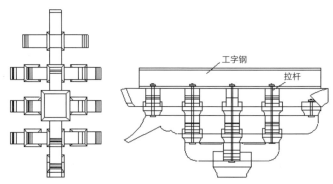

逆作法安装示意图

安装实例图

图12.2-4　逆作法斗栱安装

12.2.6 控制要点

锚栓定位、柱梁枋等垂直度及标高、连接牢固性；三维建模的精准性；加工尺寸；安装牢固和位置准确性。

12.2.7 质量要求

12.2.7.1 金属斗栱的焊缝应根据设计要求进行探伤检测。斗栱焊接无气孔、夹渣、咬肉等质量缺陷。

12.2.7.2 抗风压变形性能、雨水渗漏性能、空气渗透性能良好。

12.2.7.3 斗栱组拼正确、安装牢固准确。

12.2.7.4 防火、防腐及表面涂层厚度应符合设计要求，表面颜色涂刷均匀、无划伤。

12.3 翼角及椽子

12.3.1 简述

翼角包括老角梁、仔角梁，翘飞椽、望板等，主要采用型钢等金属材料制作，采用焊接或高强螺栓等方式连接，在外观上与传统结构的翼角有着异曲同工之妙。

钢结构传统建筑，通常把老角梁和仔角梁设计为一个整体，椽子通常由钢管（矩形或圆形）制成，望板一般采用压型钢板，铺于椽子或钢架之上。

12.3.2 主要材料

钢板、矩形管或圆管、压型钢板、焊丝、焊条、高强螺栓。

12.3.3 主要机具

吊装设备、倒链、焊接设备、撬杠、扭矩扳手、经纬仪、水准仪、水平尺、线绳、墨斗。

12.3.4 工艺流程

深化设计→构件制作→构件安装→质量检测。

12.3.5 施工工艺

12.3.5.1 深化设计

首先根据设计图及相关参数，计算出翼角中老角梁、仔角梁、每根椽子的长度、起翘的高度，以及衬头梁的长度和起翘高度，再采用BIM软件进行深化设计，绘制出BIM模型图，如图12.3-1所示。

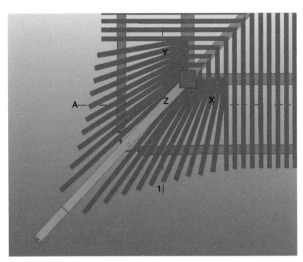

图12.3-1　钢结构翼角BIM建模示意图

待模型图准确无误后，方可按照该模型数据进行加工。

12.3.5.2　现场放样

由于翼角在屋面起翘的外观上起到了非常重要的作用，其起翘的高度及出翘的宽度直接关系到翼角的对称形式。因此在翼角的施工过程中，不仅要采用BIM模型放样，还需要配合传统的现场放样，以达到最终的整体效果，这样才能保证外观效果的实现。具体放样方法参照本书第5章5.5节进行，此处不再赘述。

12.3.5.3　加工制作

（1）翼角梁加工制作

钢结构中老角梁和仔角梁的组合称之为翼角梁，长度是根据椽子出檐、出翘、起翘尺寸而定，也是确定翼角形式的关键。翼角梁先采用钢结构BIM软件进行建模，模型检查无误后出具深化设计图纸，并经设计单位确认，才可下料加工。

（2）翼角处椽子加工制作

由于屋面翼角起翘，翼角处椽子会形成一个截面形状为外大内小的特殊形状。因此在翼角处椽子不能直接采用常规的钢矩管，需要专门定制。椽子外沿均匀布置，另一端根据悬挑的角度，重新切割加工并焊接而成。

（3）衬头梁加工制作

钢结构中的衬头梁通常是将檩条设置为一个异形的折梁，来代替衬头木的作用。因此衬头梁通常不予以设置。

（4）望板加工制作

望板采用压型钢板铺于椽子之上，压型钢板通常在加工厂采用压板机压制成型。

12.3.5.4　翼角梁、椽子及望板安装

（1）翼角部位的安装，首先安装翼角梁，再安装椽子，椽子安装完成后再进行望板的安装。

（2）翼角梁安装相当于悬挑梁的安装，通常采用栓焊连接于钢柱侧面。

（3）在翼角处椽子的施工过程中，为了便于现场安装，在地面上将钢结构衬头梁和翼角处椽

子焊接为一个整体。焊接时控制好椽子需要的起翘弧度、高度及出翘的尺寸。

（4）整体安装不仅很好地保证翼角的整体效果，并且能大大地缩短施工工期。在钢结构建筑中，也可以直接只作挑出部分的檐椽与在它之上的飞椽作为整体放在外面，作出古建造型。

（5）钢结构传统建筑中，望板通常为压型钢板。压型钢板置于椽子上，使用压型钢板做底模板，然后绑扎钢筋，浇筑轻质混凝土组成望板。由于传统建筑屋面坡度较大，一般先用自攻螺栓将望板与椽子固定，再用栓钉将望板与下部支撑构件焊接牢固。

12.3.6　控制要点

三维建模的准确度；翼角足尺放样；翼角梁与衬头梁的起翘弧度、高度、出翘的尺寸及梁侧垂直度；衬头梁的加工弧度和高度；翼角处椽子的数量。

12.3.7　质量要求

12.3.7.1　翼角构件加工应严格按照构件的尺寸下料，符合国家现行规范要求。

12.3.7.2　衬头梁直接影响到翼角起翘的弧度和高度，因此衬头梁的加工必须符合设计图纸要求。

12.3.7.3　施工过程中若需要对连接耳板螺栓孔进行调整，扩孔时必须严格遵守规范要求，采用铰刀进行扩孔，严禁使用气割扩孔。

12.3.7.4　钢构件的焊接质量符合国家现行规范要求。

12.3.7.5　翼角椽子出翘应排列整齐，弧度、高度应达到设计要求，外观线条平顺美观。

—————————————— **12.4　屋面** ——————————————

12.4.1　简述

钢结构传统建筑屋面常采用金属屋面，具有重量轻、耐腐蚀、节能环保等特点，通常由下部结构层（钢板或混凝土层）、中间保温层与防水层及上层金属仿古屋面板（瓦）组成。常见的有：保温金属复合屋面板、干挂屋面瓦和湿铺屋面瓦。

12.4.2　主要材料

压型钢板（上层屋面板）、龙骨（木制、铝合金、型钢等）、铝合金固定支座、保温棉、仿古屋面瓦、自攻螺钉、绝缘隔热垫、螺丝垫圈、防潮膜、无纺布、防水卷材、焊剂、填缝胶。

12.4.3　主要机具

吊装设备、经纬仪、水准仪、手提圆盘锯、手提式混凝土振捣器、火焰加热器、刮板、卷尺。

12.4.4 工艺流程

12.4.4.1 钢结构夹心保温金属屋面
下层压型钢板安装→保温层施工→安装上层金属屋面板。

12.4.4.2 干挂屋面
钢筋混凝土结构层→挂瓦龙骨和支座安装→干挂屋面瓦。

12.4.4.3 湿铺屋面
压型钢板安装→钢筋混凝土保温层→砂浆找平层→防水层→砂浆保护层→湿铺金属屋面瓦。

12.4.5 施工工艺

12.4.5.1 钢结构夹心保温金属屋面
（1）压型钢板安装

压型钢板吊装前要计算屋面板吊点位置，起吊、落吊平稳，横向相邻屋面板搭接有序，纵向压型钢板接长时应控制搭接长度，上板压下板，自攻螺钉纵向固定点应在檩条中线位置与横向屋面板为一个波纹的距离，在波谷处与檩条连接，山墙檐口处钢结构用檐口包角板连接屋面板和墙面，墙面转角处用包角板连接外墙转角处的接口屋面板。

（2）保温层铺装

保温层通常由三层组成，由下往上分别为防潮层、保温棉层、无纺布层。其铺设顺序也是由下往上进行。首先在下层压型钢板上按平行于屋脊方向铺设防潮层，然后铺设保温棉，最后铺设无纺布层。对屋面板表面进行清理，保温层、防潮层从一端向另一端依此滚动铺开。

（3）金属屋面板安装

钢结构屋面板常采用角弛结构屋面板，该类型屋面板可以在固定支座上自由滑动，完全消除金属热胀冷缩的影响，这种固定方式使整个系统没有一粒穿透屋面的螺钉，达到屋面结构自防水效果。角弛结构和固定座对线准确，安装前防止板面结构变形，一次应安装到位，相邻板面纵、横向搭接长度符合要求，防止固定支座由于人为原因产生变形，采取由下往上，由一侧向另一侧扣压安装方式，待金属屋面板安装完成后，再安装檐口和屋脊金属板，接茬严密，防止踩坏。

12.4.5.2 干挂仿古屋面瓦
（1）钢筋混凝土结构层

在结构层施工前根据图纸应做好模板工程的精确放样，做好标高、轴线、支撑系统及阴阳角细部构造的控制；钢筋应控制好间距、下料长度、保护层，檐口反沿插筋必须与下部板底筋点焊牢靠，预埋龙骨固顶钢筋。

（2）挂瓦龙骨和支座安装

对预留钢筋进行标高、位置复测，安装主龙骨时，将主龙骨与预留钢筋满焊，安装应用全站仪进行定位测量、校核、弹线定位，焊接规范；安装竖龙骨必须拉线将屋面调平、竖直平行；横龙骨应严格把控水平度，与竖龙骨和次龙骨焊接牢固；固定支座时应将轴线引测至底板上作为其安装控制线，用全站仪控制整体弧度与曲线度。

（3）保温层铺装

做法同本节12.4.5.1之（2）。

（4）干挂屋面瓦

檐口瓦、板瓦从檐口由下至上、由左至右安装；各板瓦搭接安装完成后，采用筒瓦支架用自攻螺钉与板瓦固定；铺脊瓦时，从坡屋面顶拉通线，铺平挂直，屋脊筒瓦与侧板接缝处用密封胶打实，正当勾与屋脊侧板用铆钉铆接。

12.4.5.3　湿铺屋面

（1）楼承板安装

湿铺屋面压型钢板安装方法同钢结构夹心保温金属屋面下层压型钢板安装（12.4.5.1），此处不再赘述。

（2）钢筋混凝土浇筑

钢筋混凝土施工前需进行檐口模板安装和预制方椽的架设，板面纵横筋应先摆正后绑扎，以保证间距均匀；混凝土的施工重点在于对混凝土的坍落度、浇捣方法、平整度及防滑坠的控制，在浇筑前应在屋脊及垂脊处焊接预留螺纹钢，并应垂直楼承板设置钢板网，防止混凝土下滑。

（3）砂浆找平层

根据标高控制点铺水泥砂浆，用铝合金刮尺刮平，木抹子搓揉、压实；砂浆铺抹稍干后，用铁抹子压实三遍成活，切忌在水泥终凝后压光；加强养护，防止起砂；在坡屋面横向做1∶2水泥砂浆防滑条，防止防水层下滑。

（4）防水层

一般选用高强度、低延伸的防水卷材，铺贴前应在找平层上涂刷一层冷底子油，待挥发干燥后可铺贴卷材防水层，铺贴前应试铺，无问题后可大面积铺贴，采用热熔粘法时应控制好热熔胶的加热程度，防水层施工完后应采取成品保护措施。

（5）砂浆保护层

在防水层完成后，为避免瓦件下滑，在防水卷材搭接处植防滑筋，横向间距950mm，竖向间距500mm，植筋点周边采用聚氨酯涂料进行点补。将钢板网与防滑筋绑扎牢固后，再做水泥砂浆保护层。

（6）湿铺屋面瓦

瓦件进场做好试检，不合格瓦件严禁使用，底瓦铺设压六露四。铺瓦砂浆配比为1∶3∶6（适量加粉煤灰）；筒瓦、板瓦应采用手提切割机切割配瓦，筒瓦内砂浆不宜饱满；前后坡必须对称上瓦，不允许单坡一次性上瓦；板瓦坐中，底瓦铺设不能出现张口瓦。

12.4.6　控制要点

支座固定垂直度；支座底部隔离措施及自攻螺钉数量、位置；屋面板搭接尺寸；角驰型屋面板锁边口设置方向；干挂金属瓦屋面檐口、屋脊、板平整度及翼角起翘弧度；湿铺屋面压型钢板安装时，控制焊栓钉间距及焊接质量；屋面板防风措施。

12.4.7　质量要求

12.4.7.1　钢结构夹心保温金属屋面

（1）屋面金属瓦横平竖直，需按照规范搭接长度进行搭接。

（2）屋面瓦安装时必须符合安装规范和设计要求。允许偏差见表12.4-1。

金属板铺装的允许偏差和检验方法 表12.4-1

项目	允许偏差（mm）	检验方法
檐口与屋脊的平行度	15	拉线和尺量检查
金属板对屋脊的垂直度	单坡长度的1/800，且不大于25	
金属板咬缝的平整度	10	
檐口相邻两板的端部错位	6	
金属板铺装的有关尺寸	符合设计要求	尺量检查

12.4.7.2 干挂金属屋面

（1）密封胶缝横平竖直、均匀、饱满、连续不间断。

（2）瓦与瓦搭接严密，无翘瓦。

（3）瓦面不得渗漏，不应有毛刺、油斑等

12.4.7.3 湿铺屋面

（1）压型钢板无锈蚀、明显变形、划伤。

（2）栓钉的间距和焊接质量符合国家现行规范要求。

12.5 防锈、防火涂装

12.5.1 简述

钢结构建筑主要选用防腐防锈漆对钢构件涂刷，形成有效的保护涂层减缓大气对钢构件锈蚀速度；其防火涂装应采用专门设备，将一定厚度防火涂料喷涂、刷涂于构件表面上，起到防火效果，具有造价低、施工快捷、复杂的细部容易覆盖等优点。

12.5.2 主要材料

底漆（醇酸底漆、环氧铁红底漆、聚氯乙烯萤丹底漆、富锌底漆等）；中间漆（环氧云铁中间漆等）；面漆（醇酸面漆、环氧、聚氨酯、丙烯酸环氧、丙烯酸聚氨酯面漆、聚氯乙烯萤丹面漆等）；防火涂装（防火涂料、胶粘剂、稀释剂等）。

12.5.3 主要机具

酸洗槽和附件（喷涂机/枪）、喷砂枪、磨料罐、搅拌机、气泵、回收装置、胶管、铲刀、手砂轮、砂布、钢丝刷、小桶、刷子、磨光机、橡胶管、表面温度计、测厚仪等。

12.5.4　工艺流程

钢构件表面处理→底漆涂装→中间漆、面漆涂装→防火涂装施工→检查验收。

12.5.5　施工工艺

12.5.5.1　表面处理

钢构件表面处理：在除锈处理前应清除焊渣、毛刺和飞溅等附着物，对边角进行钝化处理，并应清除基体表面可见的油脂和其他污物。涂装施工前表面不得有污染或返锈。

钢结构在涂装前的除锈等级应符合现行国家标准《涂覆涂料前钢材表面处理　表面清洁度的目视评定　第一部分：未涂覆过的钢材表面和全面清除原有涂层后的钢材表面的锈蚀等级和处理等级》GB/T 8923.1—2011；IOS 8501-1：2007。

12.5.5.2　涂装

（1）底漆涂装

底漆应严格按照产品说明和图纸要求进行配置，并充分搅拌，使漆的色泽、黏度均匀一致，保证漆的黏度、稠稀度满足施工要求。

底漆涂装未彻底干燥前不应涂装中漆或面漆。

涂刷方向应保持一致、接茬整齐，应与上一层涂刷方向垂直，且保持一定的时间间隔。

（2）中间漆、面漆涂装

建筑钢结构涂装中间漆与面漆一般中间间隔时间较长，在涂装每层漆前，需对涂刷过漆的结构表面进行清理或补漆。

涂刷时的底漆、中间漆、面漆宜有良好的相容性。

12.5.5.3　防火涂装施工

（1）施工方法

刷涂方法：人工刷涂。

滚涂方法：用羊毛或合成纤维做成多孔吸附材料附在空心的圆筒上制成的滚子，进行涂料作业。

空气喷涂法：利用压缩空气将涂料带到喷枪的喷嘴处，并吹成雾状喷于构件表面。

（2）过程控制

产品进场后应检查标志、标签、包装、产品说明书；成品的外观与颜色，在容器中的状态，干燥时间、干密度、耐碱性等。

钢结构表面连接处的缝隙应用防火涂料或其他防火材料填补堵平。

当设计要求涂层表面要平整光滑时，应对最后一遍涂层作抹平处理。

施工时应按使用量进行涂装，并经常用干湿漆膜测厚仪测定漆膜厚度，以保证干膜厚度和各涂层的均匀，当底层厚度符合设计规定实干后方可施工面层，面层涂饰应颜色均匀，接茬平整。

防火涂料施工中断再继续施工时，将斜面清理干净并润湿，使新老面结合良好。

在涂装施工过程中或施工后，对涂层产生缺陷的部位补漆。

根据每种涂料的不同性能调整涂漆的间隔时间。

12.5.5.4　检查验收

（1）涂刷油漆前应将钢构件表面油污、浮灰、浮锈、混凝土浆等杂物清理干净。

（2）涂层表面无飞扬尘土和其他杂物的污染与影响，无明显皱皮、流坠、针眼和气泡等。

（3）涂层应完全闭合、颜色一致，涂层与钢构件及各涂层之间应粘结牢固，不应返锈、漏涂、脱皮、出现裂缝。

（4）涂层实干后不应有刺激性气味。

（5）涂层厚度测定：测厚仪垂直插入防火涂层直至钢基材表面上，记录标尺读数；楼板和防火墙测定时可选相邻纵横相交中的面积为1个单元，在其对角线上按每米长度选1点进行测试；全钢框架结构的梁和柱在构件长度内每隔3m取一个截面；桁架结构上弦和下弦每隔3m取一个截面测定，其他腹杆每根取一个截面测定；对于楼板和墙面在所选择的面积中至少测出5个点，对于梁和柱分别测出6个和8个点并分别计算出它们的平均值，精确到0.5mm。

12.5.6　控制要点

钢构件隐蔽部位、结构夹层除锈及防锈、防腐处理措施；涂层的附着力和防火涂料的耐火性；防火涂料的底层和面层涂料性能；防火涂料中底漆和防火涂料相容性试验。

12.5.7　质量标准

（1）涂刷前，钢构件表面要保证无焊渣、焊疤、灰尘、油污、水和毛刺等。

（2）涂装遍数和涂层厚度均应符合规范和设计要求。

12.6　工程实例

12.6.1　安康博物馆

该项目总建筑面积14993m²，荣获2015年度"鲁班奖"，见图12.6-1。安康博物馆位于汉滨区

图12.6-1　安康博物馆全景图

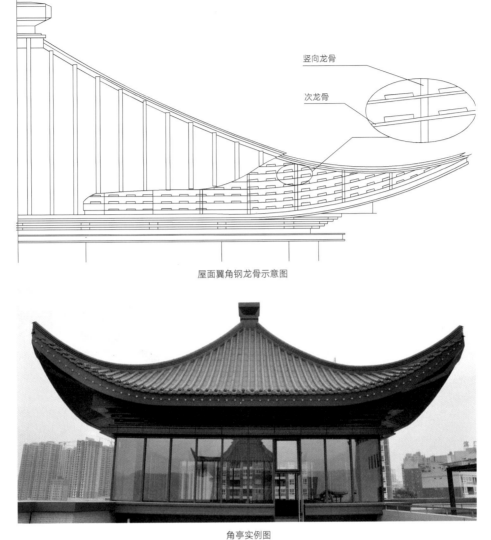

屋面翼角钢龙骨示意图

角亭实例图

图12.6-2 铝锰镁金属瓦屋面实例图

江北黄沟路，前身为安康历史博物馆，是一座依山傍水，临江而建，充分展示历史文化渊源，进一步彰显"秦地楚风"特点的城堡式高台建筑。高台四角设角楼，中间为望楼，其攒尖顶屋面由22种类型、27770块铝锰镁金属瓦组合铺装而成，如图12.6-2所示。

12.6.2 西安楼观化女泉景区

西安楼观化女泉景区项目，位于老子说经台西约一公里处，园内有相邻两眼直径600mm，深2000mm之古泉，其四季不竭，清澈甘冽，是附近村民饮水之源。传说老子当年曾扶杖至此，插杖于地，以吉祥草点化成美女，以考验弟子徐甲学道之心。插杖处遂成一泉，泉水清冽，故名化女泉。

景区占地104亩，总建筑面积6200m²，所有梁、柱、斗、拱、升、椽及屋面板均采用钢制，如图12.6-3、图12.6-4所示。其中"秦岭名泉展厅"及"品泉阁"是园区内主要建筑，均为钢结构唐风建筑形式，见图12.6-5。

人字栱

坐斗　　　　　　　　　　　　　斗栱组装图

斗栱安装

图12.6-3　钢制斗栱构件的制作与安装实例图

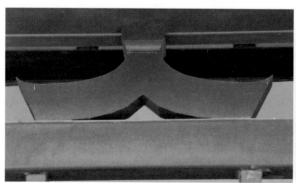

人字斗栱　　　　　　　　　　　转角铺作

图12.6-4　钢结构人字栱及转角铺作实例图

秦岭名泉展厅 品泉阁

图12.6-5　西安楼观化女泉主要建筑实例图

12.6.3　钢构架屋面

陕西建工控股集团有限公司办公楼东楼五层改造方案按清式钢结构框架形式设计，牙形屋面板上浇筑钢筋混凝土，屋面角梁、檩、椽构件均为钢制，如图12.6-6所示。

山墙部位钢构架实例图

竣工后的屋面实例图

图12.6-6　钢结构屋面施工做法及实例图

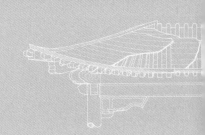

第
13
章

CHAPTER THIRTEEN

建
筑
节
能

13.1 墙体

13.1.1 简述

传统建筑外墙多采用青砖饰面，因内衬墙体围护结构一般采用蒸压粉煤灰砖、空心砖和多孔砖等材料，若不做保温措施，尚不能完全满足节能的要求。只能通过在墙体中心增加专用保温材料，从而满足传统建筑节能的要求。目前主要采用夹心保温和墙体外保温饰面装饰两种形式。

13.1.2 主要材料

保温板、聚氨酯发泡料、砾石、陶粒、保温砂浆、抗裂砂浆、耐碱网布、锚栓、拉结筋等。

13.1.3 主要机具

搅拌机、手提搅拌器、灰刀、靠尺、经纬仪、手锤、錾子、托线板、尺子、射钉枪等。

13.1.4 工艺流程

13.1.4.1 夹心保温
施工准备→内衬墙砌筑→拉结钢筋→预埋管线→保温层施工→外叶墙施工。
13.1.4.2 外保温
基层处理→吊垂直、弹控制线→保温板锚粘→耐碱网布铺设。

13.1.5 施工工艺

13.1.5.1 夹心保温
夹心保温墙体一般有两种做法：一种是先砌筑内衬墙，再施工保温层和外装饰墙；另一种是内外衬墙和保温层同时施工。见图13.1-1。

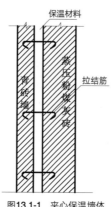

图13.1-1 夹心保温墙体

（1）施工准备

1）了解复合夹心墙体各部位的构造和门窗洞口的位置、尺寸、标高以及拉结钢筋的设置。

2）施工前砌筑复合夹心样板墙。

（2）内衬墙施工

1）内衬墙在主体完成之后进行砌筑。

2）内衬墙砌筑灰缝砂浆饱满，内衬墙门窗洞口的标高与外装饰墙应保持一致。

3）当内外墙同时砌筑时应及时清理掉落在保温板上的砂浆。

（3）拉结钢筋施工

1）砌块与墙柱连接应设拉结筋。

2）墙体转角处和纵横交接处应同时砌筑，并按照规定设拉结筋。临时间断处应砌成斜槎，斜槎水平投影长不应小于高度的2/3。

3）拉结筋穿过保温板处应除锈刷防锈漆。

（4）预埋管线应与砌体协调施工。

（5）保温层施工

1）安装保温板，竖向缝应错开，每块保温板四周缝应挤紧，不应有空隙，如有空隙用岩棉板或聚苯乙烯泡沫板填补严实。安装保温板，应采取临时固定措施并防止保温板受潮。

2）夹心保温层为整体发泡材料或填充保温时，外叶墙应与保温层同步施工。

3）保温层应做好隐蔽记录。

（6）外叶墙施工（当外叶墙采用装饰墙体施工时，参照墙体章节施工）

1）外叶墙与内叶墙应可靠连接。

2）外叶墙砌筑时应随时检查墙面的垂直度和平整度，及时纠正偏差。

（7）当内、外叶墙同时施工时，其工序循环如图13.1-2所示。

内墙、外墙、保温需同步完成，每步砌筑高度500mm为宜。

（8）复合夹心墙体宜采用内脚手架，外叶墙及保温层不宜预留孔洞或设脚手架孔洞。

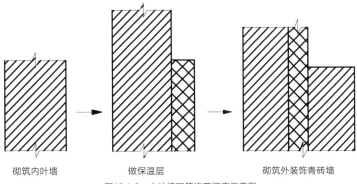

砌筑内叶墙　　　　　做保温层　　　　砌筑外装饰青砖墙

图13.1-2　内外墙砌筑施工顺序示意图

13.1.5.2　外保温

（1）基层墙体处理：对基层进行清理、打磨或甩浆处理。

（2）吊垂直、弹控制线

1）从顶层用大线坠吊垂直，拉线找规矩，横向水平线可依据施工＋500mm线为水平基准线进行交圈控制。

2）门窗洞口横平竖直，两侧弹控制线。

（3）贴角部EPS板，放水平线：保温板粘贴或锚定前，应在楼面的转角部位的阳角处先设置基准控制保温板。阳角部位保温板应错缝粘贴，角部割角拼接，保证保温板总厚度。墙面应间隔不大于2m设置标志块。标志块根据做法不同可做50mm×50mm的粘贴块或标志钉。

（4）保温板锚粘

1）保温板锚粘前应进行排版，按照排版位置在墙面进行弹线安装。

2）保温板粘贴时，沿保温板周边用不锈钢抹子涂抹宽50mm、厚10mm的粘结砂浆带。每块粘结点不少于8个，每点直径不小于140mm。粘贴时应轻揉滑动就位，不得用力按压，要求对缝挤紧，相邻板块平整。

3）保温板锚粘时，在钢丝网架板竖向拼缝处附加200mm宽镀锌钢丝平网，并用0.7mm铅丝将其与板上钢丝网绑扎牢固。锚栓呈梅花状布置，7~8个/m²。锚栓应在保温板粘贴24h后用冲击钻钻孔，孔深应大于30mm。

4）保温板应由勒脚部位开始，自下而上，沿水平方向铺设粘贴，竖缝应逐行错缝1/2板长在墙角处应交错互锁，并应保证墙角垂直度。

5）保温板施工后，用专用的搓抹子将板边不平处搓平，尽量减少板与板的高差接缝，24h内严禁扰动。当板缝间隙大于2mm时应填补密实。

（5）耐碱网布铺设

1）涂抹面砂浆前，应先检查保温板是否干燥，表面是否平整。

2）在保温板表面均匀涂抹第一道抹面砂浆，立即将耐碱网布压入湿砂浆中，待砂浆干硬至可碰触，再在底层抗裂砂浆终凝前再抹第二道抗裂砂浆罩面，使耐碱网布设置在两道砂浆中的中间位置。

3）耐碱网布的铺设应自上而下，沿外墙一圈一圈铺设。当遇到门窗洞口时，应在洞口四角处沿45°方向及阴阳角部位补贴一层标准网，以防止开裂。

4）变形缝的施工应按沉降缝、防震缝、伸缩缝的施工方法将系统终端处用窄幅玻纤网翻包，系统变形缝两侧抹面砂浆的最小距离应为20mm。

5）在面层抗裂砂浆抹完后进行养护，待干燥后方可进行涂料、仿古面砖、麦草泥抹面等面层施工。如图13.1-3所示。

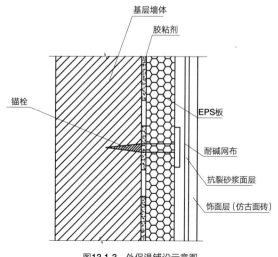

图13.1-3 外保温铺设示意图

13.1.6 控制要点

穿墙套管、脚手眼、孔洞等部位封堵；门窗框与墙体间缝隙填塞。

13.1.7 质量要求

13.1.7.1 保温类材料应接缝严密，表面平整，排版合理。

13.1.7.2 保温材料应检测合格。

13.2 门窗

13.2.1 简述

古建筑门窗相对于现代建筑门窗造型复杂，且门窗与外墙面积占比大，古建筑门窗节能性能保障难度大。古建筑门窗节能应在提高玻璃和框扇本身的热工性能的前提下，重点考虑玻璃及门窗框扇接缝、门窗四周与墙体连接、裙板及绦环板中空构造等。同时应做好门窗的造型、选色等。

13.2.2 主要材料

中空玻璃、密封胶、密封条、五金等。

13.2.3 主要机具

注胶枪、手电钻、螺丝刀、电锤、射钉枪、切割机、扳手、钳子等。

13.2.4 工艺流程

施工准备→门窗框安装→嵌缝→门窗扇安装→玻璃及隔扇安装→打胶及密封。

13.2.5 施工工艺

13.2.5.1 施工准备

（1）门窗应根据设计造型及节能要求提前对中空玻璃、格子心及裙板（木门窗）等进行委托加工。

（2）复核门窗洞口尺寸，检查预埋木砖及铁件的位置及数量。

（3）进场时对格子心、裙板、企口等细部进行检查。

（4）成品门窗要见证取样，对气密性、水密性、抗风压、保温性及露点等进行复检。

（5）木门窗框的上下卯头应进行防腐处理。

（6）检查门窗框扇有无翘曲、串角、劈裂、椎槽间松散等缺陷。

（7）门窗应分类水平码放，并采取措施严禁日晒雨淋。

13.2.5.2　门窗框安装

（1）木门窗框要与预埋木砖采用圆钉连接，圆钉长度不小于100mm，钉帽应砸扁，钉入木砖不小于50mm，钉帽防锈处理后补刷油漆。

（2）金属门窗框固定片的位置应距门窗角、中竖框、中横框150～200mm，固定片之间的间距应不大于600mm。不得将固定片直接装在中横框、中竖框的挡头上。

（3）安装门窗框时使其上下框中线与洞口中线对齐，并应采取防止门窗变形的措施。

（4）嵌缝。门窗框与墙体之间的间隙应不大于15mm，采用沥青麻丝、矿棉条、聚乙烯发泡料等填充饱满。

13.2.5.3　门窗扇安装

（1）采用合页安装的门窗应符合常规门窗安装的节能要求。

（2）采用门轴安装的门窗应提前确定门轴位置，门轴和门墩上的位置上下对应，控制好门扇和门框之间的间隙，在门扇开启灵活的同时保证密封严密。

13.2.5.4　玻璃及格子心安装

（1）门窗格子心分为单面格子心和双面格子心。当采用双面木格子心时为中空玻璃居中安装，两侧安装木格子心。中空玻璃的选型和双层裙板的隔热性能应一致。见图13.2-1。

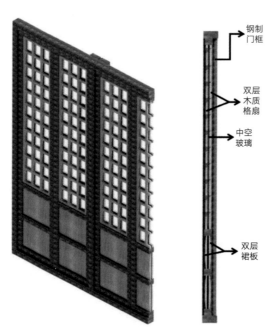

图13.2-1　双面格子心钢木门窗示意图

（2）窗扇中间凹槽部位应比玻璃厚度大4～5mm，利于玻璃安装，保证减振块的尺寸。安装时避免损伤中空玻璃周边密封部位。

（3）玻璃安装后及时将橡胶压条嵌入玻璃两侧密封，密封严密后进行格子心安装。

（4）格子心采用气钉枪侧面固定于门扇上，保证格子心与玻璃贴合紧密。

13.2.5.5　打胶及密封

（1）门窗框与墙之间、框与扇之间、扇与扇之间均应进行密封处理。框与墙之间在填塞严密后应打耐候硅酮密封胶密封严密，胶面平顺；扇与框间使用密封毛条或胶条粘结牢固，预留一定的伸缩余量；扇与扇之间保证裁口吻合，可在裁口中间剔槽镶嵌毛条或裁口表面粘结毛条，如图13.2-2所示。

（2）胶条、毛条颜色应与门窗及建筑外立面协调。

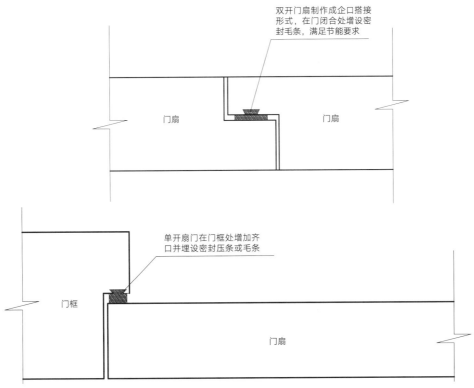

图13.2-2 裁口密封处理示意图

13.2.6 控制要点

中空玻璃密闭性；胶条封闭牢固性及严密性。

13.2.7 质量要求

（1）门窗的三性检测应合格。
（2）门窗密封条的安装应牢固、顺直、结合严密。

13.3 屋面

13.3.1 简述

古建筑的屋面多为坡形瓦屋面。屋面保温材料有松散材料、板块材料和发泡混凝土整体保温等形式。根据坡屋面坡度较大的特点，一般常选用板块类。

13.3.2　主要材料

保温板、陶粒、发泡混凝土、钢筋网片、钢筋等。

13.3.3　主要机具

搅拌机、电锤、手推车、无齿锯、线绳、水平尺等。

13.3.4　工艺流程

施工准备→设置防滑钢筋→保温层铺设→钢筋网片铺设→保护层施工。

13.3.5　施工工艺

13.3.5.1　施工准备
（1）清理基层杂物，对不平整的部位进行打磨修整，保证屋面板平顺、干燥。
（2）根据设计要求对屋面保温板进行排版，根据排版要求和板块大小在相应的位置弹线，确定防滑和固定钢筋的位置及数量。

13.3.5.2　设置防滑钢筋
屋面防水层完成后，为防止保温层以上基层整体下滑，在防水层做完后植筋，植筋一般采用 $\phi 8$ 钢筋横向间距 $\leqslant 1000mm$，竖向间距 $\leqslant 500mm$，自距檐口300mm处至距屋脊200mm范围内均匀双向布置，植筋深度为50~70mm，高出保温层50mm，植筋时，钢筋选用防水型植筋胶固定，钢筋周围用JS胶涂刷两遍，晾干后用100mm×100mm自粘防水卷材逐个铺贴，如图13.3-1所示。

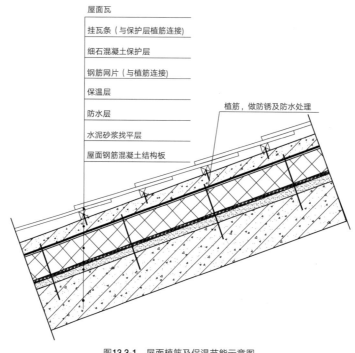

屋面瓦

挂瓦条（与保护层植筋连接）

细石混凝土保护层

钢筋网片（与植筋连接）

保温层

防水层

水泥砂浆找平层

屋面钢筋混凝土结构板

植筋，做防锈及防水处理

图13.3-1　屋面植筋及保温节能示意图

13.3.5.3　保温层铺设

（1）由于传统建筑屋面坡度较大，容易下滑，松散保温材料一般不宜采用。

（2）保温板铺设

1）保温板铺设前，应根据设计要求对屋面保温板进行二次排版设计，保温板铺设时，应从檐口向脊部铺贴，防水层表面清扫干净后，直接在防水层上铺设保温板，保温板长边顺屋面排水坡向铺设，在保温板与植筋对应部位提前钻孔，将钢筋穿过保温板。保温板在屋面周边及节点（水落口、屋面烟道等）处采用水泥聚合物防水料与防水层进行点式粘结，其他都可以采用空铺。坡屋面应根据设计要求增加粘结点。保温板边缘接口宜采用企口或搭接。拼接缝要求紧密，使保温层形成整体。板间缝隙和植筋缝隙可以采用同等保温材料碎屑加胶的方式进行填补。

2）屋脊处及檐口部位是保温的关键点，屋脊处的保温采用块状板材进行拼接或采用松散保温材料灌注，并在屋脊处植筋，植筋间距不大于500mm。保温板拼接缝或松散材料与保温板的接缝填充处理，如图13.3-2所示。

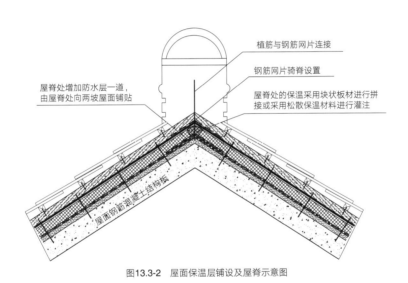

图13.3-2　屋面保温层铺设及屋脊示意图

3）檐口造型立面必须粘贴30mm厚的保温板，檐口的保温板条粘法的空隙要畅通，即在抗裂砂浆抹面后用专用工具留出向下排水孔，排水孔与条粘法的空隙对应。外侧用至少5mm厚聚合物抗裂砂浆压入一层耐碱玻纤网格布，并在外立面底部做鹰嘴；保温板上皮须粘贴至瓦底，并随瓦形粘贴；如保温板不好切割可用聚苯颗粒加水泥砂浆填塞，同时注意在聚苯颗粒和保温板交接处的网格布不能少。

4）前后檐墙的保温沿墙体做至屋面顶板下皮，左右两侧山墙保温做至博缝板之上，与屋面保温板相连接，连接部位使用保温板颗粒加水泥进行封堵。屋面的保温材料做至檐口部位，檐椽、飞椽之间的闸挡板内侧填充保温板或其他保温材料，如图13.3-3所示。

5）保温板铺设时应紧靠在基层表面铺平垫稳，不得有晃动现象，相连接缝相互错开，板间缝隙严密，表面与相临两板的高度一致。保温板采用水泥砂浆点粘法固定，砂浆点距1m。

随铺贴随填补板缝。保温板间缝隙应用同类材料填嵌铺满或用碎屑加胶凝材料搅拌均匀填补严密。

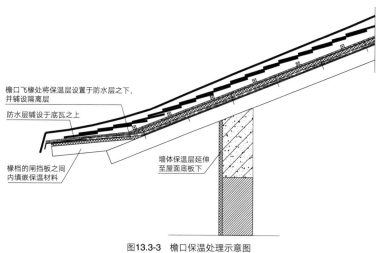

图13.3-3　檐口保温处理示意图

檐口飞椽处将保温层设置于防水层之下，并铺设隔离层

防水层铺设于底瓦之上

椽档的闸挡板之间内填嵌保温材料

墙体保温层延伸至屋面底板下

13.3.5.4　钢筋网片铺设

在保温层施工完成后，在保温层之上铺设一层无纺布或浇筑一层水泥砂浆，再在其上铺设钢筋网片，将钢筋网片与植筋相连接，不能损坏保温层。防滑钢筋网片必须骑脊设置并与植筋连接固定，以防保温层下滑。

13.3.5.5　保护层施工

将隔离层表面清理干净之后，检查隔离层是否有破损、褶皱等现象并进行修整。在铺设细石混凝土面层以前，在已湿润的基层上刷一道1:（0.4~0.5）（水泥:水）的素水泥浆，不要刷得面积过大，要随刷随铺细石混凝土，避免时间过长水泥浆风干导致面层空鼓。设置灰饼横竖间距1.5m，以灰饼为标志，将搅拌好的细石混凝土铺抹到基层上（水泥浆结合层要随刷随铺），控制好虚铺厚度，然后用木刮杠刮平，再用滚筒往返、纵横滚压，并随时用2m靠尺检查平整度，高去低补，保证屋面凹曲流畅。铺设完成后进行覆盖养护。

13.3.6　控制要点

铺设顺序；防滑措施；檐口、脊部细部处理。

13.3.7　质量要求

（1）保温材料的密度、导热系数和吸水率等应检测合格。
（2）保温板铺设牢固、拼接严密、表面平顺。
（3）允许偏差应符合表13.3-1要求。

保温板铺设允许偏差表　　　　　　　　　　　　　　　　　　　　　　　　　　　　　表13.3-1

项次	项目	允许偏差（mm）	检查方法
1	表面平整度	5	直尺和塞尺检查
2	保温层厚度	0~5	用钢针插入和尺量检查
3	相邻板接缝高低差	2	用2m靠尺和楔形塞尺检查

13.4　工程实例

13.4.1　清水砖墙及门窗的节能做法

根据节能要求及规范规定，外墙一般应作外墙外保温，作为传统建筑的青砖墙面，外墙外保温将无法实施。为解决这一难题，外面采用120青砖砌筑，内用240空心砖及粉煤灰节能砖，里外墙用钢筋拉接，中间留60～80mm填充保温材料。这样既保证了传统建筑的风格和外立面的效果，又满足了外墙的节能要求。门窗采用中空玻璃，外做装饰花格，门扇裙板采用双层，以达到节能效果，如图13.4-1所示。周原国际考古研究基地及西安长安文化山庄等项目采用了这种做法，效果很好，见图13.4-2、图13.4-3。

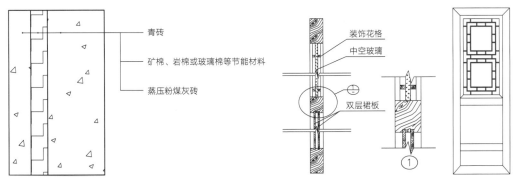

图13.4-1　清水砖墙节能及门窗节能示意图

图13.4-2　节能青砖外墙实例图

图13.4-3　中空玻璃及双层裙板节能木门窗实例图

13.4.2 装饰面砖的节能做法

在一般现代传统建筑施工中，外墙采用艺术混凝土加工成仿古面砖或仿石材饰面做法。为达到节能要求，在工厂将仿古面砖或仿石材饰面板与节能材料预先粘结成不同规格的半成品板块，再运至现场进行干挂式安装，如图13.4-4所示。

房屋切面示意图　　　　　　　　　仿砖、石外墙节能装饰板实例图

美丽乡村改造样品房实例图

图13.4-4　美丽乡村装饰面砖节能做法及效果实例图

第 14 章

传统建筑的三防、作旧及保护

现代传统建筑的结构形式主要有钢筋混凝土结构、砖木结构、钢结构以及木结构。无论何种结构形式，都存在着一定数量的木质构件和其他可燃材料（如纺织品等），极易发生腐朽、虫蛀、火灾及紫外线的照射损伤，影响着建筑物或构件的使用功能和寿命。为了延长现代传统建筑的使用寿命，保持其古朴、厚重及历史沧桑感的外观效果，现代传统建筑的三防、作旧及保护越来越引起人们的重视。

14.1 木构件防腐及防虫

14.1.1 简述

传统建筑的木构件长期处于冷热潮湿、酸碱变化等自然环境中，容易受到各种真菌、细菌及甲虫、白蚁等的侵蚀，造成木材出现腐朽、孔洞等伤害和缺陷。

木构件防腐、防虫处理的工艺方法很多，其中最常见的主要有：浸泡法、高压法（满细胞法、交替法）以及常压喷涂处理法等。常压喷涂处理法在现场操作，其他工艺方法需相关厂家进行处理。

常压处理法因为其操作简便易行，所需的机械设备简单，故此，常压处理法在古建筑木结构的防腐（虫）中得到了广泛应用。常压处理法主要包括：喷、涂处理和浸渍处理。施工时先做防腐施工，再做防虫施工。

防腐、防虫剂的种类大致有油类、油溶类和水溶类三种。其中油类剂毒性持久、黏度较高，适用于工业用材的处理。油溶剂不挥发，抗流失性能好，适用于室内外木构件的防腐及大件木材的防虫处理。水溶类防腐剂无特殊气味、不污染，适用于室内木构件的处理。水溶类防虫剂的种类多，使用面广，主要有砷类、硼（B）类、氟（F）类及氨（NH_4）类等。

14.1.2 主要材料

水溶类ACQ系列防腐剂、CCA系列防腐剂、FS防虫剂。

14.1.3 主要机具

电动（手动）喷雾器、喷壶、刷子、塑料桶、高压浸注罐、相关检测仪表。

14.1.4 工艺流程

14.1.4.1 高压浸注法（满细胞法）

施工准备→材料入罐→前真空→吸液→空气平衡→加压→排液→恢复气压→排余液→成品出罐。

14.1.4.2 常压喷涂法

构件面检查→施工环境检查→选择防腐（虫）剂→现场调配→喷涂第一遍防腐（虫）剂→喷涂第二遍、第三遍防腐（虫）剂。

14.1.5　施工工艺

14.1.5.1　高压浸注法

（1）作业准备

在正式防腐阻燃作业前，应满足以下条件：

1）储液罐内应有足够数量且已经检验合格的防腐剂。

2）压力浸注罐罐门密封性良好，在密封圈的表面无影响密封的杂质，罐门开启自如，安全连锁装置正常。

3）压力表、真空表符合规定要求，能正常显示压力和真空度。

4）阀门密封良好，不泄露，安全阀能正常开启。

5）用于生产的泵类设备正常。

6）待生产的木材已装上生产小车且检验合格。

7）电气控制系统正常。

（2）材料入罐

材料按照规格、尺寸进行合理摆放，将装好构件的小车推入压力罐内，推开移车台，以正确的方式关闭罐门。

（3）前真空模式

在确认罐门已经关闭并对阀门进行检查后方可进行真空作业，按照操作规程进行作业，此时需要真空度达到规定值（一般为-0.08～-0.085MPa）。

（4）吸液

在真空泵继续作业的情况下，打开储液罐通往压力浸注管路上的阀门，使防腐剂（阻燃剂）进入罐内，注意观察压力罐尾部的液位计，当液位达到规定值时，迅速关闭真空泵，并关闭缓冲罐通往真空泵管道的球阀。当真空表显示的真空度小于-0.04MPa时，液位器显示压力罐内已充满防腐剂时，即可关闭吸排液管道上的阀门。

（5）空气平衡

打开压力浸注罐通往缓冲罐管道上的阀门，同时打开缓冲罐底部的排液阀，空气通过缓冲罐进入压力浸注罐，可以看到真空表的指针逐渐归零。

（6）加压

1）启动加压按钮，慢慢打开加压管路通往压力浸注罐的阀门，进行加压作业，压力表指示的压力会缓慢上升，待压力至规定值后，应打开阀门调节压力和分流，确保压力浸注罐内的压力稳定在规定值（≤1.5MPa）。

2）观察压力值，不得超过工艺规定值（最高工作压力为1.5MPa）。

3）保持规定压力2～6小时（期间加压泵可停机，待压力低于规定值后可启动加压装置补压，或采用自动加压装置进行控制）。

4）当规定数量的防腐剂已加压入木材中时，便停止加压泵。

（7）排液

打开管道泵前阀门，按管道泵开启按钮，防腐剂从压力浸注罐内注入储液罐，同时压力表指针归零。

（8）后真空

1）检查并关闭压力浸注罐除真空管以外的其他进出口管路上的阀门。

2）按照前真空的操作进行后真空作业，工艺规定的真空度应得到满足。

3）在真空度达到工艺规定值并保持30min之后，便可关闭真空泵及其他管路阀门，保持一段时间后便可结束真空作业。

（9）恢复气压

打开阀门，使空气通过缓冲罐进入浸注罐，真空表归零。

（10）排余液

在后真空过程中，木材中溢出的防腐剂滞留在罐底，打开阀门及管道泵，将余液抽回储液罐中。

（11）成品储罐

打开罐门，移车台轨道与管内轨道对接，用机械将已装好的防腐木成品材牵引出浸注罐至规定部位检查。

14.1.5.2　常压喷涂法

（1）构件面检查

检查施工现场的木结构表面污染、裂缝、腐蚀等情况并进行相应的处理。

（2）施工环境

木材表面必须干燥，温度在平均气温低于5℃或雨雪天时不能施工，温度较低时可适当延长干燥时间。

（3）选择防腐（虫）剂

针对不同木材品种及环境情况，正确选择药剂系列。选择防腐剂时，要考虑毒性、渗透性、腐蚀性、挥发性、燃烧性等性能，应选用毒性持久、不易挥发、腐蚀性小、挥发性小、不易燃烧等性能良好的药剂。一般松木类木材适宜选用ACQ系列药剂，杂木类木材适宜选用CCA溶剂类。选择防虫剂时，大部分木材可选用FS类药剂。喷涂防腐剂时应注意防火。

（4）现场调配

根据选用药剂类型，结合厂家使用说明书进行调配，确保药剂保持量和渗入度达到标准。一般情况下，ACQ系列药剂采用喷涂方法施工时比例宜为水：ACQ=9：1，涂刷方法施工时比例宜为水：ACQ=7：1；FS系列药剂采用喷涂施工时比例宜为水：FS=（10～30）：1。配置好的药剂宜连续一次使用完毕。

（5）喷涂第一遍防腐（虫）剂

大面积涂刷时采用电动喷雾器或手动喷雾器喷涂施工，小构件以及难于处理的部位采用涂刷方法施工，喷涂要达到木材不吸收药剂为止。随后自然干燥24h，温度较低时可根据情况延长干燥时间，直至干燥为止。

（6）喷涂第二、三遍防腐（虫）剂

待前遍喷涂表面干透后，再进行第二、三遍喷涂施工。其中防腐剂喷涂三遍，防虫剂喷涂两遍。

14.1.6　控制要点

药剂选择；渗入度；配合比；人员防护。

14.1.7　质量要求

药剂环保无污染；喷涂均匀，无漏喷漏刷；渗入度不小于10mm。

14.2　防火及防紫外线

14.2.1　简述

传统建筑中的木构件及纤维织物等都是易燃材料，大大增加了火灾的风险。从历史的角度来看，古建筑惨遭烈焰涂炭的事例时有发生。目前在建筑领域比较成熟的防火阻燃剂可分为无机、有机两类，其化合物有酸、碱、醚、酯、氧化物、氢氧化物、盐等。按阻燃机理可分为固相、液相、气相三类。固相材料主要为有机磷和无机磷；液相和气相材料主要有硼酸盐、氯化物、氧化锑等。在传统建筑中，采用天然茅草做屋面防水材料，这种材料除做好防腐、防虫、防火外，还应做好防止因阳光引起的紫外线的照射。防火施工主要采用以下几种方法：

（1）加压浸注：压力不于1MPa（兆帕），时间不小于8h，吸收量大于50kg/m^3，可将F型防火阻燃剂配制成溶液。

（2）浸泡处理：常压浸泡时间不小于48h，将构件置于F型防火阻燃剂制成的溶液中浸泡。

（3）喷涂、涂刷处理：应涂刷3遍以上，在第一遍完全干燥以后，再涂第二遍，不得漏涂，喷涂不少于3遍。一般可达到B1（难燃性）防火等级。

通过阻燃剂对可燃物的处理，可以抑制可燃物被引燃的过程，使非阻燃材料具有阻燃的特性。阻燃剂也可在燃烧条件下形成不挥发隔膜，阻绝空气达到阻燃目的。有的阻燃剂的分解可大量吸热，所产生的不燃物质稀释可燃性气体而达到阻燃。

14.2.2　主要材料

F型阻燃剂、纺织品专用阻燃剂、水性氟硅憎水保护剂。

14.2.3　主要机具

电动（手动）喷雾器、喷壶、刷子、塑料桶。

14.2.4　工艺流程

14.2.4.1　木构件表面涂刷工艺
选择防火阻燃剂→现场配置防火阻燃剂→喷涂第一遍阻燃剂→喷涂第二、三遍阻燃剂。

14.2.4.2　茅草屋面防火阻燃憎水工艺
选择防火阻燃剂→现场配置防火阻燃剂→茅草自然干燥→茅草绑扎及浸渍→氟硅憎水保护。

14.2.4.3　纺织品防火阻燃工艺
选择防火阻燃剂→现场配置防火阻燃剂→纺织物处理→纺织物防火阻燃剂喷涂或浸泡。

14.2.5　施工工艺

14.2.5.1　木构件表面涂刷工艺

（1）选择防火阻燃剂材料：根据建筑重要性、耐火等级、木结构基底及表面处理情况等来选择药剂种类。一般选择水性防火阻燃涂料，不影响后续油漆彩绘效果。

（2）现场配置：根据选用药剂类型，结合厂家使用说明书进行调配，一般情况下配置比例为水：防火阻燃剂=2：1，充分搅拌均匀。配置好的药剂宜连续一次使用完毕。

（3）喷涂第一遍：大面积涂刷时采用电动喷雾器或手动喷雾器喷涂施工，小构件以及难于处理的部位采用涂刷方法施工，喷涂要达到木材不吸收药剂为止。随后自然干燥24h，温度较低时可根据情况延长干燥时间，直至干燥为止。

（4）喷涂涂刷第二、三遍：待前遍喷涂表面干透后，再进行第二、三遍喷涂施工。确定药剂渗入度达到标准要求后自然干燥，为下一道工序做准备。操作时应注意个人防护，如不慎接触皮肤或眼睛，立即大量清水冲洗。

（5）施工完成后可现场进行点火试验，必要时请专业部门进行防火检测。

14.2.5.2　茅草屋面防火及防紫外线施工工艺

（1）防火阻燃剂的选择及调配同木构件。

（2）施工前对茅草进行干燥处理。

（3）上屋面前将茅草按规格进行绑扎分类；将捆扎好的茅草放入盛有防火阻燃剂的大型容器中浸泡处理，一般为10min左右。

（4）将浸泡过的茅草取出放在塑料薄膜上，将多余的防火阻燃剂沥干，再放到另一个塑料薄膜上，自然晾干。

（5）将干燥的茅草再次放入盛有水性氟硅憎水保护剂大型容器中浸泡处理，一般为10min左右，取出放在塑料薄膜上，自然干透后方可进行茅草铺设，铺设完后喷防紫外线保丽液两遍。

14.2.5.3　纺织物防火施工工艺

（1）防火阻燃剂的选择：选择专用纺织品防火阻燃剂。

（2）现场配置防火阻燃剂：根据选用的防火阻燃剂，结合厂家使用说明书进行调配，一般情况下配置比例为水：防火阻燃剂=3：1，充分搅拌均匀。

（3）将纺织品表面污物清理干净并晾晒干燥。

（4）可采用浸泡、喷涂等多种方法处理纺织物，其用量、喷涂时间应根据纺织物适当调整，一般用量为0.3~0.5kg/m²，喷涂一般以一次喷透为宜。浸泡时间一般为10min左右，取出自然干燥。

14.2.6　控制要点

合理选用防火阻燃剂；配合比合理；浸泡时间及涂刷遍数控制；干燥程度；茅草憎水保护；防火检测。

14.2.7　质量要求

喷涂效果应满足防火等级的要求，如有检测，防火检测应合格。

14.3　砖石及木材表面的作旧及保护

14.3.1　简述

随着传统建筑大量出现和对已有古建筑的保护与修缮，构件表面作旧及保护技术得到越来越多的应用。

构件表面作旧及防护可分为木材表面和砖石表面两类。砖石表面作旧及保护又可分为原有砖石面和新建砖石面两类。其方法主要是采用作旧剂和防护剂喷涂、涂刷，通过渗透提高表面密实性，保持原有的透气性，改变面层颜色和纹理，体现历史和年代古朴感。

14.3.2　主要材料

作旧剂、防水剂、拼色剂、亚光木蜡油、油性石材防护剂、去碱剂。

14.3.3　主要机具

空压机、尼龙刷、电动喷雾器、喷枪、毛刷、棉纱。

14.3.4　工艺流程

14.3.4.1　木材表面作旧及防护

施工准备→基层处理→"三防"处理→分遍喷涂或涂刷作旧剂→喷涂憎水剂两遍或木油保护剂两遍→成品保护。

14.3.4.2　砖墙表面作旧及保护

（1）原有墙面：清洗→加固→修复→配制作旧剂→喷涂杀菌止霉剂→憎水保护剂→成品保护。

（2）新作墙面：墙面干燥→泛碱清洗→整体墙面清洗→配制作旧剂→做样板→大面积作旧施工→喷涂杀菌止霉剂→憎水保护剂→成品保护。

14.3.5　施工工艺

14.3.5.1　木材表面作旧及保护

（1）施工准备：结合工程的保护及作旧处理要求来选择相应的材料。调整材料配比，制作样板。

（2）基层处理：旧木材面施工时，对需要处理掉的油漆面涂刷脱漆剂，采用中性清洗剂清理干净。木材面有腐朽时先进行木材本身的强度及颜色修复，木制品作旧前用砂纸顺着木纹方向打磨后，经多遍涂刷加固剂进行封闭处理。

（3）"三防"处理：按照前述相关内容进行防腐、防虫、防火处理。

（4）分遍喷涂或涂刷作旧剂：

1）喷涂或涂刷前，使用砂纸将木结构及制品的木材表面仔细打磨一遍，并将木材表面的灰尘清理干净。

2）采用电动喷雾器进行喷涂或涂刷两遍氧化作旧剂，涂料一次性配制，搅拌均匀，使整体颜色达到一致，均匀满涂直到不吸收为止。两遍之间间隔24h自然干燥。

3）氧化剂干燥后喷涂或涂刷还原作旧剂，均匀满涂直到不吸收为止。

（5）喷涂憎水剂或木油保护剂两遍：木材的保护剂有油性和水性两种，应优先选择油性保护剂。采用电动喷雾器喷涂或涂刷两遍，均匀满涂。

（6）成品保护：经检查颜色达到处理要求后挂设警示牌、薄膜覆盖等措施进行保护，防止污染、雨淋、触碰。

14.3.5.2　砖石表面作旧及保护

（1）原有砖石面

1）清洗

①对于原有的涂料、污垢、油漆、油污、泛碱等分别采用涂料清除剂、除垢剂、脱漆剂、脱油剂、泛碱清洗剂等进行清除。

②对于部分历史建筑砖石面，可采用粒子喷射技术进行清洗。其工作原理为利用压缩空气带动粒子（或弹丸）喷射到砖、石表面，对砖、石表面进行微观切削或冲击，以去除各种污染或污垢。

a．喷射粒子（直径0.1～0.5mm）或微粒子（直径0.05～0.1mm），喷射清洗采用的气流压力为0.8～1.2MPa。

b．喷枪喷嘴口径3～5mm，出气量1～3m³/min。

c．喷射时喷枪应与墙面保持一定的倾斜角度，喷枪口与喷射面的距离宜为300～500mm，喷射粒子以形成点、网状均匀冲击基层为宜。

d．如未达到要求，需对该处进行补喷。

2）加固

①对风化深度不大于10mm的部位，将风化部分剔除，而后采用加固剂进行喷涂加固，提高墙面的耐候性、耐久性、抗腐蚀性。

②根据不同的风化深度，分两种情况处理：

• 风化深度在10～50mm的部位，凿除深度直至砖强度不变处，再用青砖修复剂进行修复或青砖切片粘贴，并使其颜色与旧砖相近。

• 风化层深度大于50mm或缺砖掉砖的部位可采用换砖填砌工艺。填砌或重砌的砖，应灰缝饱满，并和原有砖石面保持一致。

3）修复

①对砖石面的裂缝采用裂缝修补剂灌浆修复；

②对原有勾缝，如有损坏需重新勾缝处理，深度及颜色与原有面层保持一致；

③对砖石面根部的防潮处理，使用防水修复剂向墙内钻孔注射，形成防潮层，阻止返潮。

4）配制作旧剂：砖石面修复后要进行表面润色作旧处理，使砖石面接近自然老化后的斑驳观感。对于色差比较大的青砖面采用拼色作旧剂加入无机矿物颜料涂刷，使青砖面保持基本一致。

5）喷涂杀菌止霉剂：清洗完成后喷涂杀菌止霉剂两遍。

6）憎水保护剂：喷涂憎水保护剂两遍，延长砖石面使用年限。

7）成品保护：施工完成后防止碰撞及污染。

（2）新作墙面

1）墙面干燥：墙面干燥清洁，无污染及风化物。

2）墙面泛碱清洗：采用泛碱剂对砖石面喷涂或涂刷，5～10min后用尼龙刷擦洗，反复喷涂、擦洗数遍直到泛碱清除。

3）整体墙面清洗：采用中性清洗剂对墙面涂刷，高压水枪清洗。

4）做样板：使用毛刷涂刷方法，选择局部进行处理。根据甲方或设计要求配置深浅不同的颜色，经讨论后确定墙面颜色。

5）配制作旧剂：根据选定的样板颜色效果，加入颜料进行调色，整面墙体一次配置完成。

6）大面积作旧施工：采用手动低压的喷涂方法整体喷涂一遍，覆盖保护，自然干燥后再喷涂无色透明的拼色作旧剂一道，局部处理时使用毛刷涂刷1~2次，直到满足要求。

7）喷涂杀菌止霉剂：清洗完成后喷涂杀菌止霉剂两遍。

8）憎水保护剂：喷涂憎水保护剂两遍，延长砖石面使用年限。

9）成品保护：施工完成后防止碰撞及污染。

14.3.6 控制要点

材料选择；配合比例、颜色配置符合要求；三防处理到位。

14.3.7 质量要求

处理后颜色自然，纹理清晰，不易褪色，古朴性和年代感良好。

14.4 工程实例

14.4.1 西安渼陂湖云溪塔外立面的清洗作旧及保护

渼陂湖水系生态修复工程是陕西省坚持柔性治水理念，重点打造的关中水系三大湖池之一，是涝河蓄滞洪区建设的重点工程，是西安市持续推进"八水润西安"工程的重要节点。

云溪塔位于渼陂湖景区杜公堤高地上，是景区重要景点之一，为密檐式唐塔，施工中在全国首次采用混凝土核心筒外饰青砖工艺。

按照张锦秋院士的总体设计，此塔应该具有小雁塔一样的外观。为使砖塔达到古朴的效果，现场做了将近30个样板后，最终选定现在的颜色和效果，如图14.4-1所示。

塔体墙面作旧前　　　　　　　　　　　砖塔墙面作旧后

图14.4-1 云溪塔砖面作旧保护实例图

14.4.2 某故居茅草房"三防"施工

某故居红色教育基地，建筑面积392m²，由倒座房、东厢房、西厢房、地坑窑四部分组成。其中倒座房为茅草屋面，其茅草采用如下做法进行防护处理：将茅草放在配制好的防腐剂、防虫剂及防火阻燃剂溶液中浸泡24h，然后捞出晾干铺设，当屋面茅草铺设完成后再喷涂防紫外线保丽液溶剂两遍。见图14.4-2。

经过"三防"处理的茅草前后对比　　　　　　　　屋面茅草的铺设

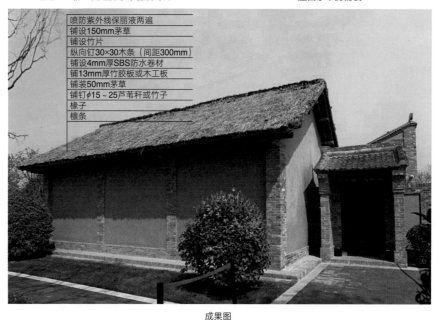

成果图

图14.4-2 某故居茅草屋面"三防"保护

14.4.3 重庆酉阳桃花源景区建筑的防护与作旧

重庆市酉阳县城北一华里处的桃花源，国内外专家学者从地理、路线、景物、历史、距离、环境等六个方面证明和考证后得出结论：此桃花源风景区与陶渊明笔下的"世外桃源"毫厘不爽，极其吻合。

新建的砖木结构工程是具有地方特色的传统建筑。为使新建工程达到修旧如旧的效果，作旧是关键工作，防火也是重中之重。所以对木材做了防腐、防虫、防火、作旧保护的处理后，效果较好，如图14.4-3所示。

木制建筑作旧前

木制建筑作旧后

喷涂憎水保护剂

喷涂木蜡油

图14.4-3 传统建筑木结构三防及作旧实例图

第15章

BIM 技术在传统建筑中的应用

15.1　简述

目前在传统建筑设计及施工中主要采用CAD软件制图。由于古建筑结构复杂，构件种类多、节点多，所包含的信息丰富，采用CAD制作的图纸不能直观地反映节点效果，且通常需要采用Sketchup及3DMAX软件建立效果图，但是所建效果图不带参数、不易调整，可重复利用效率低，具有一定局限性。

BIM技术的应用，为直观化、可视化反映传统建筑的复杂结构、节点、色彩等提供了强有力的技术指导与全过程服务。BIM所建立的模型信息全面，且能自动检测结构、节点、不同专业之间的错误信息，最大限度避免设计错误；能自动生成构件参数数据列表，便于加工；通过模型的拆分与组合，展示施工工艺过程，便于指导施工；通过大量的应用及数据的集成，可以建立传统建筑模型数据库，为可复制、高效建造提供数据支持。

15.2　建模常用软件

在BIM技术应用方面，目前主要有"三维扫描点云处理技术"、"参数化建模技术"和"基于三维模型的三维动画演示和虚拟现实研究"等技术，可用于真实的还原和反映古建筑样式、建筑造型展示、力学性能分析及装配模拟。应用BIM技术建模的软件众多，但适用于传统建筑建模的软件有以下几种可供选择使用。如：Bentley、Xsteel、Revit等。如表15.2-1所示。

主流建模软件功能及适用范围　　　　　　　　　　　　　　　　　　　　　　　　　　表15.2-1

主流建模软件	主要功能及适用范围
Bentley	Bentley系列软件多用于石油、电力、市政、桥梁等基础设施领域，推出了建筑、结构、设备、场地建模等一系列软件
Xsteel	主要用于钢结构模拟，构件详图、零件详图设计等
Revit	它主要包括：建筑、结构、机电三大类。支持项目的可持续设计、碰撞检测、施工模拟，同时能够完成各参与方间的沟通协调。尤其是Revit的建筑设计软件以族来划分构件，对于常规模型提供族样板文件，大大提高了建模效率，同时支持自由形状的建模和参数化。该软件在建筑行业使用率较高，其操作性及使用效果较好，在传统建筑的施工与设计中应用广泛

15.3　可参数化的传统建筑构件

我国古建筑执行严格的模数制，其形式、尺寸等均可采用BIM技术拆分构件并建立参数化模型，用BIM技术需要建立的主要拆分构件明细如表15.3-1所示。

明清时期古建筑中可以以族的形式参数化的构件表　　　　　　　　　　　　　　　　　表15.3-1

序号	类别	构件所处部位	构件名称
1	基座类构件	普通台基	陡板石台明
2			陡板石带角柱台明
3			砖砌台明
4			砖砌台明带角柱石

序号	类别	构件所处部位	构件名称
5	基座类构件	踏跺	垂带踏跺
6			如意踏跺
7		栏杆	石栏杆
8			木栏杆
9		须弥座	须弥座
10			须弥座带角柱石
11	柱类构件	位于地面	檐柱
12			金柱
13			中柱
14			山柱
15			角柱
16		位于构架之上	瓜柱
17			角背
18			童柱
19			雷公柱
20			草架柱
21			垂莲柱
22			脊瓜柱
23	斗栱构件	斗	平身科坐斗
24			柱头科坐斗
25			角科坐斗
26		栱	正心瓜栱
27			正心万栱
28			单材瓜栱
29			单材万栱
30			里拽厢栱
31			外拽厢栱
32		昂	平身科头昂
33			昂后带菊花头
34			昂后带麻叶头
35			由昂
36			斜昂
37		翘	头翘
38			二翘
39			三翘
40			斜翘

续表

序号	类别	构件所处部位	构件名称
41	斗栱构件	升	十八斗
42			三才升
43			槽升子
44			桶子十八斗
45			贴耳升
46		其他	宝瓶
47			撑头木
48			斜撑头木后带麻叶头
49			六分头
50			蚂蚱头
51	梁架类构件	梁	三架梁
52			四架梁
53			五架梁
54			六架梁
55			七架梁
56			月梁
57			抱头梁
58			桃尖梁
59			单步梁
60			双步梁
61			三步梁
62			顺梁
63			趴梁
64			抹角梁
65			递角梁
66			太平梁
67			踩步金
68		桁（檩）	正心桁
69			金桁
70			老檐桁
71			挑檐桁
72			脊桁
73		枋	额枋
74			随梁枋
75			承椽枋
76			金枋
77			脊枋

续表

序号	类别	构件所处部位	构件名称
78	梁架类构件	枋	檐枋
79			穿插枋
80			井口枋
81			天花枋老檐枋
82			平板枋
83			正心枋
84			跨空枋
85			挑尖随梁枋
86			燕尾枋
87	屋面类构件	椽子	脑椽
88			罗锅椽
89			花架椽
90			檐椽
91			飞椽
92			正身椽
93		望板	顺望板
94			横望板
95		角梁	老角梁
96			仔角梁
97		连檐	大连檐
98			小连檐
99		其他	闸挡板
100			里口木
101			椽椀
102			衬头木
103			瓦口木
104	瓦件及屋脊件	瓦件	筒瓦
105			板瓦
106			干槎瓦
107			合瓦
108			勾头瓦
109			滴子瓦
110			罗锅瓦
111			折腰瓦
112		脊件	正当沟瓦
113			压当条
114			群色条

序号	类别	构件所处部位	构件名称
115	瓦件及屋脊件	脊件	正通脊
116			宝顶
117			正吻兽
118			垂脊兽
119			围脊
120			合角吻兽
121			套兽
122			仙人走兽
123	砖类构件	城砖	澄浆城砖
124			停泥城砖
125			大城砖
126			二城砖
127		停泥砖	大停泥
128			小停泥
129		开条砖	大开条
130			小开条
131			斧刃砖
132			四丁砖
133			地趴砖
134			方砖、金砖
135	油漆彩绘	彩绘	和玺彩绘
136			旋子彩绘
137			苏式彩绘

　　模型细度建议：按照《陕西省建筑信息模型应用标准的规定》DBJ 61/T138的要求，模型细度可分为五个标准等级由低到高依次为LOD100、LOD200、LOD300、LOD350、LOD400。一般地基基础模型细度不小于LOD300；木结构构架类的模型细度不小于LOD200；混凝土及钢制支撑结构模型细度不小于LOD200；砌体结构模型细度不小于LOD300；地面铺装模型细度不小于LOD200；屋面铺装模型细度不小于LOD300；门窗类构件模型细度不小于LOD300；其他装修类构件模型细度不小于LOD350；油饰彩绘模型细度不小于LOD200。

15.4　古建筑构件参数化建模深度的规定

　　信息作为模型的一部分与模型同生成，其添加深度的要求也应与模型使用范围保持一致，一个完整的BIM模型并非囊括模型构件的所有信息，为了节约存储空间避免信息的冗余，BIM模型深度等级可结合模型不同用途和信息深度等级来表示，对不同用途的BIM模型，信息的添加只需满足模型用途即可。

BIM模型深度应分为几何信息和非几何信息两个信息维度，每个信息维度分为5个等级区间，几何信息是BIM模型在创建过程中用于模型驱动，改变模型形制的参数化信息。如：斗口、檐柱径等，模型与信息共同生成并具有相同的生命周期。非几何信息是根据BIM化实施的目的和项目要求在项目样板中添加，它包括建模过程中的辅助信息和扩展信息。如：建筑材料信息、年代信息、物理力学信息等。古建筑构件的信息深度等级进行划分详见表15.4-1。

古建筑构件的信息深度等级进行划分   表15.4-1

信息类型	信息内容	古建筑构件信息深度等级				
		1.0	2.0	3.0	4.0	5.0
几何信息	古建筑构件主体参数信息、构件形制尺寸信息 如：斗口（檐柱径）、长、宽、高	√	√	√	√	√
	主要技术经济指标的基础数据 如：面积、高度、距离、定位	√	√	√	√	√
	结构形式、柱网布置、定位信息 如：大式带斗栱建筑、小式不带斗栱建筑	√	√	√	√	√
	细部构造信息 如：榫的几何尺寸、卯的形状大小、柱的收分		√	√	√	√
	复杂构件节点连接几何尺寸、定位信息			√	√	√
	物理力学指标				√	√
非几何信息	基本信息，如：年代、风格、简介	√	√	√	√	√
	资料信息，如：文献资料、影音、图片	√	√	√	√	√
	装配连接信息，如：构件的位置、组装构件的名称、所需装配构件的数量		√	√	√	√
	数据信息，如：点云数据、Revit文件、CAD文件			√	√	√
	油漆彩绘信息、材质信息 如：图案风格、油漆材料、材料类别			√	√	√
	构件的耗材量统计信息				√	√

表15.4-1中的1.0～5.0信息深度为逐级提升关系，也就是说5.0包含5.0及其以下等级的所有信息。信息的添加根据不同的用途可采用不同的信息深度，如模型展示用1.0，装配模拟用4.0，古建筑重建和力学性能分析用5.0。

15.5 传统建筑构件BIM建模流程及操作实例

古建筑构件参数化信息模型建立的关键步骤就在于确定影响模型构件的主驱动参数，并以主驱动参数为中心在各参数间建立函数约束关系，最终将参数信息转化为模型图元。参数化信息模型构件以模型存档信息并作为信息的载体，通过对模型某一参数信息的改变，自动完成模型相关部分的参数变化,从而实现信息对模型的驱动,完成参数化信息模型构件的创建。参数化模型创建完成后,除了尺寸参数能调整之外,还具有可拓展性(即对某些特定参数值或信息属性类型改变而形成新的构件形式),独立性(即修改单个构件,对整体的模型不会产生变动),复用性(即构架能在不同平台环境下重复使用)。

模型的参数化主要是通过参照平面的选取,参数值的设置,几何模型的绘制,信息添加,参数化信息模型的验证五大方面来实现参数化信息模型的创建。具体流程见图15.5-1。

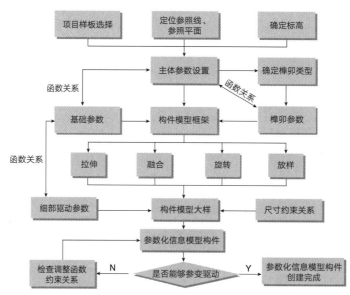

图15.5-1 参数化信息模型构件创建流程示意图

从图15.5-1可以看出,在参数化模型建立的过程中,参照平面的选取是前提,参数值的设置是核心,几何模型的绘制是关键,模型的验证是保障。下面将以"清代重翘三昂平身科斗栱"中的头翘为例(通过Revit软件制作),对模型的建立进行详细叙述。

15.5.1　选择样板

古建筑构件参数化均是以族的形式建立,当选择新建族时弹出族样板对话框,如图15.5-2所示。族样板提供多种构件建模样板,主要针对现代建筑常规构件的建模,而古建筑复杂的内部结构,决定了其只能基于公制常规模型绘制,并在族样板提供的中心(前/后)、中心(左/右)两个参照平面的基础上,根据建模需求由建模人员自由选取所需参照面。

15.5.2　参照平面的选取

在公制常规模型的族样板文件下,绘制约束构件长度、宽度方向的参照平面,利用拉伸命令绘制构件轮廓并将其锁定于参照平面。同时切换至前立面完成高度方向参照平面的选取并锁定模型图元,模型轮廓创建完成。其余参照平面的选取采用相同方法以模型需求进行绘制(图15.5-3、图15.5-4)。

图15.5-2　新建族样本对话框示意图

图15.5-3　在"创建"选项下选择参照平面进行绘制

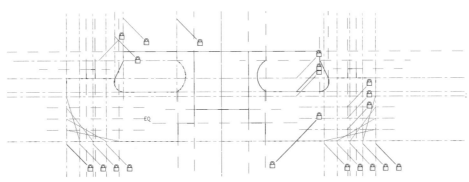

图15.5-4　绘制构件不同面层的参照平面，并锁定模型图元示意图

15.5.3　几何模型的绘制

首先，以信息深度等级为依据确定参数值：以斗口为主体参数，长、宽（厚）、高为基本参数，栱眼、销子、卷杀、卡腰刻口等为细部驱动参数，建立函数约束关系，同时添加材质信息作为头翘的外观显示效果，如表15.5-1、图15.5-5所示。

头翘驱动参数设置表 　　　　　　　　　　　　　　　　　　　　　　　　　　　　　　　　表15.5-1

主体参数	基本参数	细部驱动参数
十一等斗口=32mm	头翘长=7.1×斗口	销子高=0.2×斗口
	头翘宽（厚）=1×斗口	销子宽=销子长=0.2×斗口
	头翘高=2×斗口	卡腰刻口长=1.24×斗口（上） 2×斗口（下）

续表

主体参数	基本参数	细部驱动参数
		卡腰刻口高=0.3×斗口（上） 0.4×斗口（下）
		卷杀长=1.2×斗口（均分四份）
		卷杀高=1×斗口（均分三份）
		栱眼高=0.74×斗口
		栱眼长=1.875×斗口
		栱眼大弧宽=0.2×斗口
		栱眼大弧高=0.54×斗口
		栱眼小弧高=宽=0.2×斗口

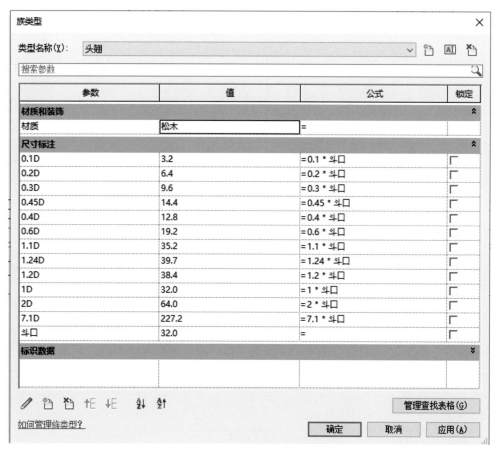

图15.5-5　族参数设置示意图

　　其次，绘制几何模型：利用拉伸、融合、旋转、放样等命令，同时在建模过程中将上述各参数值附予模型实体当中，绘制信息模型构件，其平前视图、俯视图、右视图、三维视图如图15.5-6～图15.5-9所示。

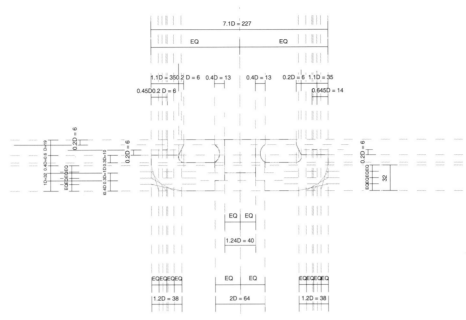

图15.5-6　参数化头翘前视图

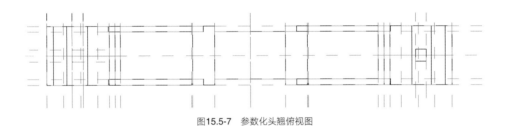

图15.5-7　参数化头翘俯视图

图15.5-8　参数化头翘右视图

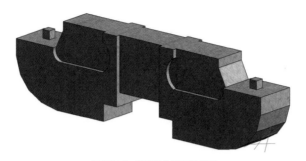

图15.5-9　参数化头翘三维视图

15.5.4　模型的验证

作为信息模型创建的最后环节，通过检查模型外观、内部信息属性，对模型基本形状及信息的准确性进行审核，最后验证构件是否参变，能否实现复用和扩充。将原有的主体参数十一等斗口（即32mm）改为九等斗口（即64mm），则全部参数值随之改变，实现模型构件的参变驱动，如图15.5-10～图15.5-12所示，完成参数化信息模型构件的创建。

通过以上步骤就可完成基本构件的参数化设置。接下来可将各个参数化构件进行组装，形成一个完整构件。古建筑构件的组装有手动组装和自动组装两种装配形式。手动组装是将古建筑构件以族文件的形式导入项目中，通过定义标高和参照平面，利用对齐、偏移、阵列等命令调整装配位置完成对构件的组装。手动组装的装配速度过慢，装配误差偏大，但不需要计算机编程，较容易实现。

自动组装是通过计算机编程的方法对构件装配关键点进行编码，以代码的形式调用构件信息实现构件的自动化装配。目前对古建筑构件的自动组装还处于理论研究阶段，或只能通过定义部分代码完成局部构件的组装，而对于整座古建筑自动化装配的实现技术研究还没有可行性成果。与手动组装相比自动组装的装配速度快，装配误差较小，但对装配人员的编程技术要求较高，不容易实现。

图15.5-10　更改参数，检查模型参数是否有误

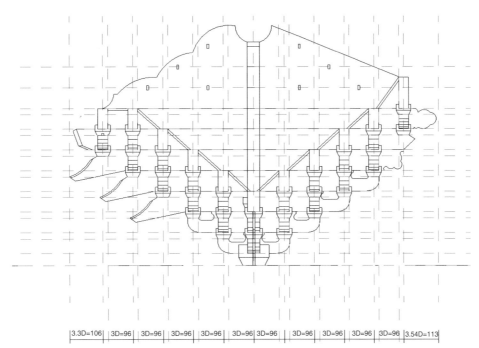

|3.3D=106|3D=96|3D=96|3D=96|3D=96|3D=96|3D=96||3D=96|3D=96|3D=96|3D=96|3.54D=113|

图15.5-11　利用参照平面对组装尺寸进行设置，然后载入单个族，并将族与上下承接构件进行锁定，
每装配完一个构件并更改参数检查是否锁定正确。可实现整攒斗栱的参数化

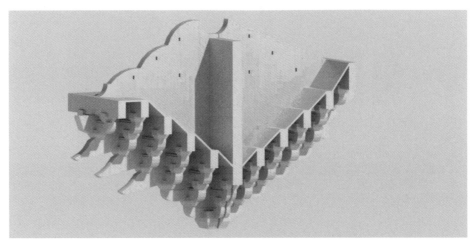

图15.5-12　组拼完成后的斗栱模型实例图

15.6　构件建模实例

构件建模实例见图15.6-1。

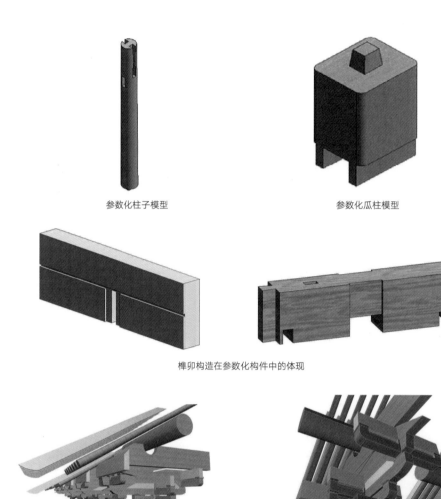

参数化柱子模型 参数化瓜柱模型

榫卯构造在参数化构件中的体现

参数化斗栱及屋面椽的组装

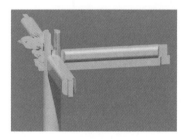

梁、柱模型的组装 雕刻纹样模型

图15.6-1 构件建模实例图

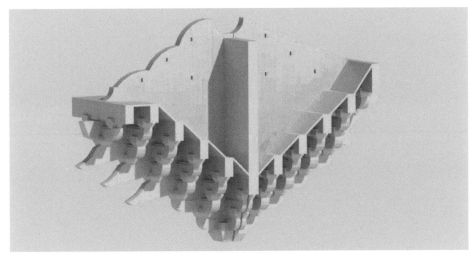

参数化构件组合成的斗栱模型

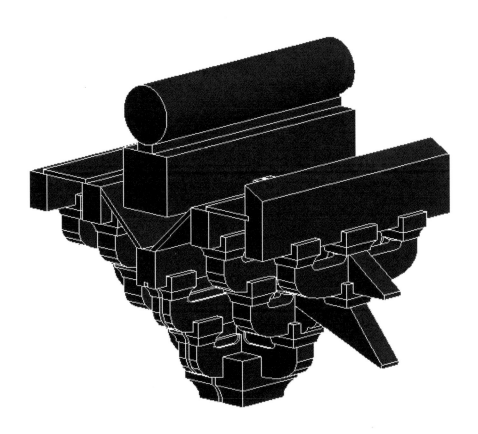

图15.6-1　构件建模实例图（续）

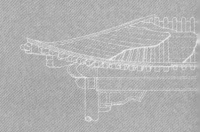

附 录
APPENDIX

附录一（A） 翼角曲线方程式及有关计算

一、屋面翼角是传统建筑施工的难点部位。下面运用数学的一些知识对此进行浅析。

一般传统建筑翼角如下图所示：

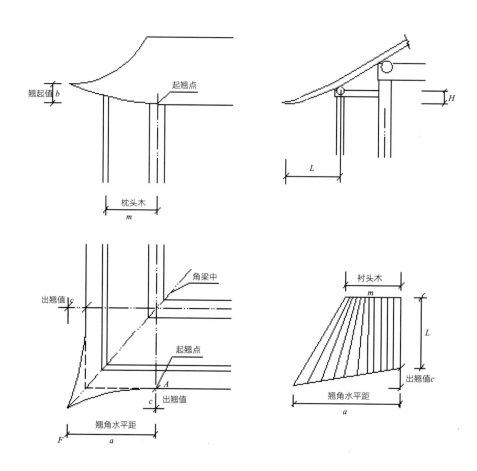

其中，A 为起翘点，F 为翼角顶点，a 为翘角水平距，b 为翘（一般称为翘起值），c 为冲（一般称为出翘值），椽檐口线如图所示。显然，翼角空间曲线必须满足以下条件：过 A、F 点，在 F 点与檐口线所在的平面内，与檐口线相切于 A 点。满足以上条件的曲线或许有多种形式，我们不妨假定其为二次曲线圆，那么不难看出：在一个平面内，过直线外一点，其与该直线相切于某点的圆弧是唯一的。

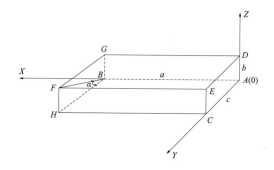

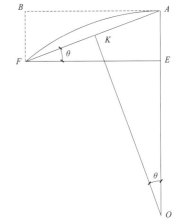

为求出该曲线的函数表达式，我们首先建立空间直角坐标系 $OXYZ$。A 为坐标原点 O，翼角顶点在该坐标系中的位置为 F（a，c，b）由 F 点分别向平面 XOY，XOZ，YOZ 作垂线，垂足分别为 H、G、E，再由 H、G、E 三点向 X、Y、Z 坐标轴作垂线，分别交于 B、D、C 三点，连接各点，可得长方体 $ABCDEFGH$，如上图所示。

连接 AE 及 BF，可得平面 $ABEF$。显然，曲线 AF 在平面 $ABEF$ 之内，设平面 $ABEF$ 与平面 XOY 的夹角为 α，则存在如下关系：

$$\alpha = \tan^{-1}\frac{b}{c}$$

且 $AE = BF = \sqrt{b^2 + c^2}$

$$AF = \sqrt{a^2 + b^2 + c^2}$$

在上图中，连接 AF，并通过 AF 的中点 K 作 AF 的垂直平分线，交 AF 的延长线于 O，即得空间曲线 AF 的圆心为 O，$OA = OF = R$（半径）。

由于直角三角形 $\triangle AEF \backsim$ 直角三角形 $\triangle AOK$，可得：

$$\frac{OA}{AF} = \frac{AK}{AE}$$

$$OA = \frac{AF \times AK}{AE} = \frac{1}{2} \times \frac{a^2 + b^2 + c^2}{\sqrt{b^2 + c^2}}$$

即 $R = \dfrac{1}{2} \times \dfrac{a^2 + b^2 + c^2}{\sqrt{b^2 + c^2}}$

圆心 O 在空间直角坐标系中的坐标位置为（$O, R\cos\alpha, R\sin\alpha$）那么，该空间曲线（圆弧）之函数表达式：

$$\begin{cases} X^2 + (Y - R\cos\alpha)^2 + (Z - R\sin\alpha)^2 = R^2 \\ Z = \tan\alpha \times Y \end{cases} \quad \text{......①}$$

即球面 $X^2 + (Y - R\cos\alpha)^2 + (Z - R\sin\alpha)^2 = R^2$ 与空间平面 $Z = \tan\alpha \times Y$ 之交线。该曲线在 XOY、XOZ、YOZ 三个坐标平面内的投影分别为椭圆或直线。

在平面 XOY 中的投影为椭圆，其函数表达式为

$$\begin{cases} \dfrac{X^2}{R^2} + \dfrac{(Y - R\cos\alpha)^2}{R^2\cos^2\alpha} = 1 \\ Z = 0 \end{cases} \quad \text{......②}$$

在平面 XOZ 中的投影为椭圆，其函数表达式为

$$\begin{cases} \dfrac{X^2}{R^2} + \dfrac{(Z - R\sin\alpha)^2}{R^2\sin^2\alpha} = 1 \\ Y = 0 \end{cases} \quad \text{......③}$$

在平面 YOZ 中的投影为一条直线

$$\begin{cases} Y=\tan^{-1}\alpha \quad Z \\ X=0 \end{cases} \quad \cdots\cdots\cdots\cdots\cdots\cdots\cdots\cdots\cdots\cdots\cdots④$$

二、翼角檐椽出长度计算

假设P、Q为空间任意两点，其坐标值分别为P（X_1,Y_1,Z_1），Q（X_2,Y_2,Z_2），则P、Q两点距离为：

$$\left|PQ\right|=\sqrt{(X_1-X_2)^2+(Y_1-Y_2)^2+(Z_1-Z_2)^2}$$

显然，要求出檐椽出长，只需要将椽头，椽尾二点的空间坐标值求出即可。

翼角檐椽出在平面X、O、Y的投影如下图所示。

设前端椽子在X轴上的投影坐标为X_1，X_2，$\cdots X_{n-1}$，且

$X_1=X_2-X_1=X_3-X_2\cdots$

其延长线尾部交于一点$O'(0,-L'-m)$

（设$A'B'=m$, $AA'=L'$）

则直线$O'X_i$之直线方程式为

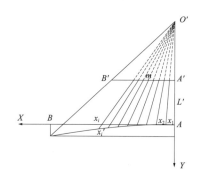

$$\frac{X}{X_1}-\frac{Y}{L'+m}=1$$

由方程组

$$\begin{cases} \dfrac{X^2}{R^2}+\dfrac{(Y-R\cos\alpha)^2}{R^2\cos^2\alpha}=1 \\ \dfrac{X}{X_1}-\dfrac{Y}{L'+m}=1 \end{cases}$$

可求出椽头各点之X、Y坐标值，再由方程组①即可得出相应的Z值，亦即椽头各点的坐标值，我们设其为（X_i,Y_i,Z_i）。

下面我们再求椽尾各点的坐标值。首先，我们将空间直角坐标系X, Y, Z, A（O）平移至A''（O''）（$-L'$, H），得空间直角坐标系X', Y', Z', A''（O''），如下图所示：

若衬头木$A''B''$之间长为m，则衬头木升起高度n可由下式计算：

檐檩（桁）处衬头木高度：$n_1=\dfrac{m}{a}\times b$

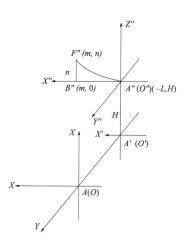

挑檐檩（桁）处衬头木高度：$n_2=\dfrac{m+f}{a}\times b$

在平面直角坐标系X', O', Z'中，设椽尾曲线半径为R'，则其函数表达式为：

$$X^2+(Z'-R')^2=R'^2$$

将（m,n）代入，可得

$$R'=\frac{m^2+n^2}{2n}$$

再将m值n等分，可得相应的X_1', X_2', $\cdots$, X_{n-1}'

且$X_1'= X_2'-X_1'=X_3'-X_2'\cdots$

由$Z'=R'-\sqrt{R'^2-X^{2'}}$

可得相应的：Z_1'、Z_2'、$\cdots Z_{n-1}'$（$Y'=0$）

再由

$$\begin{cases} X= X' \\ Z=Z'+H \\ Y=Y'-L \end{cases}$$

可得对应于空间直角坐标系$XYZO$中的椽尾各点的坐标值，我们设其为(X_i', Y_i', Z_i')

则椽长

$$|AB| = \sqrt{(X_i-X_i')^2+(Y_i-Y_i')^2+(Z_i-Z_i')^2}$$

即可求出。

三、工程实例

某工程起翘500mm，出翘400mm，正身椽水平投影长度（檐平出）2100mm，垂直投影长630mm，衬头木长1600mm，据此可以进行相关计算。

1．翼角圆弧曲线半径

$$R = \frac{1}{2} \times \frac{a^2+b^2+c^2}{\sqrt{b^2+c^2}} = 13.45\text{m}$$

2．翼角曲线（丈杆）之长

$$L = \frac{2\pi R}{180°} \sin \alpha^{-1} \sqrt{\frac{a^2+b^2+c^2}{2R}} = 4.2656\text{m}$$

3．相关参数计算

$$\sin \alpha = \frac{b}{\sqrt{b^2+c^2}} = 0.7809$$

$$\cos \alpha = \frac{c}{\sqrt{b^2+c^2}} = 0.625$$

$$\tan \alpha = \frac{b}{c} = 1.25$$

4．空间曲线之函数表达式

$$\begin{cases} x^2+(y-R\cos \alpha)^2+(z-R\sin \alpha)^2=R^2 \\ z=1.25y \end{cases}$$

将R、$\sin\alpha$、$\cos\alpha$代入得

$$\begin{cases} x^2+y^2+z^2-16.8125\,y-21.0062\,z=0 \\ z=1.25y \end{cases}$$

在平面 *YOZ* 中投影

$$\begin{cases} y=0.8z \\ x=0 \end{cases}$$

5．翼角椽长度

（1）衬头木升起高度

$$n=\frac{m}{a}\times b=0.20\,\mathrm{m}$$

（2）设椽径，椽档均为150mm，翼角椽中心距在沿口水平线（*X*轴）上的投影为300mm，则正身椽外第4根椽，椽头坐标可由方程组：

$$\begin{cases} \dfrac{x}{1.2}-\dfrac{y}{3.7}=1 \\ \dfrac{x^2}{R^2}+\dfrac{(y-R\cos\alpha)^2}{R^2\cos^2\alpha}=1 \end{cases}$$

和方程 $y=0.8z$ 求出

$$\begin{cases} x_1=1.211 \\ y_1=0.034 \\ z_1=0.043 \end{cases}$$

（3）第四根翼角椽椽尾坐标

$$\begin{cases} R'=\dfrac{m^2+n^2}{2n}=6.5\,\mathrm{m} \\ x'=\dfrac{m}{14}\times4=0.4571\,\mathrm{m} \\ z'=R'-\sqrt{R'^2-x'^2}=0.016\,\mathrm{m} \end{cases}$$

再将其换算成 *XYXO* 坐标系中之值

$$\begin{cases} x_2=0.4571 \\ y_2=-2.1 \\ z_2=0.646 \end{cases}$$

（4）第四根翼角椽椽长

$$\begin{aligned} L&=\sqrt{(x_1-x_2)^2+(y_1-y_2)^2+(z_1-z_2)^2} \\ &=\sqrt{(1.2121-4.571)^2+(0.0372-2.1)^2+(0.0465-0.647)^2} \\ &=2.3448\,\mathrm{m} \end{aligned}$$

附录一（B） 翼角椽的向量表示及计算

某仿古屋面翼角详图如附图1.B-1、附图1.B-2所示。

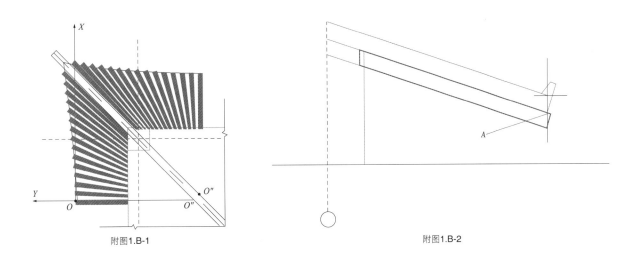

附图1.B-1   附图1.B-2

为计算椽长我们首先将椽子看成一个空间向量，将椽看成向量，如图1.B-3所示，$\overrightarrow{B'P}$为空间中起翘椽顶面与椽侧面（靠近翘角梁一侧）的交线，叫作起翘线，又叫示椽线，代表起翘椽。我们将其定义为椽O。点P为示椽线与椽头端面的交点，叫作头翘点，点B'为示椽线与椽尾端面的交点，叫作尾翘点。点O''为起翘线在某水平平面R上的投影直线和人字梁侧平面与平面R交线的交点，叫作会聚点。点O为点P在平面R上的投影。定义平面$OO''P$为起翘面，可知平面$OO''P$为竖直面。由$\overrightarrow{OO''}$为$\overrightarrow{PO'}$在平面R上的投影，令$|\overrightarrow{OO''}|=a$，

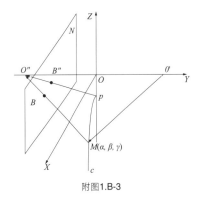

附图1.B-3

则$|\overrightarrow{OP}|=|\overrightarrow{OO''}|\times\tan\angle OO''P=a\times\tan\angle OO''P$。以点$O$为坐标原点建立空间直角坐标系，设平面$XOY$平行于平面$R$，X轴垂直于起翘面$OO''P$，可知平面$XOY$与平面$R$为同一平面。点$M(\alpha,\beta,\gamma)$为坐标系中任意示椽线与其椽头端面的交点，曲线$C$为点$M$的轨迹，曲线$C'$为曲线$C$在平面$XOY$内的投影。在工程设计中常将曲线$C'$设计成以点$O'(O,R,O)$为圆心，以$R$为半径的一段圆弧。设平面$N$（$y=-b$）经过点$B'$平行于平面$XOZ$，则得$\overrightarrow{MO''}$与平面$N$的交点$B(x,-b,z)$，则点$B$即为任意椽尾翘点，示椽线$\overrightarrow{MB}$表示空间任意椽向量。

一、椽长公式的推导 $\overrightarrow{O'O''}=(O,-a-R,O)$

由$\overrightarrow{O'O''}=(O,-a-R,O)$，$\overrightarrow{O'M}=(\alpha,\beta-R,\gamma)$，

得$\overrightarrow{MO''}=\overrightarrow{O'O''}-\overrightarrow{O'M}=(-\alpha,-a-\beta,-\gamma)$，

又 平面$y=-b$与直线MO''相交得点B，则点B方程为

$$\begin{cases} \dfrac{x-O}{-\alpha} = \dfrac{y+a}{-a-\beta} = \dfrac{z-O}{-\gamma} = -t \\ y = -b \end{cases}$$ （附1.B-1）

得点B坐标为：

$$\begin{cases} x = \dfrac{a-b}{a+\beta} \cdot \alpha \\ y = -b \\ z = \dfrac{a-b}{a+\beta} \cdot \gamma \end{cases}$$ （附1.B-2）

则任意一椽向量

$$\begin{aligned} \overrightarrow{MB} &= \left(\dfrac{a-b}{a+\beta} \cdot \alpha - \alpha, -b - \beta, \dfrac{a-b}{a+\beta} \cdot \gamma - \gamma \right) \\ &= -(b+\beta) \cdot \left(\dfrac{\alpha}{a+\beta}, 1, \dfrac{\gamma}{a+\beta} \right) \end{aligned}$$ （附1.B-3）

那么，任意一椽的长度为

$$\left| \overrightarrow{MB} \right| = (b+\beta) \cdot \sqrt{1 + \dfrac{\alpha^2 + \gamma^2}{(a+\beta)^2}}$$ （附1.B-4）

二、α、β、r值的确定

点（α、β、r）的坐标可由如下参数方程求出

设点M在平面XOY上的投影为$M'(\alpha,\beta,o)$，令$\angle OO'M' = \omega$，如图1.4所示。

则在平面XOY内点M'的参数方程为：

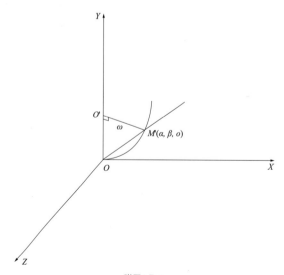

附图1.B-4

$$\begin{cases} \alpha = R \cdot \sin \omega \\ \beta = R - R \cos \omega \\ \gamma = 0 \end{cases} \qquad （附1.B-5）$$

又设该翼角分N步出翘（起翘），总起翘高度为H，由弧长$S = R \cdot \omega \cdot N$，得点$M$坐标为

$$\begin{cases} \alpha = R \cdot \sin \dfrac{S}{RN} i \\ \beta = R - R \cos \dfrac{S}{RN} i \qquad\qquad i = 0,1,2,\cdots,N \\ \gamma = a \times \tan \angle OO''P + \dfrac{H}{N} \cdot i \end{cases} \qquad （附1.B-6）$$

三、施工中椽空挡及标高的控制

实际施工中用相临两头翘点或尾翘点连线向量在X轴上的投影（空挡）和椽头椽尾标高作为挂线控制椽子位置的依据，在此给出求解公式。

翼角板边缘线处空挡（前空挡）

$$\Delta \alpha_i = \alpha_i - \alpha_{i-1} = R \cdot \left(\sin \frac{S}{RN} i - \sin \frac{S}{RN} (i-1) \right) \qquad （附1.B-7）$$

锚固处空挡（后空挡）

$$\Delta x_i = x_i - x_{i-1} = (a-b) \cdot \left(\frac{\alpha_i}{a+\beta_i} - \frac{\alpha_{i-1}}{a+\beta_{i-1}} \right) \qquad （附1.B-8）$$

式（附1.B-7）、（附1.B-8）中$i = 1,2,\cdots,N$

任意一椽头翘点标高

$$H_t = H_p + \frac{H}{N} \cdot i \qquad （附1.B-9）$$

任意一椽尾翘点标高

$$H_w = H_p + a \times \tan \angle OO''P + \frac{a-b}{a+\beta} \cdot \gamma \qquad （附1.B-10）$$

H_p为标准檐口板底标高。

四、案例

某仿古屋面翼角椽翻样表

附表1.B-1

椽号	手工放样椽长	向量计算椽长	前空挡	后空挡	椽头标高	椽尾标高
NO.0	2.150m	2.156m	0.342m	0.184m	13.028m	13.696m
NO.1	2.165m	2.162m	0.342m	0.183m	13.044m	13.706m
NO.2	2.190m	2.183m	0.342m	0.182m	13.061m	13.716m
NO.3	2.230m	2.219m	0.341m	0.181m	13.078m	13.726m
NO.4	2.275m	2.270m	0.341m	0.179m	13.094m	13.738m

椽号	手工放样椽长	向量计算椽长	前空挡	后空挡	椽头标高	椽尾标高
NO.5	2.340m	2.336m	0.341m	0.176m	13.111m	13.750m
NO.6	2.420m	2.416m	0.341m	0.173m	13.128m	13.762m
NO.7	2.515m	2.509m	0.340m	0.170m	13.144m	13.775m
NO.8	2.625m	2.614m	0.340m	0.166m	13.161m	13.788m
NO.9	2.743m	2.732m	0.340m	0.162m	13.178m	13.802m
NO.10	2.872m	2.861m	0.339m	0.157m	13.194m	13.816m
NO.11	3.010m	3.002m	0.339m	0.152m	13.211m	13.830m
NO.12	3.155m	3.153m	0.338m	0.147m	13.228m	13.845m
NO.13	3.330m	3.314m	0.337m	0.142m	13.244m	13.860m
NO.14	3.352m	3.484m	0.337m	0.137m	13.261m	13.875m
椽的总数是15根，共有15个空挡						

某仿古屋面翼角椽翻样表

附表1.B-2

椽号	手工放样椽长	向量计算椽长	前空挡	后空挡	椽头标高	椽尾标高
NO.0	1.520m	1.522m	0.335m	0.177m	12.698m	13.162m
NO.1	1.530m	1.530m	0.335m	0.176m	12.721m	13.175m
NO.2	1.555m	1.560m	0.335m	0.174m	12.743m	13.188m
NO.3	1.600m	1.612m	0.334m	0.171m	12.766m	13.202m
NO.4	1.660m	1.684m	0.334m	0.167m	12.789m	13.217m
NO.5	1.740m	1.775m	0.333m	0.162m	12.812m	13.233m
NO.6	1.840m	1.885m	0.333m	0.156m	12.834m	13.250m
NO.7	1.960m	2.012m	0.332m	0.150m	12.857m	13.266m
NO.8	2.095m	2.154m	0.331m	0.143m	12.880m	13.283m
NO.9	2.260m	2.311m	0.330m	0.135m	12.903m	13.301m
NO.10	2.480m	2.483m	0.329m	0.127m	12.925m	13.318m
椽的总数是11根，共有11个空挡						

附录二 衬头木高度的计算

衬头木升起高度是指翼角梁处第一根翼角椽下皮与此处檐檩（桁）或挑檐檩（桁）上皮之间的垂直距离。在传统古建筑中，檐檩（桁）之上的衬头木，其长同檐步，高为2椽径。用于挑檐檩（桁）之上的衬头木，其长为步架加斗拱出踩，高为2椽径再加斗拱出踩长度的十分之一。事实上，衬头木升起高度与起翘、出翘、檐步、上檐出及斗拱出踩有关。我们在现代传统建筑施工中，衬头木高度可由翼角现场施工放样确定，此外，我们亦可用下面的公式计算得出。

设檐檩处衬头木升起高度为x，挑檐檩（桁）处衬头木高度为x'，

图中：b——起翘值

$\quad\quad c$——出翘值

$\quad\quad m$——檐步

$\quad\quad l$——上檐出

$\quad\quad f$——斗拱出踩

$\quad\quad a$——翘角水平距　$a=m+l+c$或$a=m+f+l+c$

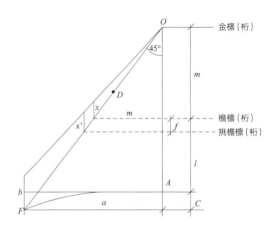

另外，A为起出翘点，F为翼角顶点，O为金檩（桁）交点。

由三角形相关线段的比例关系，很容易得出：

$$\frac{x}{b}=\frac{m}{a}$$

$$\frac{x'}{b}=\frac{m+f}{a}$$

即

$$x=\frac{m}{a}\times b$$

$$x'=\frac{m+f}{a}\times b$$

需要说明的是，第一根翼角椽的尾部并不在图中的O点处（金檩（桁）交会处），而在图中所示的某点D处（由点椽花而定），但不管椽花线的端部在任何位置，由于第一根翼角椽同老角梁起翘同步，而老角梁的起翘点在O点处，因此上述计算简图都是合理的。

案例：

某工程中，起翘值b为500

$\quad\quad\quad\quad$出翘值c为400

$\quad\quad\quad\quad$檐步m为1600

$\quad\quad\quad\quad$上檐出 l 为1500

$\quad\quad\quad\quad$斗拱出踩f为600

则　翘角水平距$a=m+l+c=3500$

$\quad\quad$檐檩（桁）处衬头木高度$x=\frac{m}{a}\times b=230$

$\quad\quad$挑檐檩（桁）处衬头木高度$x'=\frac{m+f}{a}\times b=310$

附录三 等分比例法翼角放样方法的浅析

关于翼角放样的"等分比例法"，其理论根据是什么？我们用数学的方法，对此进行如下探讨。

如上图所示，A为起翘点，F为翼角顶点在平面上的投影。

则，AF'为翘角水平距，设为a，AC（或FF'）为出翘值，设为c。

AF为翼角空间曲线在平面上的投影，为讨论方便，我们设AF为圆弧。并设该圆的半径为R，则$R=(a^2+c^2)/2c$

事实上，只需将F点的坐标值$(-a, R-c)$代入方程$X^2+Y^2=R$即可。

在上图所示中，过A点作圆的切线，并截取线段AB，将AB分为n等份，作X轴的垂线交圆于F_1、F_2、$F_3\cdots F_n\cdots F$

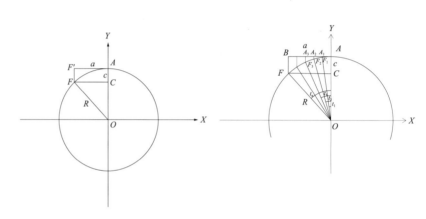

且设$\angle AOF_1=t_1$

$\angle AOF_2=t_2$

$\angle AOF_3=t_3$

……

$\angle AOF=t_n$

可得$\sin t_1=a/nR$

$\sin t_2=2a/nR$

$\sin t_3=3a/nR$

……

$\sin t_n=a/R$

线段A_1F_1、$A_2F_2\cdots\cdots A_iF_i\cdots\cdots$的长度和$BF$相互比例关系，则可用下面步骤求出。

即$A_iF_i/BF=R-R\cos t_i/R-R\cos t_n$

$=1-\cos t_i/1-\cos t_n$

根据古建筑的权衡及尺寸之间的比例关系，由$\sin t_n=a/R$，我们可以求出t_n的取值范围。

由公式$\sin t_n=a/R$

$R=(a^2+c^2)/2c$

其中　a为翘角水平距

c为出翘值

$a=$廊步$+$出踩$+$檐平出$+$出翘

将相关数据代入即可得出：

$a=22+(0、3、5、7、9\ldots)+21+4.5$

$=47.5+(0、3、5、7、9\ldots)$

$R=(47.5^2+4.5^2)/(2\times4.5)\sim(56.5^2+4.5^2)/(2\times4.5)$

$=253$斗口$\sim(357$斗口$)$

$\therefore\sin t_n=a/R$

$=0.1877\quad(0.1543)$

查函数表可得：

$9°5'\leqslant t_n\leqslant10°50'$

$0.983\leqslant\cos t_n\leqslant0.988$

$\therefore \cos t_\mathrm{n} \approx \cos^2 t_\mathrm{n}$

$\cos t_\mathrm{i} \approx \cos^2 t_\mathrm{i}$

$A_\mathrm{i} F_\mathrm{i}/BF = 1 - \cos^2 t_\mathrm{i}/1 - \cos^2 t_\mathrm{n}$

$= \sin^2 t_\mathrm{i}/\sin^2 t_\mathrm{n}$

$= (\sin t_\mathrm{i}/\sin t_\mathrm{n})^2$

若 $n=4$　　$i=1$、2、3

则 $A_\mathrm{i} F_\mathrm{i}/BF = 1/16$、$1/4$、$1/2$（$9/16$）

若 $n=6$　　$i=1$、2、3、4、5

则 $A_\mathrm{i} F_\mathrm{i}/BF = 1/36$、$1/9$、$1/4$（$9/36$）、$4/9$、$7/10$

若 $n=8$　　$i=1$、2、3、4、5、6、7

则 $A_\mathrm{i} F_\mathrm{i}/BF = 1/64$、$1/16$、$1/8$、$1/4$、$3/8$、$1/2$、$3/4$

————————— 附录四　凹曲屋面的工程做法及数学方程 —————————

一、关于凹曲屋面的工程做法

我们知道，一条曲线可用若干斜线组成的折线进行近似表达。传统的木构架形成屋面凹曲折线的方法，宋称"举折法"。该法由举屋之法和折屋之法组合而成。

1. 举屋之法即确定屋面总举高的方法。若设橑檐枋（或檐檩）顶面至脊槫顶面的垂直距离为 H（总举高），L 为前后橑檐枋（或檐檩）之间的水平距离，则有：

殿堂楼阁：$H = (1/3)L$

筒瓦厅堂：$H = (1/4)L + 0.08L$

筒瓦廊屋及板瓦厅堂：$H = (1/4)L + 0.05L$

板瓦廊屋：$H = (1/4)L + 0.03L$

2. 折屋之法是求取中间各槫（檩）分举高的方法。将橑檐枋顶与脊槫顶连线，第一缝处第一折为 $\frac{1}{10}H$，再将橑檐枋顶与上平槫（第一檩）顶连线，第二缝处第二折为 $\frac{1}{20}H$……依此类推。上述各类点连线时，以檩上皮横线和以檩中心垂直线的交点为准。若设 h_1、h_2、h_3、……为第一槫（檩）、第二槫（檩）、第三槫（檩）上皮与对应的连线的距离，则有

$$h_1 = \frac{1}{10}H$$

$$h_2 = \frac{1}{20}H$$

$$h_3 = \frac{1}{40}H$$

$$……$$

$$h_i = \frac{1}{10 \times 2^{i-1}}H$$

如下图所示：

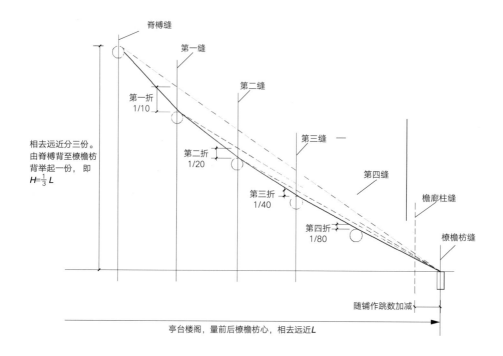

举折之法，利于古代匠人们的操作。事实上，我们也可以仅凭从橑檐枋顶与脊槫顶之间的连线来确定该线至各槫（檩）顶面的距离。若将该距离设为 h_1、h_2、h_3……则：

$$h_i = H(B-ib)\sum_{i=1}^{k-1}\frac{1}{10\times 2^{i-2}[B-(i-1)b]}+\frac{H}{10\times 2^{i-1}}$$

其中：H——总举高

b——步架

B——前后橑檐枋（檐檩）中到中距离的1/2

i——脊槫（檩）与橑檐枋（檐檩）之间槫（檩）的个数。

即：$h_1=\dfrac{H}{10}$

$$h_2=H(B-2b)\frac{1}{10(B-b)}+\frac{H}{20}$$

$$h_3=H(B-3b)\left\{\frac{1}{10(B-b)}+\frac{1}{20(B-2b)}\right\}+\frac{H}{40}$$

$$h_4=H(B-4b)\left\{\frac{1}{10(B-b)}+\frac{1}{20(B-2b)}+\frac{1}{40(B-3b)}\right\}+\frac{H}{80}$$

$$h_5=H(B-5b)\left\{\frac{1}{10(B-b)}+\frac{1}{20(B-2b)}+\frac{1}{40(B-3b)}+\frac{1}{80(B-4b)}\right\}+\frac{H}{160}$$

……

如当 i=3时：

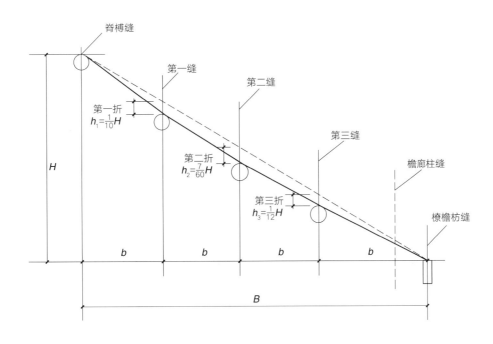

如当 $i=4$ 时：

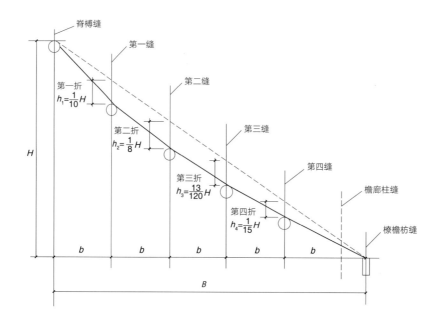

对于钢筋混凝土结构的现代仿宋建筑，可利用此法，直接将各檩面的标高确定下来，同时也为电脑制图及计算提供了基础。

清代确定屋面折线的方法，称为举架法。将相邻两檩之间中到中水平距离称作"步架"或"步距"，将相邻两檩的底面之间的垂直距离称为"举高"，"举高"与"步架"之比称为"举架"。举架值如下：

五檩小式：0.5，0.7；

七檩大（小）式：0.5，0.7或0.65，0.9或0.8；

九檩大式：0.5，0.65，0.75，0.9；

十一檩大式：0.5，0.6，0.65，0.75，0.9。

分举高 = 步架×举架值

据此即可绘出屋顶折线图。

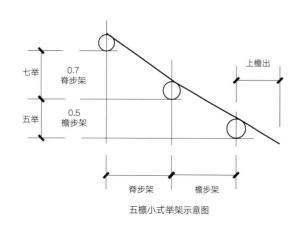

五檩小式举架示意图

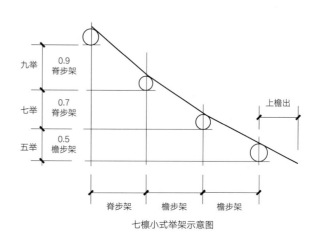

七檩小式举架示意图

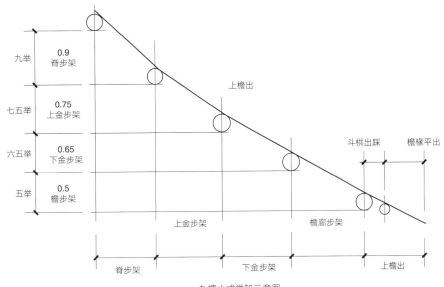

九檩小式举架示意图

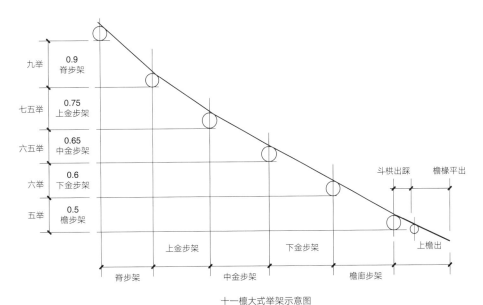

十一檩大式举架示意图

二、凹曲屋面的数学方程式

综上所述，由宋之"举折"和清之"举架"，我们便可得到构成屋面下凹曲线的基础线，再加以望板、苫背、垫囊、宓瓦等工序，最终形成优美实用的屋面下凹曲线。囿于社会生产力水平的制约，古人对屋面曲线未能进行过深入的科学研究。近来有人指出，凹曲屋面的曲线和现代数学中的"最速降线"即普通旋轮线有着相当的吻合和接近。其数学方程式为：

$$\begin{cases} x = a(t - \sin t) \\ y = a(1 - \cos t) \end{cases}$$

或 $x + \sqrt{y(2a - y)} = a \arccos \dfrac{a - y}{a}$

其中：a——圆的半径

t——圆沿X轴滚动时，圆上一点的圆心角。

那么，对于方程式中的a如何确定呢？考察宋之举折和清之举架之法，我们发现，屋面总举高与前后檐檩（或挑檐檩，宋称之为橑檐枋）距离之比和一般旋轮线的极值点（拱高）的垂直坐标与弦长之比非常相似。

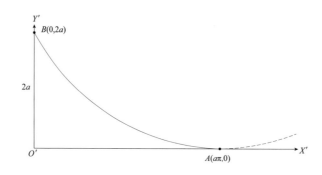

宋式　　0.26 ~ 0.33

清式　　0.30 ~ 0.35

旋轮线　0.32

那么，我们不妨认为，旋轮线圆的直径即为屋面的总举高H，旋轮线的弦长即为屋面前后檐檩之间的水平距离。

我们将上图中的坐标系，先平移至$(2a\pi,2a)$处，再旋转$180°$，取其半，即在新坐标系$X'O'Y'$中，原旋轮线的AB部分，即为凹曲屋面的理想形态，其数学方程式为：

$$\begin{cases} x=2a\pi-a(t-\sin t) \\ y=2a-a(1-\cos t) \end{cases}$$

其中：$O'O$——总举高H；

$O'A$——前后檐檩水平距离的1/2；

a——$H/2$。

下面是$i=3$时，清、宋及旋轮线三种屋面曲线（折线）的对比图：

	第一折h_1（H）	第二折h_2（H）	第三折h_3（H）
清	0.07	0.09	0.07
宋	0.08	0.12	0.01
旋轮线	0.21	0.34	0.34

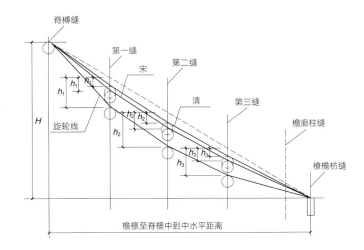

　　从上图我们可以看出，不论是清之举架法还是宋之举折法，所形成的屋面曲线的曲率要比旋轮线都要小，究其原因，可能由于我国北方地区雨量偏小所致。另外，屋面除了满足"吐水疾而霤远"的排水功能，还要兼顾屋面结构的稳定和荷载的合理传递和分布。实践出真知，古时匠人的智慧由此可见一斑。

附录五   名词解释

一、唐、宋时期

1．副阶周匝：   宋《营造法式》规定的建筑结构形式，包括平面的环绕围廊和里面的副阶构件组成，前廊较深，殿内不施柱子的做法。

2．压阑石：   清代称为阶条石。其作用是铺在台基周边保护石基。

3．殿阶基：   清式称为台基。其面阔和进深尺寸均按照间的尺寸确定。这种殿阶基已经具备须弥座的特征，应当是宋式建筑中等级较高的台基做法。

4．副子：   踏道的组成部分，宋式建筑踏道两侧向下斜置的长方形石条，清代称为"垂带石"。

5．钩阑：   宋式建筑中对栏杆的称呼，钩阑大多建在台基上，属于台基的基础部分。一般多见于须弥座台基。

6．蜀柱：   在木结构中平梁上承托脊槫的矮柱称为蜀柱，宋代建筑称为侏儒柱，清式建筑称为脊瓜柱。有时也用在其他梁栿之上，承托上一层梁栿。另外在石栏杆或木栏杆中，勾栏地栿上、盆唇下，正对着云栱下面的矮柱称为蜀柱。

7．卷杀：   斗栱构件加工术语。栱和翘的端头需做出栱瓣，其方法为卷杀。瓜栱、万栱、厢栱的分瓣数量不等，清式有"瓜四、万三、厢五"的规定。宋以前的椽头已有卷杀的做法。

8．槫：   宋式大木作构件的名称。支撑屋椽的横木，宋式建筑称为"槫"，清式建筑称为"檩"或罗汉枋。在铺作中凡是瓜子栱或瓜子慢栱承托的枋子统称为罗汉枋，是素枋的一种，起加强横向连接的作用。

9．普柏枋：   宋式建筑大木构件的名称，即柱头与阑额之上的横木枋。清称"平板枋"。兼具联络柱头与传递荷载的作用。

10．阑额：   清称"大额枋"，位于柱头之间紧贴于普柏枋之下的横木枋，是连接柱头和传递荷载的重要构件。

11．由额：   位于柱头阑额之下，与阑额平行，是檐柱间左右联系的枋木，亦称小额枋。主要起辅助阑额，加强两檐柱间相互连接的作用。

12．明栿：   与"草栿"相对，在梁架结构中，泛指平棊以下或彻上明造的主体梁栿。明栿露明在外，视线可及，因此加工制作较为考究，借以增加室内装饰气氛。

13．草栿：   平棊以上实际承托屋盖荷载的梁栿多用此种做法。由于平棊遮挡，栿表面不做艺术加工，原始材料粗加工之后即可使用。宋、元时期草栿做法较多，明清多做明栿。

14．月梁：   是经过艺术加工的一种梁，多用于平棊之下。其特征是梁的两端向下弯曲，两面弧起，形如月牙，因此称为月梁。它是承受屋顶荷载的梁。

15．叉手：   在平梁梁头之上到脊槫之间的斜置构件。其功能是稳固脊槫，防止滚动。唐、宋建筑应用较多，清式建筑应用很少。

16．驼峰：   一般用于彻上明造的梁栿中，在两头相叠处用木墩垫托，因其造型类似骆驼背峰，故称驼峰。它是梁栿节点的重要支撑构件。不仅能够适当地分散节点的荷载，又能美化梁栿构架的大势。

17．合楷： 是平梁等梁栿上部、蜀柱柱脚之下横设的楷头形木件。清式建筑上称"角背"。用以稳固柱身并分解柱底对梁栿上平面的集中压力。在平梁上，汉唐间多只用叉手承托上部脊槫重量，元明以后匠师常常利用合楷两侧看面做成雕刻，从而出现大量极富装饰意义的雕花合楷。

18．替木： 一种是位于槫缝下、跳头上承托槫枋的长条形构件，与上部槫枋多实拍相合，根据结构的需要，替木的使用有多种形式。二是明清官式建筑木构件名称，当檩下无檩柱时，于檩底端所设的短方木条。

19．藻井： 古建筑高级室内天棚装修艺术构造形式名称。一般置于宫殿、庙宇、佛堂等重要建筑室内中心位置上方，其结构变化无穷，层层上升，形如井状。通常雕刻精细，并施以绚丽彩画。

20．铺作： 一种是指斗栱，因其所在部位的不同而称呼不同，主要有转角铺作、柱头铺作、补间铺作。另一种指一朵斗栱出跳的次序。每挑出一层为一跳，每增高一层为一铺。

21．栌斗： 古建筑大木作斗栱组件，清代建筑中称为"坐斗""大斗"，是一组斗栱中最下部的承托构件。多用于柱子上部、檐下补间铺作、梁架襻间铺作等斗栱组合，亦以其为起始构件。

22．交互斗： 斗栱组合中斗型构件的一种。清式称"十八斗"。宋《营造法式》规定，用于计心造华栱出跳跳头、昂头之上或替木之下。

23．散斗： 宋式大木作斗栱组合中斗型构件的一种。常用于栱材两端或枋木之间，在整组斗栱构造中起垫脱卯合和传递荷载的作用。

24．泥道栱： 宋式斗栱构件名称。铺作中自栌斗口内伸出与华栱垂直相交的横栱，起支承和传递槽荷载的作用。

25．慢栱： 清式称为"万栱"，用于泥道栱、瓜子栱上层的横栱。

26．瓜子栱： 铺作中横栱的一种。用于五铺作以上重栱造的令栱与泥道栱之间、各跳跳头或昂头之上，用以支承传递上部载荷。

27．令栱： 清代建筑称之为"厢栱"，斗栱铺作最外跳的一种横向构件，直接承挑撩檐枋或挑檐桁。

28．华栱： 清式称为"翘"，置于栌斗内与泥道栱相交，内外传跳的纵向栱材。

29．生出： 翼角部分的做法。清式称"斜出"。即从仰视或俯平面看，翼角两侧的翼角飞椽，从正身椽的第一根算起，呈现出一条缓缓斜出的曲线。

30．厦两头造： 宋式构造中对歇山屋顶的称呼。厦两头造为收山做法，有九条脊。

31．鸱尾： 宋式瓦作构件名称。位于宫殿正脊两端。鸱尾源于印度的摩羯鱼（鲸鱼）形象，佛经中是雨神的座物，传说能"避火"，故将其形象用于脊饰。明清称为正吻、吻兽、大吻。

32．鸱吻： 宋式建筑中正脊两端的装饰物，由鸱尾发展而来，吻部突出，但鸱尾的遗迹还很明显。明清时期称为正吻。

33．嫔伽： 宋式建筑屋脊装饰件，位于正脊两端，为人物造型。清代将嫔伽位置改用仙人造型。

34．重唇板瓦：　　宋式建筑中的滴水瓦。重唇板瓦一般置于檐头后尾，被板瓦压叠，瓦面模印各种纹样，通常为灰布瓦。明清时期改用滴子瓦。

35．曲脊：　　　　宋式建筑瓦作构件与做法。即位于歇山建筑山花部位的博脊，此脊由博风板端头和退入出际的两部分组成。惹草：为宋代装饰木构件。位于悬山顶或歇山顶两际博风板之下，钉在槫头之上的装饰木板，用以保护伸出山墙的槫头。

36．平棊：　　　　清代称之为"井口天花"。是对宋式建筑屋内梁架方格网架隔层的 称谓。

37．平闇：　　　　室内顶部天花，属于内檐装修做法。

38．门砧：　　　　宋式石构件名称，清式称为门枕石。为长方形的石块，设于门两侧的下方，表面凿有孔洞，以利户枢开启。

39．腰华板：　　　清代称为绦环板，由两腰串与其间板子组成，合称腰华板。主要见于乌头门和隔子门。

40．障水板：　　　清代称为裙板。位于隔扇门的下部。障水板占整个格子门的三分之一，与隔心的比例为1：2，是宋式隔扇门的显著特点。

41．腰串：　　　　宋式建筑的小木作构件，清称"抹头"。是组成腰华板的主要构件，即两边挺之间的横木，宋式隔扇门多为两道腰串。

42．"悬鱼"　　　　又称"垂鱼"，位于悬山和歇山建筑两端山墙处的博缝板下，垂于正脊，由木板雕刻而成。是唐宋时期建筑特有的装饰构件。按鱼的谐音，隐含"吉祥如意"、"喜庆有余"等寓意，还有人认为，木建筑最怕火灾，而鱼和水密不可分。"悬鱼"这一构件寄托着古代人们祛灾祈福的美好愿望。宋以后，明清建筑很少设悬鱼。

43．惹草：　　　　为宋式建筑装饰木构件，位于悬山顶或歇山顶两端的博风板之下，既具有装饰作用又能保护伸出山墙的槫（檩）头。因在其三角形木板上雕刻出卷草纹样，故名"惹草"。

44．宋式彩画：

（1）五彩遍装：　　"五彩遍装"是宋式彩画中最具代表、最复杂的彩画样式，其纹样样式极其丰富。构图分为"缘道"和"身内"两部分，以青、绿、红三色为主，小面积点缀黑、白、黄等色。在五彩遍装的基础上加入金色，被称作"五彩间金"彩画。

（2）碾玉装：　　　"碾玉装"和"五彩遍装"同属上等彩画，规格比五彩遍装略低，所用人工相当于"五彩遍装"的一半。和"五彩遍装"的差异主要表现在用色方面，包括衬地色、主色、点缀色及色彩间的关系。同时，在画法上亦有所简化。

（3）叠晕棱间装：　"叠晕棱间装"属于中等彩画，可分为"两晕棱间装""三晕棱间装"和"三晕带红棱间装"。所用人工相当于"五彩遍装"的1/4左右。

（4）解绿装饰：　　"解绿装饰"属中等彩画，分为"解绿刷饰"和"解绿结华装"两种。所用人工少于"叠晕棱间装"。所用人工约为"五彩遍装"的1/20。

（5）刷饰：　　　　"刷饰"属下等彩画，分为"丹粉刷饰"和"土黄刷饰"两种。用于小木作色彩。

二、明清时期

1. 礤墩： 用于支撑桩顶石的独立基础砌体。拦土：位于基础各礤墩之间的砌体。
2. 土衬石： 台基露明部分的下面，用石平垫在下面，该石板的上皮比地面高出1~2寸。
3. 陡板石： 位于土衬石与阶条石之间，且在左右角柱石之间所立砌的石件。
4. 角柱石： 台基转角处位置立砌的石构件，其间砌陡板石，上盖阶条石，下部为土衬石。
5. 阶条石： 又称压阑石，台基的四周沿台基边沿的上面平铺的石件。
6. 柱础石： 柱础石又叫柱顶石，是柱子下面所安放的基石，其一部分埋于台基之中，一部分露出台明。古建筑中柱础石主要起承重和防潮作用，而现代传统建筑中柱础石仅为装饰作用。
7. 槛垫石： 垫在大门门槛下面的条石。
8. 分心石： 置于建筑物中线上，由阶条石直至槛垫石之间放置的条石。
9. 平头土衬： 象眼石下的土衬石。
10. 燕窝石： 又称"下基石"，是台阶的最下一层石件，埋在台阶底下，用以抵抗垂带石推力。
11. 上基石： 是台阶的最上一层石件。
12. 中基石： 是台阶上基石与下基石之间的各层石件。
13. 垂带石： 在垂带踏跺两旁倾斜安铺设的石构件，其尺寸一般同阶条石。
14. 陛石： 用于铺设御路的石块。
15. 象眼石： 垂带石下侧面的三角部分立设的石件。
16. 螭首： 又称"龙头"，在龙头内凿有孔道，主要作用是为台明向外排除地面的积水，同时起装饰作用。
17. 须弥座： 中国传统基座的一种形式。由佛座演变而来，有石、砖或琉璃、木等多种质地。
18. 上檐出： 檐檩中至飞檐椽外皮（如无飞檐则为至老檐椽头外皮）的水平距离。
19. 下檐出： 台明从檐柱中向外伸出的水平距离。
20. 山出： 台明从山墙柱中向外伸出的水平距离。
21. 回水： 上檐出比下檐出宽出的水平距离叫回水。回水的作用在于保证屋檐流下的水不会落在台明上，从而起到保护台明免受雨水侵蚀的作用。
22. 剁斧： 在经过加工已基本凿平的石料表面上用斧子剁斩，使之更加平整表面显露出直顺匀密的斧迹。
23. 打道： 用锤子和錾子在已基本凿平的石面上打出平顺深浅均匀的沟道。
24. 砸花锤： 锤顶表面带有网格状尖棱的锤子叫花锤。石料经凿打已基本平整后，用花锤进一步反表面砸平称为砸花锤。
25. 花羊皮： 指砖的露明面铲磨后，局部仍存留的糙麻不平之处。
26. 棒锤肋： 加工转头肋的质量通病，正确的转头肋剖面应很平，如果操作不当转头肋的剖面则呈圆弧，这种情况就叫作棒锤肋。
27. 过水： 用水擦拭地仗表面将磨生后的浮土擦净使其表面洁净。
28. 檐柱： 位于建筑物最外围的柱子。
29. 金柱： 位于檐柱以内的柱子（位于纵中线的柱子除外）。金柱依位置不同又有外围金柱和里围金柱之分。相邻檐柱的是外围金柱，如无里围金柱时，则简称"金柱"，在小式建筑中又名"老檐柱"，外围金柱以内的金柱称为"里围金柱"。

30. **重檐金柱：** 金柱上端继续向上延伸，达于上层檐，称为"重檐金柱"。重檐金柱见于重檐建筑当中。

31. **中柱：** 位于建筑物纵中线上的柱子，称为中柱，中柱直接支顶脊檩，将进深方向梁架分为两段，常见于门庑建筑。

32. **山柱：** 位于建筑物两山的中柱称为山柱，常见于硬山和悬山建筑的山面。

33. **童柱：** 下脚落在梁背上（如桃尖梁、桃尖顺梁、趴梁等承重梁），上端承载梁枋等木构件的柱子，称为童柱。

34. **雷公柱：** 用于庑殿建筑正脊两端，下脚落在太平梁上，上端支承脊桁挑出部分的柱子，称为雷公柱。多角形攒尖建筑中攒尖部分由戗杆支撑的柱子，也叫雷公柱。攒尖顶雷公柱也有下脚落在太平梁上的做法。如西安市钟楼雷公柱就是此种做法。

35. **檩：** 檩是古建大木作四种最基本的构件之一，桁和檩名称不同，但功能一致，带斗栱的大式建筑中檩称为"桁"，无斗栱的大式建筑或小式建筑则称之为檩。宋代称桁檩为"槫"。它是架设在梁架间、山墙间或梁架与山墙间的梁，用以钉置屋椽脊桩的长条形轴心圆木。

36. **枋：** 古建筑木结构中辅助稳定柱与梁的构件。枋类构件很多，有用于下架，联系稳定檐柱头和金柱头的檐枋（额枋）、金枋以及随梁枋和穿插枋；有用在上架，稳定梁架的中金枋、上金枋、脊枋；有用于转角部分稳定角柱的箍头枋。还有其他特殊功能的天花枋、间枋、承椽枋、围脊枋、花台枋、关门枋、棋枋、麻叶穿插枋等等。这些枋类构件虽不算是主要的承重构件，但在辅助主要梁架，组成整体梁架中有至关重要的作用。

37. **额枋：** 用于建筑物檐柱柱头间的横向联系构件称为额枋。在一栋房屋中，整体构架是由横向木方将其各个排架连接起来的，以加强木构架的整体稳定性。根据其使用的位置不同，分为大、小额枋，单额枋。清式称为阑额、由额。

38. **脊枋：** 与脊檩平行，位于脊檩或脊垫板下，脊枋两端与脊瓜柱相连，其作用主要是加强两榀梁之间的连接，并加强檩条的承载能力。

39. **箍头枋：** 用于梢间或山面转角处，做箍头榫与角柱相交的檐枋或额枋称为箍头枋。

40. **穿插枋：** 清制建筑木构件的称呼。位于檐柱与金柱之间，在抱头梁之下，并与之平行，是为了加强檐柱与金柱之间的连接，穿插枋与檐柱、金柱之间的榫卯连接采用"大进小出"的做法，小出部分可以做成三岔头或麻叶头形状。

41. **天花枋：** 承接井口天花的骨干构件之一，它与天花梁一起，是室内天花的主要承重构架。

42. **间枋：** 楼房中用于柱间面宽方向，联系柱与柱并与承重梁交圈的构件称为间枋。

43. **平板枋：** 大式带斗栱建筑中，置于外檐额枋之上，承接斗栱的扁枋称为平板枋。

44. **花台枋：** 落金造镏金斗栱后尾的花台斗栱，要落在一个枋子上，这个枋子叫花台枋。

45. **麻叶穿插枋：** 用于垂花门麻叶抱头梁之下，拉结前后檐柱，并挑出于前檐柱之外，悬挑垂柱之枋，称为麻叶穿插枋。

46. **踩步金：** 清式大木作构件名称。歇山建筑特有的构件，它位于歇山山面，距山面檐檩一步架处。它正身似梁、两端似檩，梁背上承载檩木梁架，两端与稍间挑出的前后檐金檩搭扣相交，外侧面做椽椀承接山面檐椽的后尾。

47．斗栱：　　　中国古代建筑所特有的构件，安装在建筑物的檐下或梁架之间。由一些斗形构件、栱形构件和枋木组成，在中国建筑木构架中占有非常重要的地位。在封建社会中，斗栱还是封建等级制度在建筑上的主要标志之一，斗栱施用的制度如何，也表现出建筑物的等级高低。

48．琉璃瓦：　　　是用白色高岭土烧制成胚胎，在瓦坯上施涂铝硅酸化合物，经高温烧制而成的高级釉面瓦材。由筒瓦、板瓦、勾头瓦、滴水瓦、星星瓦等组成，不带釉的琉璃瓦称为"削割瓦"。纯色琉璃瓦只能用于皇家、亲王世子、官僚贵族、庙宇等建筑中；琉璃剪边多用于城楼或庙宇；琉璃聚锦做法多用于园林建筑和地方建筑。

49．黑瓦：　　　由黏土烧制而成，又称灰瓦、青瓦、布瓦，表面为青灰色或有布纹。品种包括筒瓦、板瓦、勾头、滴水。主要用于宫殿、庙宇、王府等大式建筑，小式建筑如影壁、小型门楼、廊子、垂花门等也较常使用。

50．金瓦：　　　金瓦有三种：第一种为金色铜瓦，常见于皇家园林中；第二种是铜胎镏金瓦，常见于皇家园林或藏传佛教建筑；第三种是在铜瓦的外面包"金叶子"，见于藏传佛教建筑中。

51．石板瓦：　　　天然石板瓦也称页岩瓦、青石板瓦，是将天然板石做屋顶盖瓦的通俗称法。适用于盛产石料的地区，具有很强的地方特色。

52．筒瓦屋面：　　筒瓦屋面是用弧形片状的板瓦做底瓦，半圆形的筒瓦做盖瓦的瓦面做法。整个屋面由板瓦沟和筒瓦垄沟垄相间铺筑而成。筒瓦屋面使用的瓦材有琉璃瓦和黑瓦两种。

53．合瓦屋面：　　其特点是盖瓦和底瓦均用板瓦，底盖瓦按一反一正顺序排列。合瓦在北方又叫作"阴阳瓦"。在南方叫作"蝴蝶瓦"。合瓦屋面主要见于小式建筑和部分民宅。

54．仰瓦灰梗屋面：这种屋面类似筒瓦屋面，但是不做盖瓦垄，而在两垄底瓦垄之间用灰堆抹成形似筒瓦垄，宽约4cm的灰梗。仰瓦灰梗屋面不做复杂的正脊，也不做垂脊，用于不讲究的民居。

55．干槎瓦屋面：　干槎瓦屋面的特点是没有盖瓦，瓦垄之间也不用灰梗遮挡，瓦垄与瓦垄用板瓦巧妙地编排在一起。干槎瓦屋面也不做复杂的正脊和垂脊。这种屋面体量轻、省材料，不易生草，防水性能好，是部分地区的一种很有风格的民间做法。

56．石板瓦屋面：俗称石板房，其做法就是用小块规格的薄石片排列有序地铺在屋面上。石板房属于地方做法，具有较强的田园风格。

57．干摆墙：　　　干摆墙是一种砌筑要求特别高的墙体，多用于较讲究的墙体下碱或其他较重要的部位。但在极重要的建筑中也可同时用于上身和下碱。

58．丝缝墙：　　　丝缝墙又称"撕缝墙""细缝墙"，即灰口缝很小的砖砌墙，是稍次于干摆墙一个等级的墙体。它多采用停泥砖、斧刃陡板砖等经过加工砌筑而成。这种做法多作为上身部分与干摆下碱相组合，也有大面积墙体采用丝缝做法。

59．淌白墙：　　　是次于丝缝墙一个等级的砖墙。它可以采用城砖、停泥砖进行砌筑。这种做法多用于砌筑要求不太高的墙体，如府邸、宫殿建筑中具有田园风格的建筑，偏远地区的庙宇等。

60．糙砖墙：　　　砌块未经加工的整砖墙属于糙砖类墙体。是一种最普通、最粗糙的砖墙，一般用于没有任何饰面要求的砌体，多用于清水墙面的砌筑。

61．山墙：　　　　不同等级的建筑，山墙的种类和做法也不尽相同。硬山式山墙由下碱、上身、山尖和山檐组成。悬山山墙的立面造型有三种形式：一是墙砌至梁底，梁以上的山花、象眼处的空当不再砌砖，而用木板封挡。二是墙体沿着柱、梁、瓜柱砌成阶梯状，叫"五花山墙"。三是墙体一直砌至椽子、望板底。

62．檐墙：　　　　檐墙位于檐檩下围护墙，在前檐的称前檐墙，在后檐的称后檐墙，在有廊子的建筑也称后金墙。后檐墙的墙体由上肩、上身、檐口等三部分组成。

63．槛墙：　　　　槛墙是前檐木装修风槛下面的墙体。槛墙厚一般不小于柱径即可，槛墙高随槛窗。砌筑类型应与山墙下碱一致，多为整砖露明做法。

64．隔断墙：　　　隔断墙位于室内，通常用于进深方向。隔断墙比起山墙、后檐墙都要薄一些，无下碱，一般采用抹灰做法。

65．细墁地面：　　砖料应经过砍磨加工，加工后的砖规格统一准确、棱角完整挺直、表面平整光洁。地面砖的灰缝很细，表面经桐油钻生，地面平整、细致、洁净、美观，坚固耐用。细墁地面多用于室内，一般都使用方砖，按照规格的不同有"尺二细地""尺四细地"等不同做法。淌白地面为细墁地面的简易做法，金砖墁地为细墁地面的高级做法。

66．糙墁地面：　　砖料不需砍磨加工，地面砖的接缝较宽，砖与砖相邻处的高低差和地面的平整度都不如细墁地面那样讲究。糙墁地面多用于建筑的室外，大式建筑中多用城砖或方砖糙墁，小式建筑多用方砖糙墁。

67．海墁地面：　　是指室外除甬路和散水之外的所有空地全部用砖铺墁的做法。四合院中，被十字甬路分开的四块海墁地面俗称"天井"。

68．金砖：　　　　规格从尺七至二尺四。

69．方砖：　　　　规格小于尺七。

70．甬路：　　　　是庭院的道路，重要宫殿前的主要甬路用大块石料铺墁的叫"御路"。

71．隔扇门：　　　又称为格子门、（槅）扇门。姚承祖著《营造法原》称为长窗。隔扇门常使用在一个房屋的明间和次间的开间上，每间可为四扇、六扇，要看开间大小而定。在一些重要的建筑物上，常将几间房子都用作槅扇，看起来很是庄严美观。

72．槛窗：　　　　古代建筑外窗之一种，形状与隔扇门的上半段相同，其下有风槛承接，水平开启。

73．直棂窗：　　　用直棂条（方形断面的木条）竖向排列有如栅栏的窗子。

74．支摘窗：　　　亦称和合窗，即上部可以支起，下部可以摘下。其内亦有一层，上下均固定，但上部可依天气变化用纱、用纸糊饰，下部安装玻璃，以利室内采光。

75．博风板：　　　又称封山板，宋朝时称搏风板，是歇山或悬山屋顶的重要组成部分，防止风、雨、雪侵蚀伸出的梢檩，沿屋架端部在各梢檩端头钉上人字形木板，既遮挡梢檩端头，又有保护和装饰作用。博缝板最下面要做博缝头，博缝头形似箍头枋之霸王拳头。在现代传统建筑中博缝板用钢筋混凝土结构替代木结构，使其在抗震能力、防蛀能力、使用年限等方面都有很大的改善。

76. 雀替：　或称"插角""托木"，宋代称"角替"。位于梁枋和柱交接处。除了装饰作用外，还具有增加梁枋端部抗剪能力和减少梁枋跨距的功能。清式做法，雀替做半榫插入柱子，另一端钉置在额枋底面，表面落地雕刻蕃草等花纹，实际上已不起结构作用，而成为装饰构件。

77. 楣子：　楣子是安装在檐柱间的构件，兼有装饰和实用的功能，依位置可分为倒挂楣子和坐凳楣子。其棍条花格形式有步步紧、灯笼锦、冰裂纹等，有的倒挂楣子用整块模板雕刻而成，称为花罩楣子。

78. 什锦窗：　古时称开在墙上的窗为牖（you），什锦窗便是一种装饰性的牖窗，形式不一，如扇面、双环、梅花、玉壶、寿桃等。

79. 垂莲柱头：　用于殿、堂额枋下部垂花门或垂花牌楼门的四角之上，顶部承托着平板枋，下部悬空并在柱头上做成莲花状，用于装饰作用。

80. 地仗：　用地仗灰或地仗灰夹麻（布）附于构件上的油漆、彩画的基底。传统地仗可分为单披灰地仗、披麻捉灰地仗、大漆地仗等方式。

81. 清代彩画：

（1）和玺彩画：　清代主要彩画类型之一。是清代彩画制度中等级最高的形式，仅用于宫殿、皇家坛庙的主殿、堂、门等主体建筑上。

（2）苏式彩画：　起源于清代早期，因苏州始用而得名。常以人物故事、山水、花鸟、虫鱼、异兽、流云、博古、折只黑叶子花、竹叶梅等绘画及各种万字、回文、夔纹、汉瓦、联珠带、卡子、锦文等图案为画题。苏式彩画谱子规矩和旋子彩画相同。

（3）旋子彩画：　明、清时期较常见的一种彩画形式，以旋花为主题进行构图。旋花纹饰为旋纹。在明、清建筑彩画中适用性很强，箍头内一般不加花纹，彩画本身有明显、系统的等级划分。能做得很素雅，也能做得很华丽。

参考文献

[1] 李诚. 营造法式译解 [M]. 王海燕编. 武汉: 华中科技大学出版社, 2014.

[2] 梁思成. 清式营造则例 [M]. 北京: 中国建筑工业出版社, 1980.

[3] 马炳坚. 中国古建筑木作营造技术 [M]. 北京: 科学出版社, 2003.

[4] 刘大可. 中国古建筑瓦石营法 [M]. 北京: 中国建筑工业出版社, 1993.

[5] 傅熹年. 中国古代建筑史 [M]. 北京: 中国建筑工业出版社, 2009.

[6] 傅熹年. 当代中国建筑史家十书——傅熹年中国建筑史论选集 [M]. 沈阳: 辽宁美术出版社, 2013.

[7] 刘敦桢. 中国古代建筑史 (第二版) [M]. 北京: 中国建筑工业出版社, 2009.

[8] 刘叙杰. 中国古代建筑史 (第一卷) [M]. 北京: 中国建筑工业出版社, 2009.

[9] 孙大章. 中国古代建筑史 (第五卷) [M]. 北京: 中国建筑工业出版社, 2009.

[10] 田永复. 中国仿古建筑构造精解 [M]. 北京: 化学工业出版社, 2013.

[11] 李百进. 唐风建筑营造 (第二版) [M]. 北京: 中国建筑工业出版社, 2015.

[12] 潘德华. 斗栱 [M]. 南京: 东南大学出版社, 2011.

[13] 王效青. 中国古建筑术语词典 [M]. 北京: 文物出版社, 2007.

[14] 李剑平. 中国古建筑名词图解词典 [M]. 西安: 陕西科学技术出版社, 2011.

[15] 王其钧. 中国古建筑图解词典 [M]. 北京: 机械工业出版社, 2006.

[16] 王贵祥, 刘畅. 段智钧. 中国古代木构建筑比例与尺度研究 [M]. 北京: 中国建筑工业出版社, 2011.

[17] 田永复. 中国古建筑知识手册 [M]. 北京: 中国建筑工业出版社, 2013.

[18] 汤崇平. 中国传统建筑木作知识入门 [M]. 北京: 化学工业出版社, 2018.

[19] 李路柯. 营造法式彩画研究 [M]. 南京: 东南大学出版社, 2011.

[20] 边精一. 中国古建筑油漆彩画 [M]. 北京: 中国建材工业出版社, 2007.

[21] 蒋广全. 中国清代官式建筑彩画技术 [M]. 北京: 中国建筑工业出版社, 2005.

[22] 史向红. 中国唐代木结构建筑文化 [M]. 北京: 中国建筑工业出版社, 2012.

[23] 肖绪文，吴涛，薛永武．创建鲁班奖工程细部做法指导 [M]．北京：中国城市出版社，2014．

[24] 程建军．"压白"尺法初探 [J/OL]．华中建筑．1988（2）．[1988-02-03].http://www.cnki.com.cn/Article/CJFDTOTAL-HZJZ198802013.htm. DOI: CNKI: SUN: HZJZ.0.1988-02-013.

[25] 孙祥斌．宋代建筑屋面举折的简便确定法 [J]．古建园林技术．1994.2（43）：6-7．

[26] 闫家瑞．翼角曲线作图及计算 [J]．古建园林技术．1989.1（22）：35-41．

[27] 筱华．屋面凹曲最速降线及其它 [J]．古建园林技术．1992.1（34）：14-16．

[28] 井庆升．浅谈古建筑翼角的演变 [J]．古建园林技术．1984.4（5）：58-59．

[29] 樊智强．琉璃瓦屋面的施工要领和技术关键 [J]．古建园林技术．2020.2（147）：23-25.2020.3（148）：3-8

[30] 白少华．仿唐建筑屋面翼角钢结构施工控制技术 [J]．施工技术．2011.7（148）：62-64

[31] 张勇、杨帅、宋广伟、魏东．铝合金斗栱安装初探 [J]．中国民族建筑．2017.5（163）：102-104．

[32] 马哲刚，彭明祥，丁亮进，等．铝镁锰合金板斗栱及其制作方法：201010251989.5[P]．2010-08-12．

[33] 陈祥付．新型金属斗栱组合结构：201620448406.0[P].2016-05-17．

[34] 贺风春，朱涤龙，潘静，等．一种园林古建的新型斗栱及其制作方法：201510120146.4[P].2015-3-19．

[35] 孙卫新．基于 BIM 的明清古建筑构件参数化信息模型实现技术研究 [D/OL]．西安：西安建筑科技大学，2013: 2[2013-5-30].http://cdmd.cnki.com.cn/Article/CDMD-10703-1014009977.htm.

[36] 韩婷婷．基于 BIM 的明清古建筑构件库参数化设计与实现技术研究 [D/OL]．西安：西安建筑科技大学，2016.18[2016-6-8]. http://cdmd.cnki.com.cn/Article/CDMD-10703-1016741422.htm.

[37] 张祥．基于 BIM 的明清官式古建筑构件参数化及其装配研究．[D/OL]．西安：西安建筑科技大学，2015.7[2015-6-17]. http://cdmd.cnki.com.cn/Article/CDMD-10703-1015994847.htm.

后记

　　《传统建筑现代施工技术》一书于2016年开始编写，经过参编人员的共同努力，现终于脱稿付梓和读者见面了。

　　西安作为十三朝古都，在周代以降的3000多年里，各个朝代的建筑规制和形式都能在这里找到它的渊源和踪迹。由于战乱、天灾及其他诸多不可抗力因素，在西安乃至全国保留的古代建筑屈指可数。随着社会经济的发展，为了弘扬传统建筑文化以及古建工艺技术的传承，从20世纪80年代开始，张锦秋院士领衔的"中国建筑西北建筑设计研究院"先后规划设计了陕西历史博物馆、西安大唐芙蓉园、大明宫国家遗址公园、楼观道文化景区等一大批社会影响较大的遗址重建项目和现代传统建筑工程。这些项目都需要我们用现代建筑材料如钢筋混凝土或钢结构等来建造，并要达到古代建筑的观感效果。通过这些项目的施工，我们积累了一些施工经验，创新了许多工艺技术成果。为了总结这些经验和成果，陕西建工集团控股有限公司专题立项，要求将成果汇编成册，制定相关的工艺标准，在此基础上编制一本《传统建筑现代施工技术》专著，为从事古建专业现场施工的相关人员提供指导和帮助。2017年该项工作又被纳入《陕西省重点研发项目计划》中。这便是本书编制的由来。

　　为完成此项任务，由贾华勇同志牵头成立了工作室，组织了四十余人的工作团队，在基层调研、现场观摩、资料收集及试验研究的基础上，完成了本书的初稿编写工作。工作室贾华勇、王巧莉、张洪才及牛晓宇同志除参与初稿的主要章节编写外，还对全书进行了统稿，并逐章逐段做了进一步的补充、修改和完善，历时数载，几易其稿。在编写过程中，得到了陕西省土木建筑设计院有限公司薛永武董事长，陕西建工集团控股有限公司刘明生总工程师等领导同志的大力支持和关心；得到了中国工程院张锦秋院士，著名古建专家马炳坚老师、刘大可老师、郑珠老师等行业专家的精心指导；安喜同志对书中的照片提供了素材和修正，刘韧仓同志对部分文字进行了校审，山东彩山铝业有限公司和陕西巨匠文化建材科技有限公司相继提供了有关素材和案例，在这里一并表示感谢。

由于我们水平有限，难免会出现一些错误和欠妥之处，希望业内同行和读者们多提宝贵意见。若承蒙赐教，将倍感荣幸。

编　者

图书在版编目（CIP）数据

传统建筑现代施工技术 = MODERN CONSTRUCTION
TECHNOLOGIES FOR TRADITIONAL ARCHITECTURE / 贾华勇
等著.—北京：中国建筑工业出版社，2020.12
　　ISBN 978-7-112-25610-5

　　Ⅰ.①传… Ⅱ.①贾… Ⅲ.①建筑施工－施工技术
Ⅳ.①TU74

　　中国版本图书馆CIP数据核字（2020）第231858号

责任编辑：兰丽婷　王　磊
书籍设计：韩蒙恩
责任校对：王　烨

传统建筑现代施工技术
MODERN CONSTRUCTION TECHNOLOGIES FOR TRADITIONAL ARCHITECTURE

贾华勇　王巧莉　张洪才　牛晓宇　著
　　　　　　　＊
中国建筑工业出版社出版、发行（北京海淀三里河路9号）
各地新华书店、建筑书店经销
北京锋尚制版有限公司制版
北京富诚彩色印刷有限公司印刷
　　　　　　　＊

开本：880毫米×1230毫米　1/16　印张：19½　字数：521千字
2021年4月第一版　2021年4月第一次印刷
定价：188.00元
ISBN 978-7-112-25610-5
　　（36723）